MATLAB 开发实例系列图书

MATLAB 图像滤波去噪分析及其应用

余胜威　丁建明　吴　婷　魏健蓝　编著

北京航空航天大学出版社

内容简介

本书全面而系统地讲解了 MATLAB 图像滤波去噪分析及其应用；结合算法理论，详解算法代码（代码全部可执行且验证通过），以帮助读者更好地学习本书内容。对于网上讨论的大部分疑难问题，本书均有涉及。全书共 11 章，包括颜色空间相互转换、双线性滤波、锐化滤波、Kirsch 滤波、排序滤波、自适应平滑滤波、自适应中值滤波、超限邻域滤波、谐波均值滤波、逆谐波均值滤波、逆滤波、双边滤波、同态滤波、小波滤波、六抽头滤波、约束最小平方滤波、非线性复扩散滤波、Lee 滤波、Gabor 滤波、Wiener 滤波、Kuwahara 滤波、Beltrami 流滤波、Lucy - Richardson 滤波、Non - Local Means 滤波等研究内容。

本书适合所有学习 MATALB 图像处理以及算法开发技术的人员阅读，也适合各种使用 MATALB 进行开发的工程技术人员使用；对于各高校师生解决图像处理问题、进行课堂教学等，也是一本不可或缺的必备参考书。

图书在版编目(CIP)数据

MATLAB 图像滤波去噪分析及其应用 / 余胜威等编著
. -- 北京 ：北京航空航天大学出版社，2015.6
ISBN 978 - 7 - 5124 - 1801 - 1

Ⅰ. ①M… Ⅱ. ①余… Ⅲ. ①Matlab 软件—应用—数字图像处理 Ⅳ. ①TN911.73

中国版本图书馆 CIP 数据核字(2015)第 127713 号

MATLAB 图像滤波去噪分析及其应用
余胜威 丁建明 吴 婷 魏健蓝 编著
责任编辑 史 东
*
北京航空航天大学出版社出版发行
北京市海淀区学院路 37 号(邮编 100191) http://www.buaapress.com.cn
发行部电话：(010)82317024 传真：(010)82328026
读者信箱：goodtextbook@126.com 邮购电话：(010)82316936
北京兴华昌盛印刷有限公司印装 各地书店经销
*
开本：787×1 092 1/16 印张：14.5 字数：380 千字
2015 年 9 月第 1 版 2015 年 9 月第 1 次印刷 印数：3 000 册
ISBN 978 - 7 - 5124 - 1801 - 1 定价：39.00 元

若本书有倒页、脱页、缺页等印装质量问题，请与本社发行部联系调换。联系电话：(010)82317024

前　言

MATLAB图像处理技术在视频分析处理、图像分割、识别匹配等方面的应用越来越广泛，人们获取最直观的信息就是图像信息。然而，大部分图像信息含有较多的噪声信息，给视觉判断及计算机识别带来了困难，因此广大科研人员多集中于图像去噪算法方面的研究。MATLAB作为一款科学计算软件逐渐被广大科研人员所接受，其强大的数据计算功能、图像的可视化界面以及代码的可移植性得到广大技术人员的认可。MATLAB以矩阵运算最为快捷，俗称矩阵实验室，它和Mathematica、Maple并称为三大数学软件。在高版本的MATLAB中，加入了对C、FORTRAN、C＋＋和JAVA的支持。MATLAB以其简单易用、人机可视化友好等特点广泛应用于各行各业，尤其被广大科研人员所喜爱。

本书以图像滤波去噪为背景，通过列举大量的滤波去噪算法实例，使读者了解去噪算法的实质并应用相应的滤波器算法去处理实际工程项目中的图像问题。书中结合算法理论，给出了详细的编程代码，使读者能够真正地理解滤波算法本质，并在此基础上进行相应的算法改进。书中全部代码为可执行代码，算法代码在每一个MATLAB版本下均可运行。

值得说明的是，对图像处理熟悉的朋友也许会注意到，一种滤波去噪算法滤波效果只需要由一幅图像进行验证即可，各滤波去噪算法不会因为图像格式的不同而使得函数调用有差别。因此本书省去了大篇幅的图像测试，而提供了完全、易懂、有效的可执行代码，希望对广大读者能有所帮助。

本书的特色如下：

(1) 内容不枯燥。结合相关理论实际，抽出与算法相关的理论作为支撑，通过算法原理以及算法代码的迭代过程，让读者更容易理解并掌握。

(2) 覆盖面广。基本含盖了常见算法的应用，包括颜色空间相互转换、噪声概率密度分布、理想带阻滤波、理想低通滤波、理想高通滤波、理想陷波滤波、巴特沃斯带阻滤波、巴特沃斯低通滤波、巴特沃斯高通滤波、巴特沃斯陷波滤波、高斯带阻滤波、高斯低通滤波、高斯高通滤波、高斯陷波滤波、线性平滑滤波、双线性滤波、线性锐化滤波、Sobel滤波、Canny滤波、Prewitt滤波、Roberts滤波、Laplacian滤波、kirsch滤波、几何均值滤波、排序滤波、中值滤波、自适应平滑滤波、自适应中值滤波、超限邻域滤波、谐波均值滤波、逆谐波均值滤波、逆滤波、双边滤波、同态滤波、小波滤波、六抽头滤波、形态学滤波、约束最小平方滤波、非线性复扩散滤波、Lee滤波、Gabor滤波、Wiener滤波、Kuwahara滤波、Beltrami流滤波、Lucy-Richardson滤波、Non-Local Means滤波等内容。本书采用不同的滤波去噪算法进行设计，因此，初学者通过阅读本书，也可以开发出适用于自己实际应用的程序。

(3) 循序渐进，由浅入深。从基本的图像颜色空间出发，针对每一个去噪算法，依据算法原理，辅以程序作验证，通过算法代码，可以反过来去理解算法原理中所涉及的公式，做到逐步地引导读者去认识和掌握图像滤波去噪算法的思想。

(4) 真实案例，随学随用。注重实践，用大量的篇幅介绍了真实、可靠的MATLAB图像滤波去噪算法所解决的具体案例。给出两幅图像作为验证，读者只需要更换要处理的图像即可应用滤波去噪算法进行图像滤波去噪。

(5) 语言通俗易懂。在讲解各个实例、知识点时，尽量使用简单易理解的语言，非常适合初学者及广大的爱好者学习。

(6) 图示丰富，容易理解。通过前后图的对比，读者能很快掌握知识点。

全书共11章。第1、2章介绍图像颜色空间和噪声分布，包括RGB、YCbCr、YUV、YIQ、HSV、HSL、HSI、CIE、LUV、LAB、LCH、YCbCr与RGB空间相互转换、YUV与RGB空间相互转换、YIQ与RGB空间相互转换、HSV与RGB空间相互转换、HSL与RGB空间相互转换、HSI与RGB空间相互转换、LUV与RGB空间相互转换、Lab与RGB空间相互转换、LCH与RGB空间相互转换，以及均匀分布噪声、高斯(正态)分布噪声、卡方分布噪声、F分布噪声、t分布噪声、Beta分布噪声、指数分布噪声、伽马分布噪声、对数正态分布噪声、瑞利分布噪声、威布尔分布噪声、二项分布噪声、几何分布噪声、泊松分布噪声、柯西(Cauchy)分布噪声等。这些内容适应了不同读者需求，也为后续内容的学习打下了坚实的算法基础。第3～9章介绍MATALB常用图像滤波去噪算法应用设计，包括理想带阻滤波、理想低通滤波、理想高通滤波、理想陷波滤波、巴特沃斯带阻滤波、巴特沃斯低通滤波、巴特沃斯高通滤波、巴特沃斯陷波滤波、高斯带阻滤波、高斯低通滤波、高斯高通滤波、高斯陷波滤波、线性平滑滤波、双线性滤波、线性锐化滤波、Sobel滤波、Canny滤波、Prewitt滤波、Roberts滤波、Laplacian滤波、Kirsch滤波、几何均值滤波、排序滤波、中值滤波、自适应平滑滤波、自适应中值滤波、超限邻域滤波、谐波均值滤波、逆谐波均值滤波等案例。通过该类较为常用的滤波算法学习，读者可以应用这些滤波器解决一些常见问题。第10～11章介绍MATALB高级图像滤波去噪算法应用设计。本部分涉及面较广，列举了逆滤波、双边滤波、同态滤波、小波滤波、六抽头滤波、形态学滤波、约束最小平方滤波、非线性复扩散滤波、Lee滤波、Gabor滤波、Wiener滤波、Kuwahara滤波、Beltrami流滤波、Lucy-Richardson滤波、Non-Local Means滤波等。通过案例分析，结合算法理论和程序代码，真正适合广大师生的需要。MATALB图像滤波去噪算法应用，向更加广泛、更加具体、更多应用发展，让读者真正掌握图像滤波去噪算法的实质，开发和设计出自己的可移植性代码。

本书的读者对象为零基础的MATALB初学者，初、中级程序员；MATLAB图像处理从业人员，MATLAB滤波去噪算法开发人员，MATLAB的开发爱好者及相关从业人员；高职院校师生及相关培训学校的学员。

本书由余胜威主笔编写。该书是作者结合在西南交通大学学习期间掌握的各类图像处理算法以及出于对MATLAB的爱好，参阅大量的相关文献，精心编写而成。在写作过程中，参考了相关著作、论文等，在此谨对原作者表示诚挚的谢意。如有不妥，请通过北京航空航天大学出版社与作者联系，谢谢。

在本书的写作过程中，丁建明、吴婷、魏健蓝等人给予了大量的帮助，特别是对文章的编排以及程序的调试做了很多工作。另外，北京航空航天大学出版社也给予了帮助，在此一并对他们表示感谢。

书中所有程序源代码均可在北京航空航天大学出版社官网的“下载专区”(http://www.buaapress.com.cn/download.php?pdtid=1&pmenuid=5)免费下载。同时，北京航空航天大学出版社联合 MATLAB 中文论坛为本书设立了在线交流平台，网址：http://www.ilovematlab.cn/forum-248-1.html。我们希望借助这个平台实现与广大读者面对面的交流，解决大家在阅读本书过程中遇到的问题，分享彼此的学习经验，从而达到共同进步的目的。

由于作者水平有限，书中存在的错误和疏漏之处，恳请广大读者和同行批评指正。本书勘误网址：http://www.ilovematlab.cn/thread-433485-1-1.html。

作 者

2015 年 2 月于成都

目　录

MATLAB
www.iLoveMatlab.cn

第 1 章

图像颜色空间相互转换与 MATLAB 实现

图像分割识别的第一步为图像颜色空间选择，然后进行滤波去噪，最后是对感兴趣目标的分割识别。考虑到不同图像滤波去噪算法是在不同颜色空间下执行的，因此本章首先阐述图像的颜色空间，具体包括 RGB、YCbCr、YUV、YIQ、HSV、HSL、HSI、CIE、LUV、LAB、LCH 等颜色空间。本章涉及图像颜色空间类型较全面，并提供了 YCbCr 与 RGB 空间相互转换、YUV 与 RGB 空间相互转换、YIQ 与 RGB 空间相互转换、HSV 与 RGB 空间相互转换、HSL 与 RGB 空间相互转换、HSI 与 RGB 空间相互转换、LUV 与 RGB 空间相互转换、LAB 与 RGB 空间相互转换、LCH 与 RGB 空间相互转换理论公式以及程序代码，帮助广大读者朋友快速掌握图像颜色空间属性。

1.1 图像颜色空间原理

1.1.1 RGB 颜色空间

人眼之所以能够很迅速地定位外界运动的目标，感知外界环境的变换，归根结底是因为人眼类似于一个光学感知系统，能够感知外界信息，并且能够实现成像等功能，使得人眼能够看清楚外界环境，且根据颜色的不同以及形状的不同判断不同的物体。

(1) 人眼结构

人眼因其结构的复杂性，可以区分我们能够辨别的所有颜色以及细节特征。人眼形状近似成球状，并且人眼内部比较复杂，大致由角膜、巩膜组成。其具体结构如图 1-1 所示。

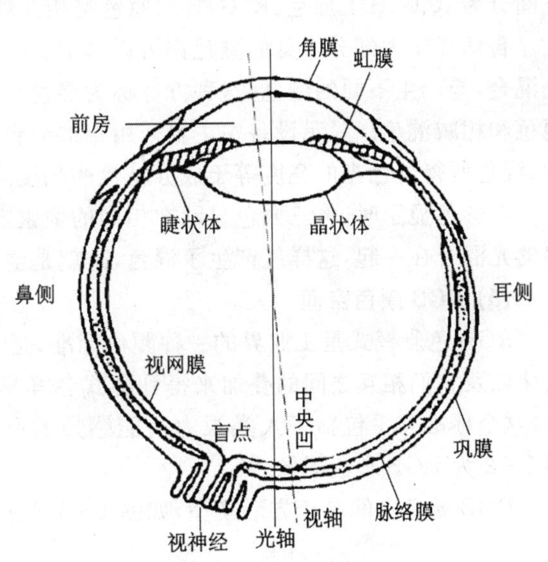

图 1-1 右眼球剖面图

人眼最前端为眼角膜，它的作用是保护眼球内部结构不受损伤，并有透光作用；眼球外表面还有一层眼巩膜，巩膜主要作用也是保护眼球不受伤害。从角膜后面由前往后依次为虹膜、睫状体和脉络膜。

(2) 人眼视觉特性

人眼结构主要分为 3 部分：屈光系统、成像系统和感光系统。

1)屈光系统

人眼的屈光系统主要由角膜、瞳孔、房水、晶状体和玻璃体等部分组成。屈光系统的主要作用为成像,即将人眼看到的物体投影到人眼视网膜上,然后通过晶状体等来控制成像。

2)成像系统

成像系统,顾名思义就是控制成像。人眼通过屈光系统后,采集到图像,接下来就是成像,使得人眼能够得到较清晰的图像。与照相机相似,成像主要由曝光量、焦距等参数控制。

曝光量控制功能主要由瞳孔实现,它类似于照相机的光圈,起光阑的作用,可以随光线的明暗变化自动调节自身的直径,控制进入眼睛的通光量。人眼成像焦距主要由晶状体的形状变化来实现,它类似于相机的变焦镜头,通过调节晶状体的曲率半径,在一定范围内改变屈光度,使物体清晰地成像在视网膜上。

3)感光系统

我们知道,人眼能感受到光的波长在 380～780 nm 的范围内。光的波长不同,颜色也就不同。随着光波长的减小,可见光依次为红、橙、黄、绿、青、蓝、紫,只有单一波长成分的光称为纯色光,也称单色光。

人眼感受彩色主要包括三个要素:亮度、色调和饱和度。亮度是指物体的明亮程度,与色光所含能量有关;色调指颜色的类别,与光的波长有关,改变光的波谱成分,光的色调会发生变化;色饱和度指色调深浅的程度(纯度),对物体而言,色饱和度与物体的反射光谱选择性有关。

1931 年,国际照明委员会(CIE)规定,光谱中波长 700 nm 的红色(R)、546.1 nm 的绿色(G)以及 435.8 nm 的蓝色(B)为三种基色光,简称三基色,有时也叫三原色。

现有的彩色显示设备大多采用的是 RGB 颜色空间,即三原色实现彩色显示。RGB 颜色空间分为 R、G、B 三原色,R、G、B 三原色是相互独立的。

自然界中大部分常见的颜色都可以由 R、G、B 三原色通过一定的比例混合而成。不同比例混合,能产生不同的颜色,这种方法称为混色法。这是现代彩色显示的基本理论,包括相加混色和相减混色。显示设备中主要采用相加混色。在相加混色中,各成分基色的光谱成分相加,混色所得彩色光的亮度等于成分基色的亮度之和。

在彩色显示时,将三原色显示在相同的像素点上。由于人眼分辨力的局限,各基原色所发出的光混合在一起,这样就产生了混色,这就是空间混色理论。

(3) RGB 颜色空间

RGB 色彩模式是工业界的一种颜色标准,是通过对红(R)、绿(G)、蓝(B)三个颜色通道的变化以及它们相互之间的叠加来得到各式各样颜色的。RGB 即代表红、绿、蓝三个通道的颜色,这个标准几乎包括了人类视力所能感知的所有颜色,是目前运用最广的颜色系统之一。图 1-2 为 RGB 彩色图像。①

RGB 颜色空间是正方形模型,如图 1-3 所示。

① 因本书为单色印刷,不同颜色空间图像显示的效果难以直观地显示出来,故将所有彩色图打包随源程序放在 MATLAB 中文论坛(本书的在线交流版块)www.ilovematlab.cn 中,读者可到该论坛进行程序下载,运行程序得到案例结果。程序下载:http://www.ilovematlab.cn/thread-433488-1-1.html.——出版者注

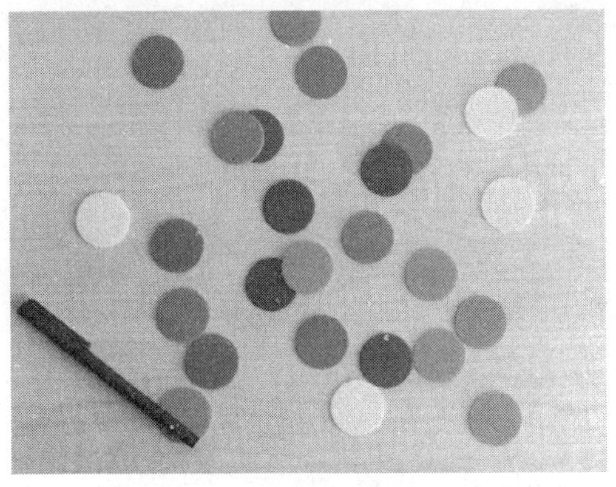

图 1-2　RGB 图像

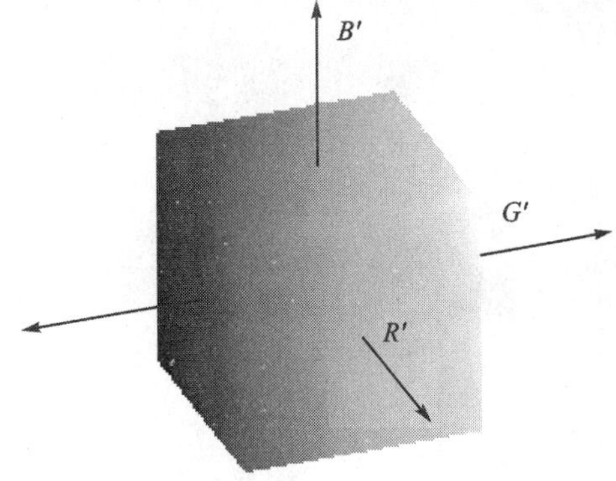

图 1-3　RGB 颜色空间

绘制该 RGB 颜色空间模型，MATLAB 程序如下：

```
function ysw2
clc,clear,close all        % 清理命令区、清理工作区、关闭显示图形
warning off                % 消除警告
feature jit off            % 加速代码运行
[x,y,z,Tri] = makeshape('Cube');  % 立方形
CData = [x,y,z];
myplot((x-0.5)*0.8,(y-0.5)*0.8,(z)*0.8,Tri,CData);     % 绘制图形
coloraxis('R''',5,0.5*0.8);     % 坐标轴标记
coloraxis('G''',6,0.5*0.8);     % 坐标轴标记
coloraxis('B''',3);             % 坐标轴标记
view([65 34]);                  % 视角
end

function [x,y,z,Tri] = makeshape(Shape)     % 选择形状
% 3D 立方形 Cube
N=12;      % 每个边的顶点数 Vertices
% 立方形参数
Nth=25;          % 每一个角度上的顶点数 Nth-1 应该是 12 的倍数
Nr = 4;          % 半径方向上的定点数
Nz = 8;          % Z 方向上的定点数
  [u,v] = meshgrid(linspace(0,1,N),linspace(0,1,N));      % 网格化
  u = u(:);     % 列
  v = v(:);     % 列
  x = [u;u;u;u;zeros(N^2,1);ones(N^2,1)];      % 合并矩阵
  y = [v;v;zeros(N^2,1);ones(N^2,1);v;v];      % 合并矩阵
  z = [zeros(N^2,1);ones(N^2,1);v;v;u;u];      % 合并矩阵
  Tri = trigrid(N,N);   % 三角形体网格
  Tri = [Tri;N^2+Tri;2*N^2+Tri;3*N^2+Tri;4*N^2+Tri;5*N^2+Tri];
end
```

由图 1-2 和图 1-3 可知，RGB 图像包括红(R)、绿(G)、蓝(B)三原色，其中 RGB 图像灰度图在彩色图像的分割中，应用较多。在 MATLAB 中由 rgb2gray()函数完成，且大多数算法都是基于灰度图进行图像的处理的。如图 1-4 所示为 RGB、灰度图像、R 通道、G 通道、B 通道图像。

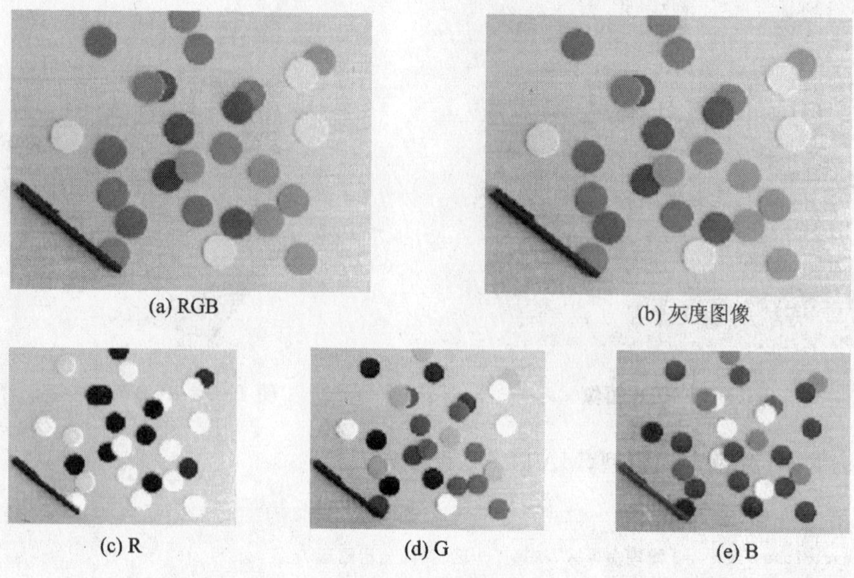

(a) RGB　(b) 灰度图像

(c) R　(d) G　(e) B

图 1-4　RGB 及各通道图像

RGB 颜色模型是图像处理中最常用的颜色模型,现有的图像采集设备最初采集到的颜色信息是 RGB 值,图像处理中使用的其他颜色空间也是从 RGB 颜色空间转换来的。

值得注意的是:RGB 颜色空间不直观,从 RGB 值中很难判断该值所表示的颜色,因此,RGB 颜色空间不符合人对颜色的感知心理。另外,RGB 颜色空间是不均匀的颜色空间,两种颜色之间的视觉差异不能通过该颜色空间中两个颜色点之间的距离来表示。

1.1.2　YCbCr 颜色空间

数字视频领域中一般选用的色彩模型是 YCbCr 空间。YCbCr 模型通常用亮度(Y)和色差分量(Cb、Cr)两个参数描述颜色信息,其中 Cb 是蓝色色度偏差分量,Cr 是红色色度偏差分量。Cb 分量即 RGB 空间中的 B 分量和亮度值的偏差,而 Cr 分量则被定义为 RGB 中的红色分量 R 与亮度值之间的偏差。使用 YCbCr 颜色空间模型减少了数据的存储空间和数据传输的带宽,并且 YCbCr 颜色空间模型单独抽取出了图像视频的亮度信息,使得与黑白电视的兼容性更强,从而广泛应用于数字视频领域。YCbCr 图像如图 1-5 所示。

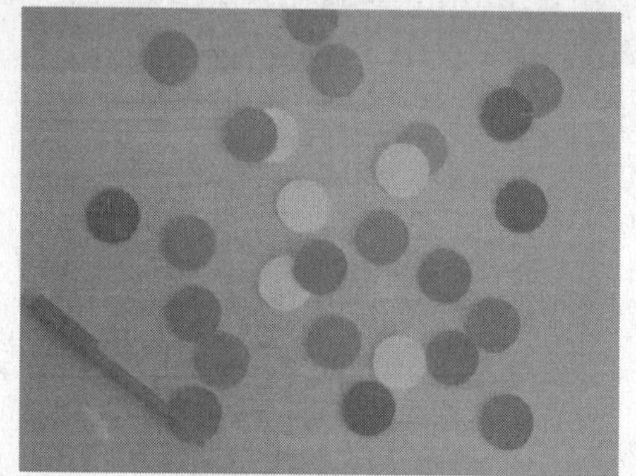

图 1-5　YCbCr 图像

根据图 1-5 所示 YCbCr 图像,单独显示 Y、Cb、Cr 各通道图像,如图 1-6 所示。

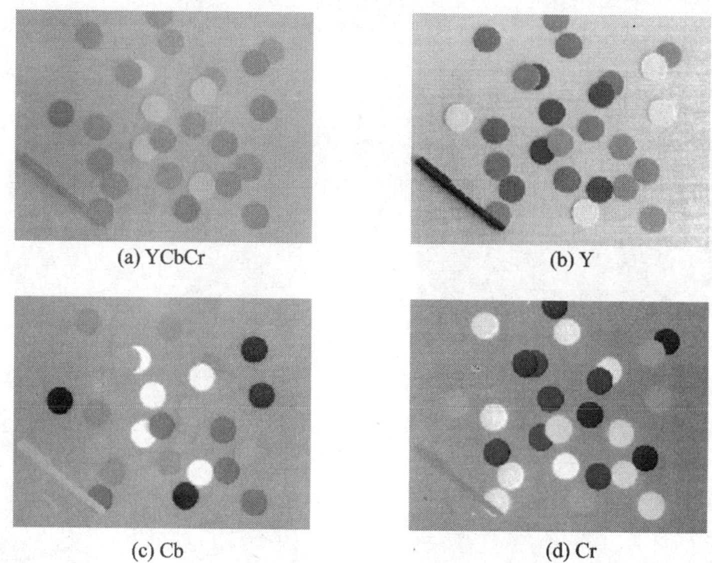

图 1-6　YCbCr 图像及各通道图像

1.1.3　YUV 颜色空间

YUV 是 PAL 和 SECAM 模拟彩色电视制式采用的颜色空间。YUV 颜色空间以演播室质量标准为目标，采用 CCIR601 编码，现 YUV 颜色空间被广泛应用在电视的色彩显示等领域中。

YUV 颜色空间，其中 Y 表示明亮度(luminance 或 luma)，也就是灰阶值；而 U 和 V 表示的则是色度(chrominance 或 chroma)，U 和 V 是构成彩色的两个分量，作用是描述影像色彩及饱和度，用于指定像素的颜色。YUV 颜色空间具有将亮度分量分离等优点，其中 YUV 颜色空间能够由 RGB 颜色空间线性变换得到，将 RGB 颜色空间转换到 YUV 颜色空间，也有其广泛的应用，特别是含肤色的图像分割中，应用较普遍。

值得注意的是：YUV 颜色空间的一个重要优点是，可以利用人眼特性来降低数字彩色图像所需要的存储容量。

YUV 图像如图 1-7 所示。

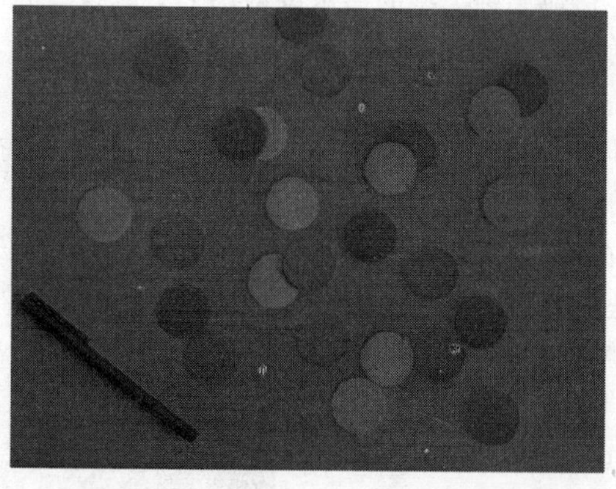

图 1-7　YUV 图像

根据图 1-7 所示 YUV 图像，单独显示 Y、U、V 各通道图像，如图 1-8 所示。

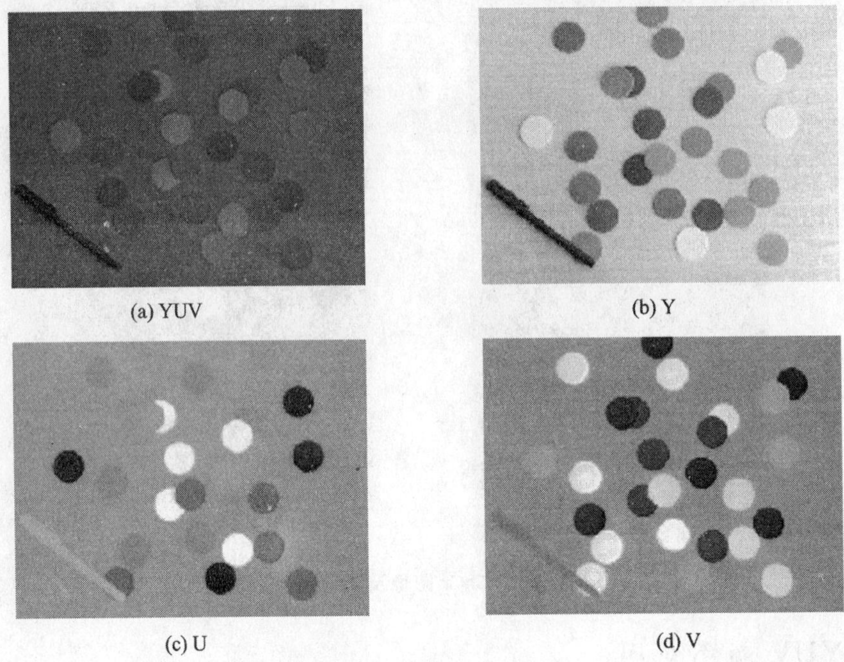

图 1-8　YUV 图像及各通道图像

1.1.4　YIQ 颜色空间

YIQ 颜色空间来源于国家电视标准委员会 NTSC 制彩色电视信号的传输。YIQ 颜色空间中，Y 分量代表图像的亮度信息，在 Y、I、Q 三分量中占据大部分频宽；I 分量称为同相信号，其颜色值包含了橙至青的色彩信息，I 值越小，黄色分量越多，蓝绿分量越少；Q 分量称为正交信号，包含了绿至深红的色彩信息，I、Q 分量是两个相互正交携带颜色信息的分量。然而人眼较难对 YIQ 颜色空间进行直观的分辨。

YIQ 颜色空间能够和 RGB 颜色空间相互转换，因此 YIQ 空间可以由 RGB 直接转换而来。YIQ、YUV 和 YCrCb 彩色空间都产生一种亮度分量信号和两种色带分量信号，而每一种变换使用的参数都是为了适应某种类型的显示设备，YUV 颜色空间与 YIQ 颜色空间类似，差别仅在于多了一个 33°的旋转。其中，YIQ 模型用于彩色电视广播系统，用于 NTSC 电视制式；YUV 适用于 PAL 和 SECAM 彩色电视制式，而 YCrCb 适用于计算机用的显示器。

YIQ 模型的优点是在固定频带宽的条件下，最大限度地扩大传送信息量，这在图像数据的压缩、传送、编码和解码中有很重要的作用。YIQ 图像如图 1-9 所示。

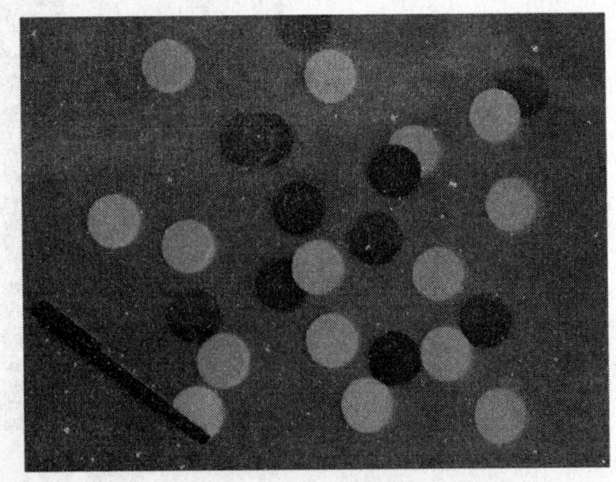

图 1-9　YIQ 图像

根据图 1-9 所示 YIQ 图像，单独显示 Y、I、Q 各通道图像，如图 1-10 所示。

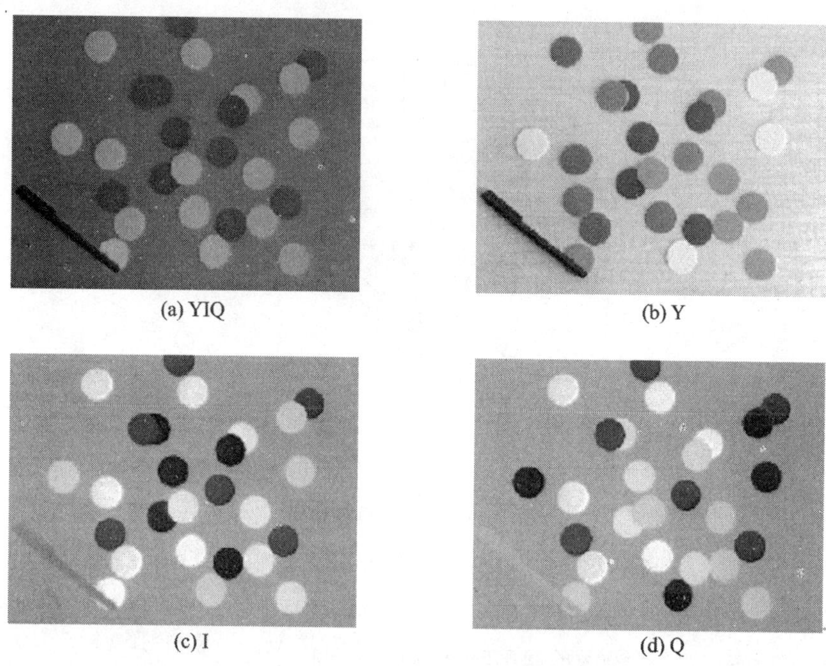

图1-10　YIQ图像及各通道图像

1.1.5　HSV颜色空间

人眼的色彩感知主要包括3个要素：色调、饱和度和亮度。HSV颜色空间正是一种面向视觉感知的颜色模型。

HSV颜色空间是孟塞尔色彩空间的简化形式，是以颜色的色调(H)、饱和度(S)、亮度(V)为三要素来表示的，是非线性颜色表示系统。其中，色调(H)是描述纯色的属性，饱和度(S)是描述纯色被白光稀释的程度的度量，亮度(V)是一个主观的描述变量，即物体的明亮程度。

HSV颜色空间同人对色彩的感知相一致，且在HSV空间中，人对色差的感知较均匀，是适合人的视觉特性的颜色空间。因此在HSV颜色空间中，有利于图像的处理，例如边缘检测、图像分割和目标识别等。HSV图像如图1-11所示。

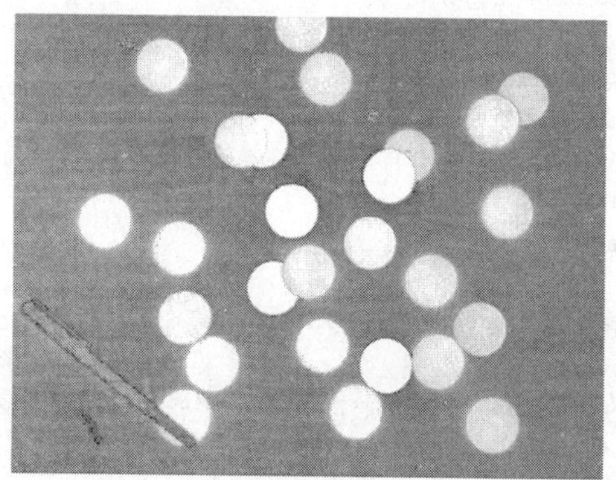

图1-11　HSV图像

HSV 颜色空间模型是一个圆锥体,具体的 HSV 颜色空间如图 1-12 所示。

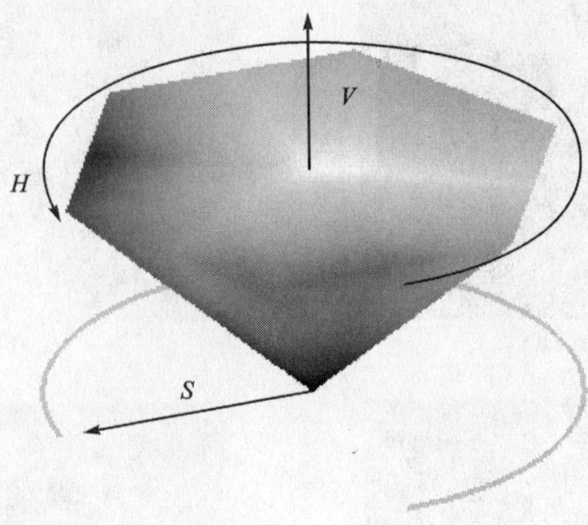

图 1-12　HSV 颜色空间

绘制该 HSV 颜色空间模型,MATLAB 程序如下:

```
function HSV
clc,clear,close all      %清理命令区、清理工作区、关闭显示图形
warning off              %消除警告
feature jit off          %加速代码运行

   [x,y,z,Tri] = makeshape('Hexacone');      % 形状
   load CData_HSV.mat       % 加载数据
   myplot(x,y,z,Tri,CData);% 画图
   coloraxis('H',1);   % 坐标轴标记
   coloraxis('S',2);   % 坐标轴标记
   coloraxis('V',3);   % 坐标轴标记
axis equal;
axis off;
pbaspect([1,1,1]);
view(70,27);     % 视角
rotate3d on;     % 旋转
end

function [x,y,z,Tri] = makeshape(Shape)
 % 3D 立方形 Cube
N = 12;     %每个边的顶点数 Vertices
 %立方形参数
Nth = 25;  %每一个角度上的顶点数 Nth-1 应该是 12 的倍数
Nr = 4;    %半径方向上的定点数
Nz = 8;    % Z 方向上的定点数

   [u,v] = meshgrid(linspace(0,2*pi,Nth),linspace(0,1,Nz));     % 网格化
   Tri = trigrid(Nth,Nz);                                        % 三角形化
   r = 0.92./max(max(abs(cos(u)),abs(cos(u - pi/3))),abs(cos(u + pi/3)));   % 半径 r
   x = v(:).*cos(u(:)).*r(:);
   y = v(:).*sin(u(:)).*r(:);
```

若您对此书内容有任何疑问,可以凭在线交流卡登录MATLAB中文论坛与作者交流。

```
z = v(:);
    [u,v] = meshgrid(linspace(0,2 * pi,Nth),linspace(0,1,Nr));       % 网格化
    Tri = [Tri;Nth * Nz + trigrid(Nth,Nr);];
    v = 0.92 * v./max(max(abs(cos(u)),abs(cos(u - pi/3))),abs(cos(u + pi/3)));
    x = [x;v(:). * cos(u(:));];     % 合并矩阵
    y = [y;v(:). * sin(u(:));];      % 合并矩阵
    z = [z;ones(Nth * Nr,1)];   % 合并矩阵
end
```

根据图 1-11 所示 HSV 图像，单独显示 H、S、V 各通道，如图 1-13 所示。

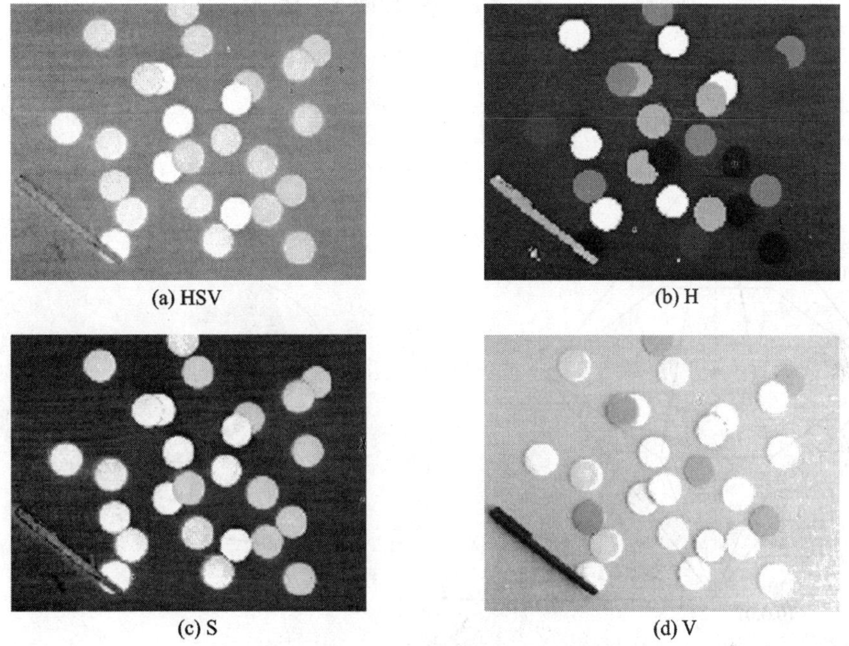

(a) HSV　(b) H　(c) S　(d) V

图 1-13　HSV 图像及各通道图像

如图 1-13 所示，经过 HSV 颜色变换，图像中每个像素的颜色用 H、S、V 值表示。由于 HSV 图像将与黑色、白色相近的颜色分别作为同一种颜色对待，因此采用 HSV 颜色空间模型进一步提高了颜色模型的准确性。通常一幅图像的颜色非常多，尤其是真彩色图像，因此直方图矢量的维数会非常多。如果对 HSV 空间进行适当的量化后再计算直方图，则计算量要少得多。

HSV 颜色空间有两个特点：

① 亮度分量与图像的彩色信息无关；

② 色调与饱和度分量与人感受颜色的方式紧密相连。

这些特点使得 HSV 颜色空间非常适合以人的视觉系统来感知彩色特性的图像处理算法。

1.1.6　HSL 颜色空间

HSL 颜色空间类似于 HSV 颜色空间，HSL 颜色空间一直被 Tektronix 公司所使用。由于 HSL 空间的 3 个分量能在较大范围内满足彩色图像处理的要求，而且它们与人眼的颜色感觉相对应，因此借助于 HSL 颜色空间可以有目的地进行处理，因而在彩色图像处理中具有比

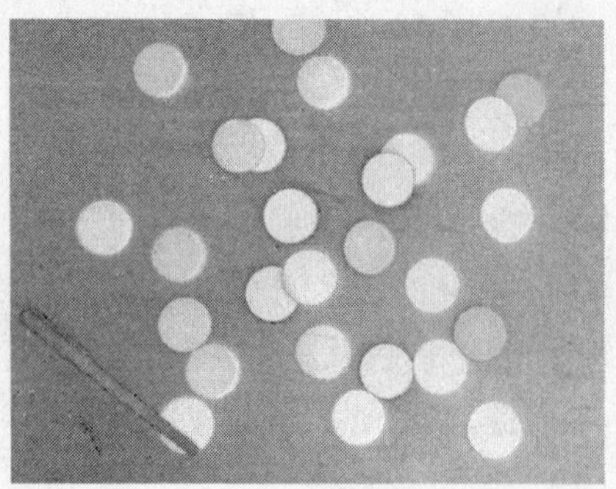

图 1-14　HSL 图像

其他颜色空间更好的优越性。

HSL 颜色空间，H 表示色调(Hue)，S 表示饱和度(Saturation)，L 表示亮度(Lightness)。色调(H)是一种颜色区别于另一种颜色的要素，如通常所说的红(R)、绿(G)、蓝(B)、黄(Y)等；饱和度(S)就是颜色纯度，亮度(L)即光的强度。HSL 图像如图 1-14 所示。

HSL 颜色模型定义为圆柱坐标系的双六棱锥，如图 1-15 所示。

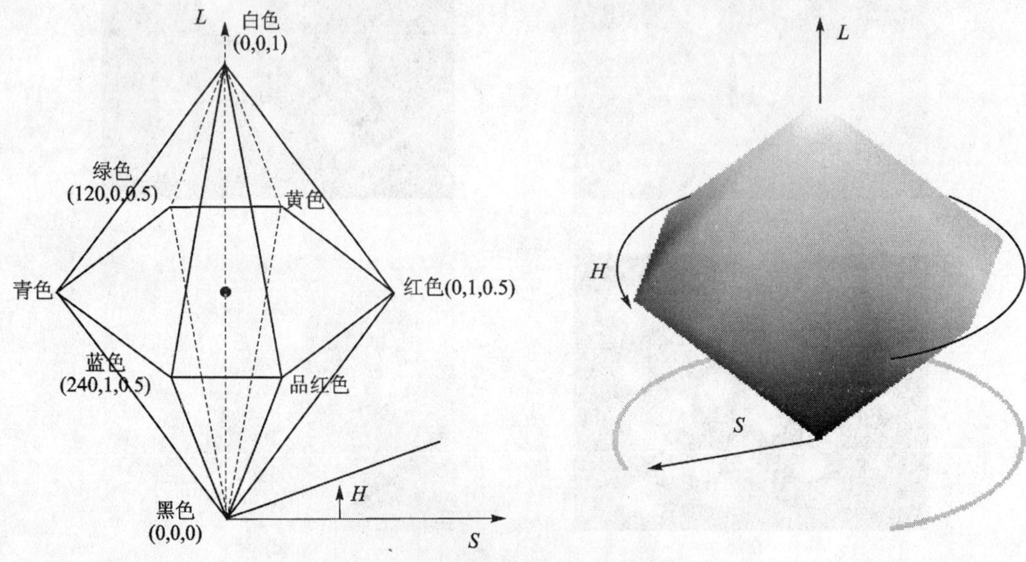

图 1-15　双六棱锥 HSL 模型

绘制该 HSL 颜色空间模型，MATLAB 程序如下：

```
function HSL
clc,clear,close all   % 清理命令区、清理工作区、关闭显示图形
warning off           % 消除警告
feature jit off       % 加速代码运行

   [x,y,z,Tri] = makeshape('Double Hexacone');
   load CData_HSL.mat
   myplot(x,y,2 * z,Tri,CData);   % 绘制图形
   coloraxis('H',1);              % 坐标轴标记
   coloraxis('S',2);              % 坐标轴标记
   coloraxis('L',4);              % 坐标轴标记
axis equal;                       % 轴距相等
axis off;                         % 取消轴
pbaspect([1,1,1]);
```

```
view(70,27);        % 视角
rotate3d on;        % 可以旋转图像
end

function [x,y,z,Tri] = makeshape(Shape)
 % 3D立方形 Cube
N = 12;       % 每个边的顶点数 Vertices
 % 立方形参数
Nth = 25;     % 每一个角度上的顶点数 Nth - 1 应该是 12 的倍数
Nr = 4;       % 半径方向上的定点数
Nz = 8;       % Z方向上的定点数

  Nz = floor(Nz/2) * 2 + 1;      % 向下取整
  [u,v] = meshgrid(linspace(0,2 * pi,Nth),linspace(0,1,Nz));     % 网格化
  Tri = trigrid(Nth,Nz);                                         % 三角化
  r = 1 - abs(2 * v - 1);                                        % 半径r
  r = 0.92 * r./max(max(abs(cos(u)),abs(cos(u - pi/3))),abs(cos(u + pi/3)));     % 半径r
  x = r(:). * cos(u(:));      % x
  y = r(:). * sin(u(:));      % y
  z = v(:);                   % z
end
```

在图1-15中，色调H为绕双六棱锥中心轴的角度，红色对应0°，绿色对应120°，依次类推。逆时针遍历其边界时，颜色出现的顺序为：红色、黄色、绿色、青色、蓝色和深红色。饱和度S是颜色点与中心轴的距离，S的值从0到1变化，面上各点的饱和度为1；饱和度最大的色调在$S=1$、$L=0.5$处。亮度L是从双六棱锥下端点的黑色（$L=0$），逐渐变到双六棱锥上端点的白色（$L=1$），中间值的点是灰色。

根据图1-14所示HSL图像，单独显示H、S、L各通道，如图1-16所示。

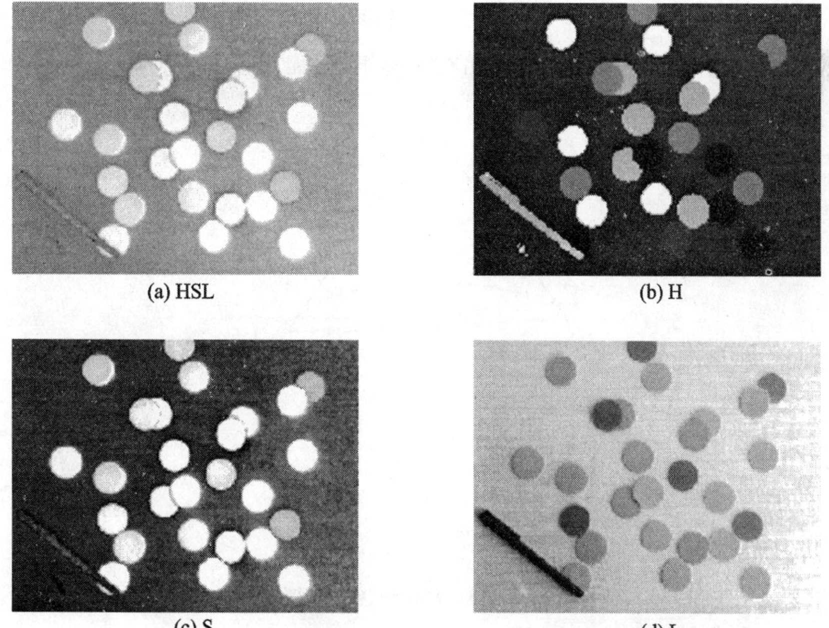

图1-16　HSL图像及各通道图像

HSL(色调 H、饱和度 S、亮度 L)模型更符合人描述和解释颜色的方式,这种彩色描述对人来说更自然和直观。另外,HSL 模型的另一个优点是,可以在彩色图像中从携带的彩色信息(色调 H 和饱和度 S)里消去亮度分量 L 的影响,即把图像分成彩色信息和灰度信息,使其更加适合许多灰度处理技术,对于开发基于彩色描述的图像处理方法是一个理想的工具。

但是,HSL 颜色空间也有缺陷,值得注意。在处理过程中,如果某一分量的变化超出了一定的范围,则会引起其他分量的变化,即独立性不是很好。例如,亮度分量改变较大时,可能引起色调的变化。

1.1.7 HSI 颜色空间

HSI 用色调 H、饱和度 S、亮度 I(Iuminance)来描述物体的颜色。其中 H 定义颜色的波长,称为色调;S 表示颜色的深浅程度,称为饱和度;I 表示强度或亮度,在处理彩色图像时,可仅对 I 分量进行处理,结果不改变原图像中的彩色种类。HSI 图像如图 1-17 所示。

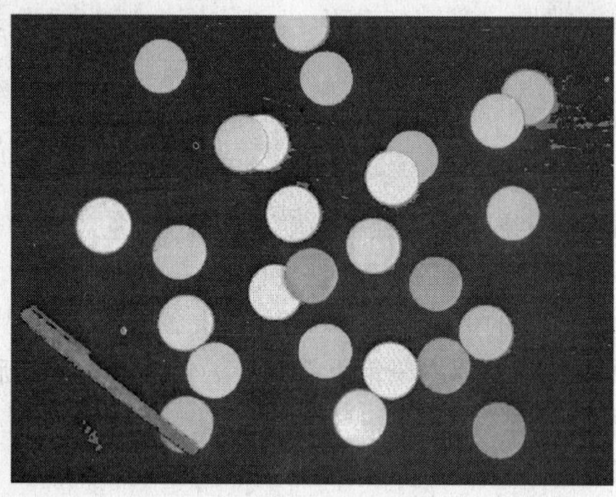

图 1-17　HSI 图像

HSI 颜色模型定义为由两个圆锥倒扣在一起组成,如图 1-18 所示。

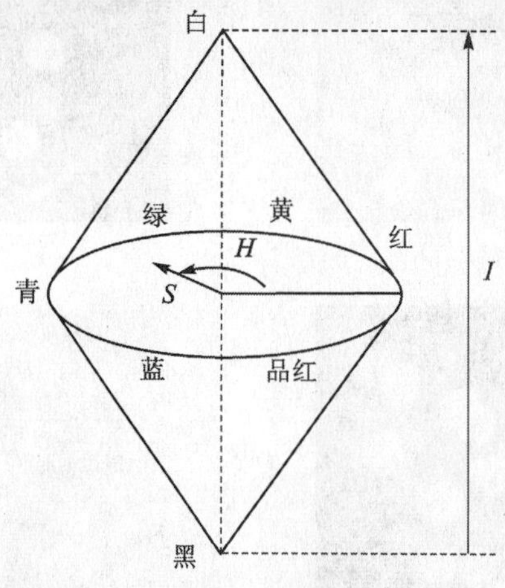

图 1-18　HSI 颜色空间模型

根据图 1-17 所示 HSI 图像,单独显示 H、S、I 各通道,如图 1-19 所示。

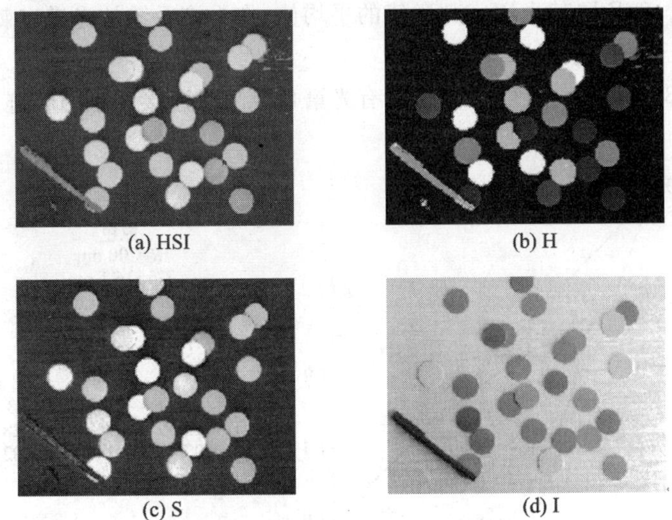

图 1 - 19　HSI 图像及各通道图像

1.1.8　CIE 颜色空间

国际照明委员会(CIE，International Commission on Illumination)的色度模型是最早使用的模型之一。CIE 在 1976 年规定了两种颜色空间：一种用于自照明的颜色空间，叫做 CIE LUV；另一种用于非自照明的颜色空间，叫做 CIE LAB。

1931 年，国际照明委员会开发 CIE XYZ 颜色系统，CIE XYZ 颜色系统是其他颜色系统的基础。它使用相对应于红(R)、绿(G)和蓝(B)三种颜色作为三原色，其他颜色可由三原色通过变换得到。CIE XYZ 颜色系统表示如图 1 - 20 所示。

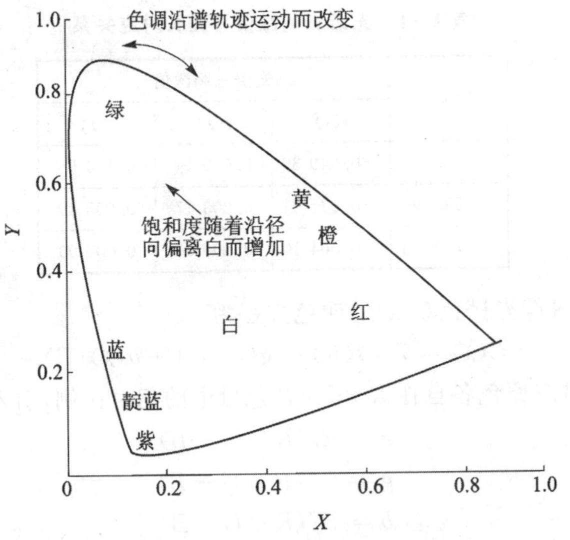

图 1 - 20　CIE XYZ 颜色空间

CIE 规定红 R、绿 G、蓝 B 三原色光的波长分别为 700 nm、546.1 nm、435.8 nm。当这三原色光的相对亮度比例为 R(红)∶G(绿)∶B(蓝) = 1.000 0∶4.590 7∶0.060 1 时就能匹配

出等能白光，所以 CIE 选取这一比例作为红、绿、蓝三原色的单位量，即 R(红)∶G(绿)∶B(蓝)＝1∶1∶1。CIE 取其光谱三刺激值的平均值，作为该系统的光谱三刺激值，全部光谱三刺激值称为“标准色度观察者”。

根据 CIE 1931—RGB 色度系统，将所有光谱色色品点连接起来的轨迹，称为光谱轨迹，如图 1－21 所示。

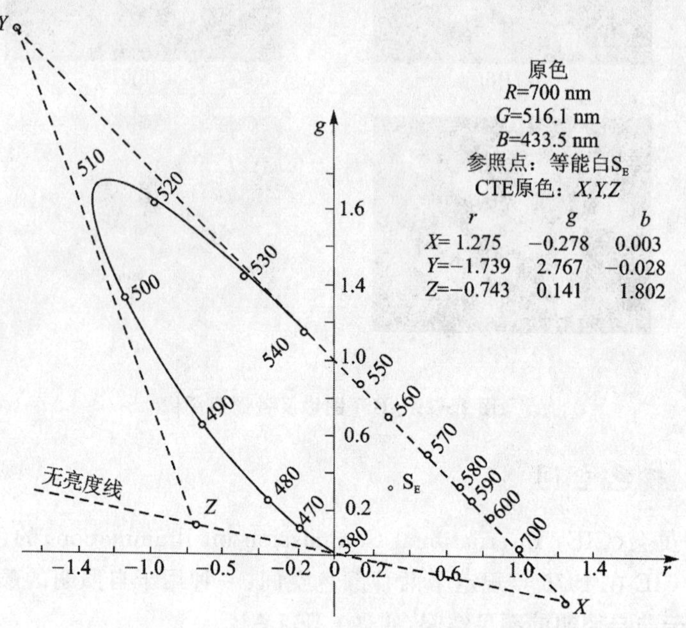

图 1－21　RGB 色度系统的 r－g－b 色品图

将光谱三刺激值分别记为：$\bar{r}(\lambda)$、$\bar{g}(\lambda)$、$\bar{b}(\lambda)$，则光谱三刺激值与波长的对应关系如表 1－1 所列。

表 1－1　光谱三刺激值与波长对应关系

λ/nm	光谱三刺激值		
	$\bar{r}(\lambda)$	$\bar{g}(\lambda)$	$\bar{b}(\lambda)$
480	−0.049 39	0.039 14	0.144 94
530	−0.071 01	0.203 17	0.005 49
700	0.004 10	0.000 00	0.000 00

匹配波长为 λ 的等能光谱色 $C(\lambda)$ 的颜色方程为：

$$C(\lambda)=\bar{r}(\lambda)(R)+\bar{g}(\lambda)(G)+\bar{b}(\lambda)(B)$$

为了表示 R、G、B 三原色各自在 $R+G+B$ 总量中的相对比例，引入色度坐标 r、g、b：

$$r=R/(R+G+B)$$

$$g=G/(R+G+B)$$

$$b=B/(R+G+B)$$

图 1－22 是以三刺激值为纵坐标，波长为横坐标绘出的光谱三刺激值曲线。

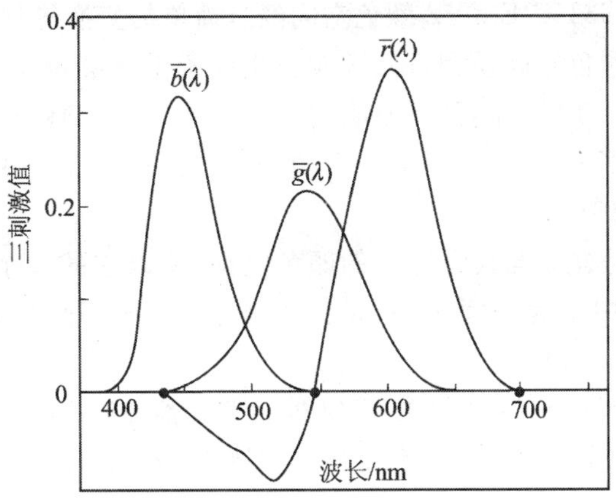

图 1-22 RGB 色度系统色匹配函数

从图 1-21 与图 1-22 可以看出，三刺激值 $\bar{r}(\lambda)$ 、$\bar{g}(\lambda)$ 、$\bar{b}(\lambda)$ 和光谱轨迹的色品坐标有很大一部分出现负值。其原因是，在色光匹配实验中，待匹配色是单色光，其饱和度很高，而三原色经过混合后，其饱和度必然会降低，无法和待匹配色进行匹配，所在实验中须将上方三原色光之一移到下方与待匹配色相加混合，从而使上下色光的饱和度相匹配。下移的原色光即用负值表示，所以会出现负色品坐标值。

CIE 1931-XYZ 系统用三原色 X、Y、Z 来匹配等能光谱三刺激值，X、Z 两原色只代表色度，没有亮度，亮度只与原色 Y 成比例，所以 $\bar{y}(\lambda)$ 函数曲线与明视觉光谱光视效率 $V(\lambda)$ 一致，即 $\bar{y}(\lambda) = V(\lambda)$ 。

采用坐标转换的方法，可以得到 XYZ 系统与 RGB 系统三刺激值间及色品坐标的关系：

$$\left.\begin{aligned} X &= 2.7689R + 1.7517G + 1.1302B \\ Y &= 1.0000R + 4.5907G + 0.0601B \\ Z &= 0.0000R + 0.0565G + 5.5943B \end{aligned}\right\} \tag{1.1}$$

由式(1.1)，根据 RGB 色度系统计算得到 XYZ 色度系统的三刺激值匹配函数，如图 1-23 所示。

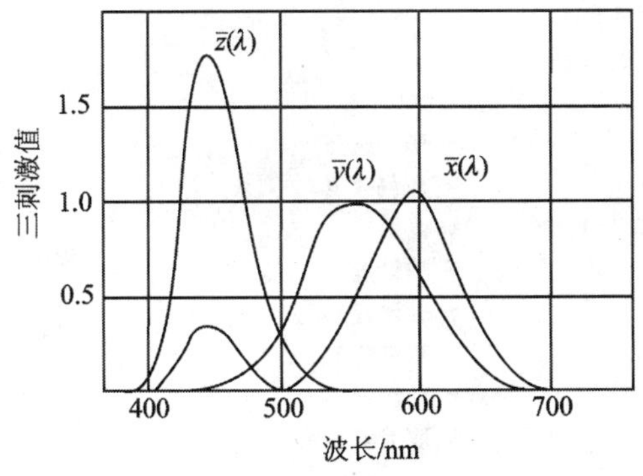

图 1-23 XYZ 色度系统色匹配函数

1.1.9 LUV 颜色空间

色彩学中的 LUV 通常是指一种颜色空间标准，就是 CIE1976(L＊、U＊、V＊)颜色空间。

LUV 颜色空间模型由 1931 CIE XYZ 颜色空间经过简单的变换得到。1964 年，CIE UVW 颜色空间模型改为 LUV 颜色空间模型，LUV 颜色空间模型在亮度上作了一定的修改，并且修正了色度的一致性检测。1976 年，国际照明委员会采用 LUV 颜色空间模型。LUV 颜色空间是建立与视觉统一的颜色空间，广泛应用于计算机彩色图像处理领域，主要是对视觉可感知的颜色差别进行单位化的编码。

因为 LUV 的目的是建立与视觉统一的颜色空间，所以它的 3 个分量并不都具有物理意义。LUV 颜色空间，其中 L 是亮度，U、V 是色度坐标。对于一般的图像，U、V 的取值范围为 $-100\sim100$，亮度 L 为 $0\sim100$。

LUV 颜色空间的计算公式可以 CIEXYZ 通过非线性计算得到。

LUV 图像如图 1-24 所示，LUV 色度坐标如图 1-25 所示。

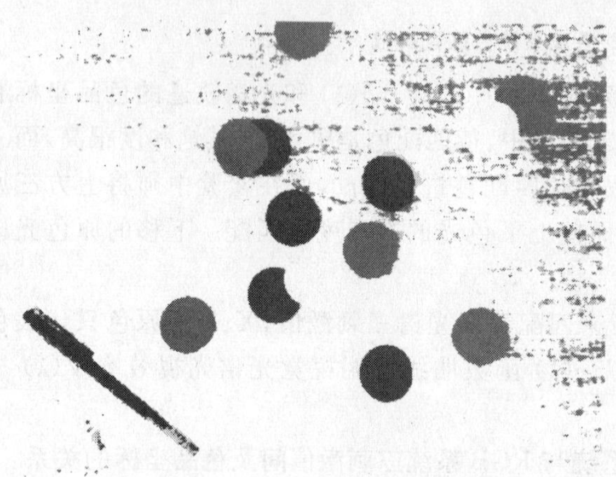

图 1-24　LUV 图像

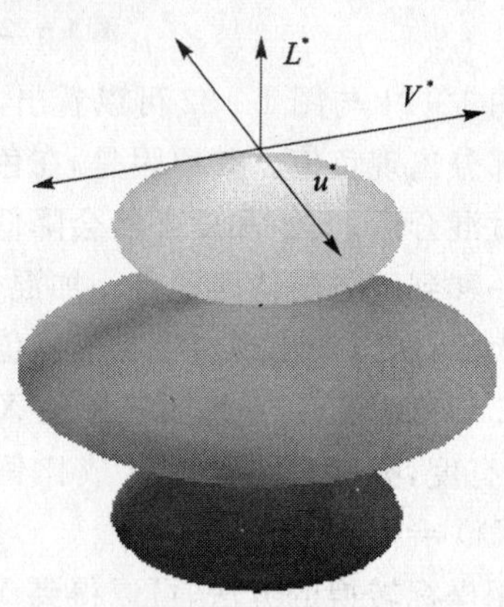

图 1-25　LUV 色度坐标图

绘制该 LUV 颜色空间模型，MATLAB 程序如下：

```
function LUV
clc,clear,close all    % 清理命令区、清理工作区、关闭显示图形
warning off            % 消除警告
feature jit off        % 加速代码运行

    [x,y,z,Tri] = makeshape('Blobs');      % 形状选择
    load CData_LUV.mat                     % 加载数据
    myplot(x,y,2 * z,Tri,CData);           % 画图
    coloraxis('L * ',4);                   % 轴设置 L
    coloraxis('u * ',5,2);                 % 轴设置 U
    coloraxis('v * ',6,2);                 % 轴设置 V
axis equal;                                % 轴设置
axis off;                                  % 取消轴显示
pbaspect([1,1,1]);
view(70,27);         % 视角设置
rotate3d on;         % 打开旋转图形功能
end
```

```
function [x,y,z,Tri] = makeshape(Shape)
  % 3D 立方形 Cube
  N = 12;         % 每个边的顶点数 Vertices
  %立方形参数
  Nth = 25;       % 每一个角度上的顶点数 Nth - 1 应该是 12 的倍数
  Nr = 4;         % 半径方向上的定点数
  Nz = 8;         % Z 方向上的定点数


     Nz = 47;
     [u,v] = meshgrid(linspace(0,2 * pi,Nth),linspace(0,1,Nz));   % 网格化
     Tri = trigrid(Nth,Nz);                                       % 三角化
     r = sin(v(:) * pi * 3).^2. * (1 - 0.6 * abs(2 * v(:) - 1));  % 半径 r
     x = r. * cos(u(:));  % x
     y = r. * sin(u(:));  % y
     z = v(:);            % z
  end
```

根据图 1 - 24 所示 LUV 图像，单独显示 L、U、V 各通道，如图 1 - 26 所示。

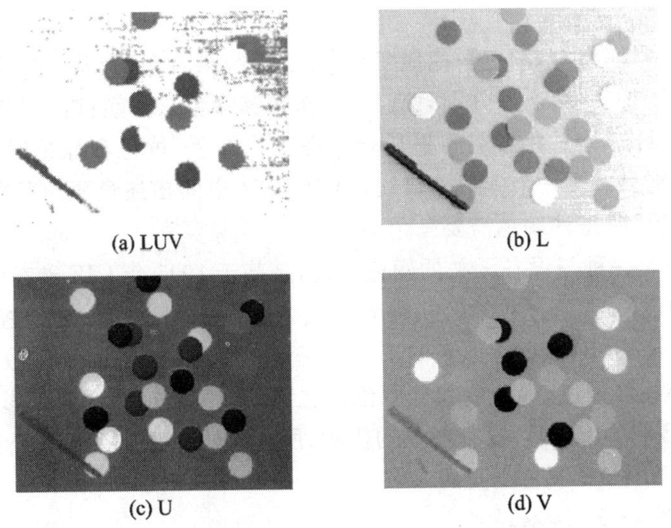

图 1 - 26　LUV 图像及各通道图像

1.1.10　LAB 颜色空间

RGB 色彩空间使用三原色——红色(R)、绿色(G)和蓝色(B)以不同的比例相加，从而产生各种色彩。在 RGB 空间中，物体的色彩取决于三种颜色的混合比例，单独的某个分量无法表示物体的色彩。也就是说，色彩是关于 RGB 空间三个通道的函数。RGB 空间适合机器使用，不适合描述人对色彩的感受。例如红色 R 值大的物体不一定是红色，还需要考虑 G 通道和 B 通道的数值，然而可以通过 R、G、B 三原色进行简单加减运算，凸显红色成分大的物体。

HSV 色彩空间是一种接近人类感觉的色彩描述方式，通常使用色调 H 和饱和度 S 两个通道来表示色彩，即色彩是色调 H 和饱和度 S 两个通道的函数。

Lab 色彩空间被设计用来接近人类视觉，它致力于感知均匀性。

在 Lab 空间中，L 表示亮度，a 和 b 表示颜色对立的维度。L 值为 0 时色彩为黑色，L 值接

近100时为白色；a值表示色彩在红色和绿色之间的位置；b值表示色彩在蓝色和黄色之间的位置。在CIELAB模型中，a值大于0时表示红色，a值小于0时表示绿色，b值大于0时表示黄色。

三种空间对红、绿和黄色彩描述的对比如表1-2所列。

表1-2 三种空间对红、绿和黄色彩描述的对比

色　彩	RGB空间	HSV空间	Lab空间
红色	$\frac{R}{G}>r_1$，$\frac{R}{B}>r_2$	$r_1>\frac{H}{S}>r_2$	$a>b$，$b>r_1$
绿色	$\frac{G}{R}>r_3$，$\frac{G}{B}>r_4$	$r_3>\frac{H}{S}>r_4$	$a<r_2$
黄色	$\frac{B}{G}>r_5$，$\frac{B}{R}>r_6$	$r_5>\frac{H}{S}>r_6$	$b>a$，$a>r_3$

表1-2中，$r_1\sim r_6$表示色彩闭值参数。对于红色、黄色和绿色，在RGB色彩空间中，每种颜色和三个通道有关，需要两个参数来描述；在HSV空间中，每种颜色和两个通道有关，需要两个参数来描述；而在Lab空间中，每种颜色至多和两个通道有关，只需要一个参数来描述。

因为在各种色彩模型中，颜色平稳地变化，为了查找某种色彩，往往需要不断地调节阈值以达到最好的效果。例如交通灯分别只有红色、黄色和绿色三种颜色，因此在描述交通灯的色彩时，Lab色彩空间比HSV色彩空间更适合。在查找红色、黄色和绿色时，用Lab空间描述色彩，每种颜色分别只需要一个参数来描述；而用HSV空间描述色彩时每种颜色需要两个参数，用RGB空间描述时每种颜色需要三个参数。

Lab颜色空间是一种与设备无关的颜色系统，是基于1931年CIE颁布的色彩度量国际标准创建的，是由CIE XYZ通过数学转换得到的均匀色度空间。CIE XYZ空间采用了理想的原色X、Y、Z代替R、G、B，而理想原色的选择是基于RGB颜色空间采用数学方法建立的，其中，X、Y、Z分别描述红原色、绿原色和蓝原色。这三个分量是虚拟的假色彩，并非真色彩。

由于CIELAB和CIELUV没有明显的优劣，所以这两个颜色空间都经常被使用，如Photoshop就是使用CIELAB颜色空间的。

LAB图像如图1-27所示。

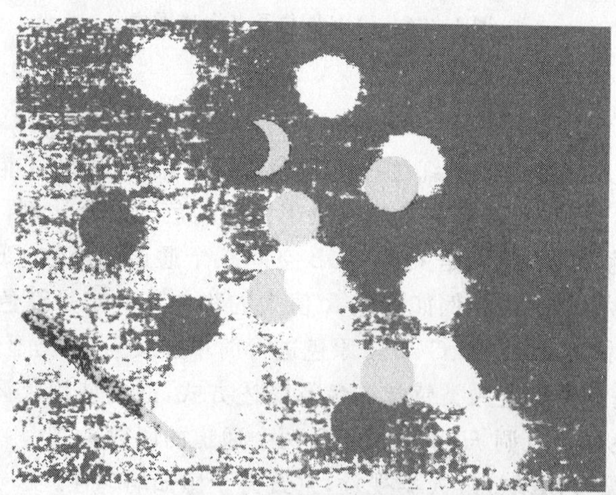

图1-27 LAB图像

若您对此书内容有任何疑问，可以凭在线交流卡登录MATLAB中文论坛与作者交流。

CIE Lab 色彩模型如图 1－28 所示。

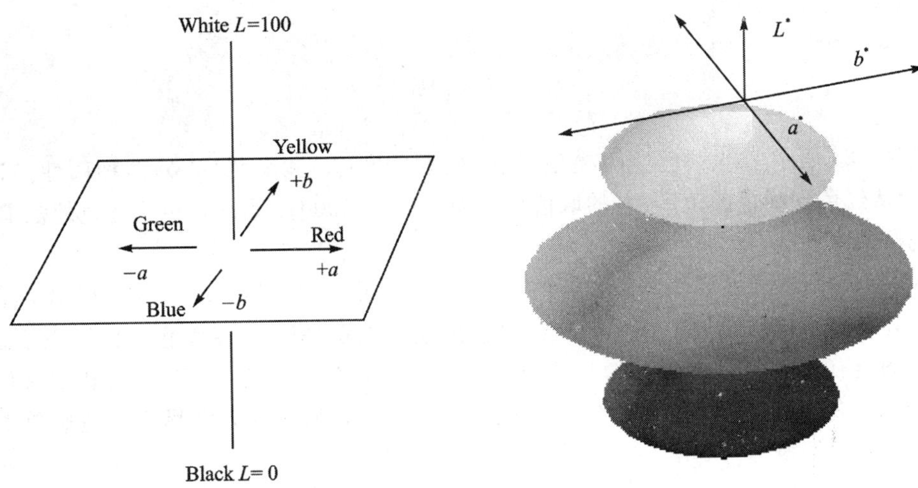

图 1－28　CIE L＊a＊b＊色度空间

绘制该 LAB 颜色空间模型，MATLAB 程序如下：

```
function LAB
clc,clear,close all     % 清理命令区、清理工作区、关闭显示图形
warning off             % 消除警告
feature jit off         % 加速代码运行

   [x,y,z,Tri] = makeshape('Blobs');        % 形状选择
   CData = colorspace('rgb<-lab',[z*100,x*100,y*100]);
   save CData_LAB.mat CData                 % 加载数据
   myplot(x,y,2*z,Tri,CData);               % 画图
   coloraxis('L*',4);                       % 轴设置 L
   coloraxis('a*',5,2);                     % 轴设置 a
   coloraxis('b*',6,2);                     % 轴设置 b
axis equal;                                 % 轴距相等
axis off;                                   % 轴不显示
pbaspect([1,1,1]);
view(70,27);                                % 视角设置
rotate3d on;                                % 打开旋转功能
end

function [x,y,z,Tri] = makeshape(Shape)
 % 3D 立方形 Cube
N = 12;      % 每个边的顶点数 Vertices
 % 立方形参数
Nth = 25;    % 每一个角度上的顶点数 Nth-1 应该是 12 的倍数
Nr = 4;      % 半径方向上的定点数
Nz = 8;      % Z 方向上的定点数

   Nz = 47;
```

```
    [u,v] = meshgrid(linspace(0,2 * pi,Nth),linspace(0,1,Nz));   % 网格化
    Tri = trigrid(Nth,Nz);                                        % 三角化
    r = sin(v(:) * pi * 3).^2. * (1 - 0.6 * abs(2 * v(:) - 1));   % 半径 r
    x = r. * cos(u(:));   % x
    y = r. * sin(u(:));   % y
    z = v(:);             % z
end
```

如图 1-28 所示 Lab 颜色空间模型，该模型由亮度(L)和颜色(a、b)两种属性描述。其中，a 表示从红色到绿色的范围，它的取值范围为[-100,100]；b 为从黄色到蓝色的范围，其取值范围为[-100,100]。

Lab 颜色空间中亮度和颜色是分开的，并且具有足够广的色域，RGB 和 CMYK 颜色空间所不能描述的色彩均可通过 Lab 颜色空间进行描述。也就是说，Lab 颜色空间可以描述眼睛能感知到的所有色彩。RGB 色彩模型还有色彩分布不均匀的缺点，例如蓝色 B 到绿色 G 的过渡色彩比较多，绿色 G 到红色 R 的过渡色比较少。Lab 色彩空间则尽可能地避免了 RGB 色彩模型的这个问题。

根据图 1-27 所示 LAB 图像，单独显示 L、A、B 各通道，如图 1-29 所示。

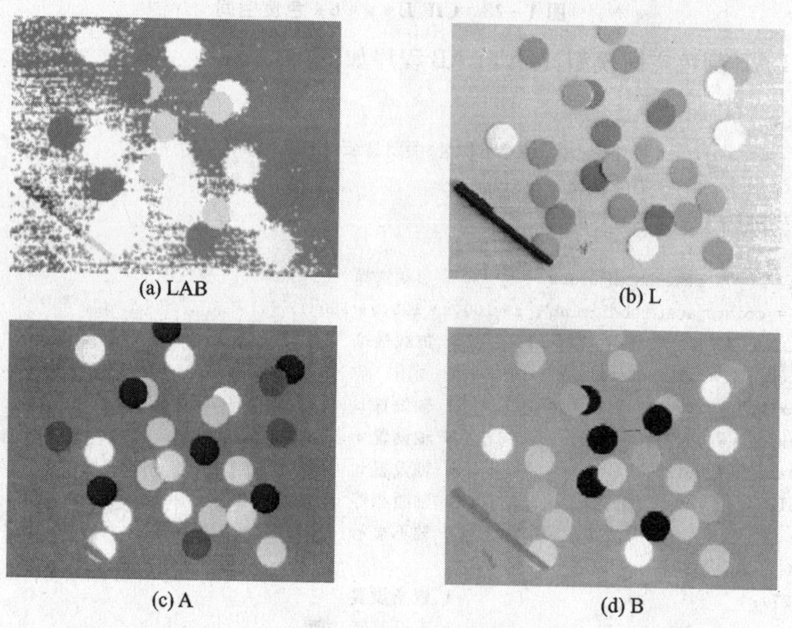

(a) LAB　(b) L　(c) A　(d) B

图 1-29　LAB 图像及各通道图像

1.1.11　LCH 颜色空间

具体 LCH 颜色空间特点如下：

① LCH 颜色空间符合人眼对色彩辨别的基础属性；

② 三个颜色分量 L、C、H 之间的相关性低，有利于将人眼视觉频率响应特性按照不同分量进行独立描述；

③ LCH 颜色空间以与设备无关的均匀色空间 CIE1976 L * a * b * 为基础，在颜色描述的视觉均匀性上可以达到较好的水平。

有关科研人员对LCH、CIE1976L＊a＊b＊、RGB、OHTA和YCC五种常用的颜色空间进行了分量相关性的研究。研究的结论大致如下：

① 图像平均自相关值随像素间距增大而降低，像素间距与平均自相关值两者之间存在较弱的负指数函数关系；

② 在LCH颜色空间下，图像颜色分量之间的自相关水平低于其他颜色空间下的相关性水平，表明LCH图像分量包含较多的高频成分；

③ LAB颜色空间分量的自相关值略高于RGB等颜色空间；

④ LCH图像颜色空间分量的互相关性低于其他色空间；

⑤ LAB颜色空间分量的互相关值略高于RGB等颜色空间；

⑥ 以明度、彩度、色调角为分量支撑的LCH颜色空间，其三个分量的相关性总体上低于RGB、LAB等颜色空间；

⑦ 在LCH分量图像的互相关中，明度分量与彩度分量间的互相关性明显低于明度/色调角、彩度/色调角之间的相关性；

⑧ 在LCH分量图像的自相关性上，明度、彩度、色调角三个分量差异较明显，但总体处于低水平，体现出分量图像具有较多的颜色细节。

LCH图像如图1－30所示，具体的LCH颜色空间如图1－31所示。

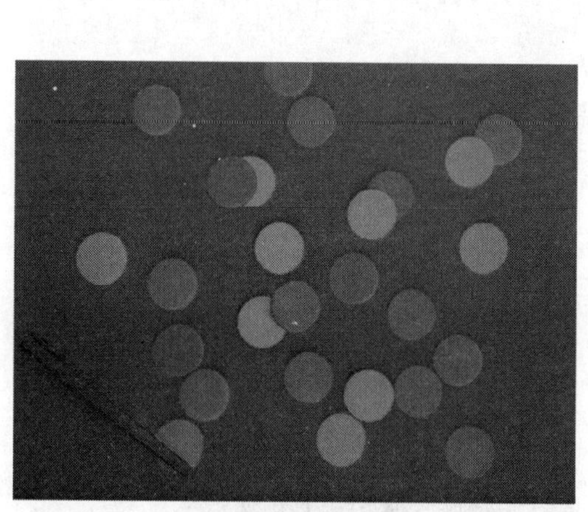

图1－30　LCH图像

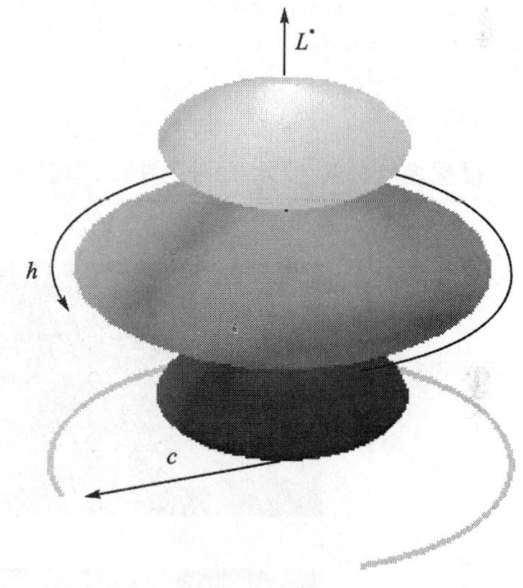

图1－31　LCH颜色空间

绘制该LCH颜色空间模型，MATLAB程序如下：

```
function LCH
    clc,clear,close all  % 清理命令区、清理工作区、关闭显示图形
    warning off          % 消除警告
    feature jit off      % 加速代码运行

      [x,y,z,Tri] = makeshape('Blobs');      % 形状选择
      load CData_LCH.mat                     % 加载数据
      myplot(x,y,2 * z,Tri,CData);           % 画图
      coloraxis('L * ',4);                   % 标记L
```

```
   coloraxis('c',2);                 % 标记 c
   coloraxis('h',1);                 % 标记 h
axis equal;                          % 轴距相等
axis off;                            % 轴不可见
pbaspect([1,1,1]);
view(70,27);                         % 视角设置
rotate3d on;                         % 打开旋转功能
end

function [x,y,z,Tri] = makeshape(Shape)
 % 3D 立方形 Cube
N = 12;         % 每个边的顶点数 Vertices
 % 立方形参数
Nth = 25;       % 每一个角度上的顶点数 Nth - 1 应该是 12 的倍数
Nr = 4;         % 半径方向上的定点数
Nz = 8;         % Z 方向上的定点数

   Nz = 47;
   [u,v] = meshgrid(linspace(0,2 * pi,Nth),linspace(0,1,Nz));      % 栅格化
   Tri = trigrid(Nth,Nz);                                          % 三角化
   r = sin(v(:) * pi * 3).^2. * (1 - 0.6 * abs(2 * v(:) - 1));    % 半径 r
   x = r. * cos(u(:));                                             % x
   y = r. * sin(u(:));                                             % y
   z = v(:);                                                       % z
end
```

根据图 1-30 所示 LCH 图像，单独显示 L、C、H 各通道，如图 1-32 所示。

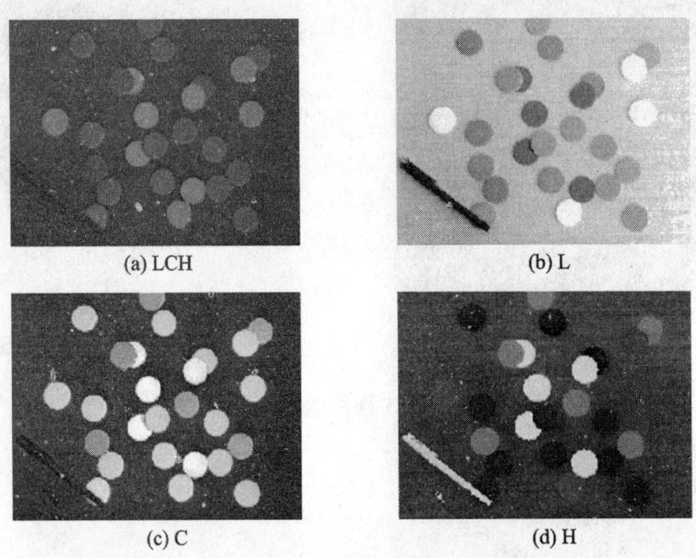

(a) LCH　(b) L　(c) C　(d) H

图 1-32　YCbCr 图像及各通道图像

1.2　颜色空间转换与 MATLAB 实现

1.2.1　图像 YCbCr 与 RGB 空间相互转换及 MATLAB 实现

(1) 从 RGB 转换到 YCbCr

通过 RGB 值获得 YCbCr 值的公式为：

$$\begin{bmatrix} Y \\ Cb \\ Cr \end{bmatrix} = \begin{bmatrix} 16 \\ 128 \\ 128 \end{bmatrix} + \begin{bmatrix} 65.481 & 128.553 & 24.966 \\ -37.797 & -74.203 & 112.000 \\ 112.000 & -93.786 & -18.214 \end{bmatrix} \begin{bmatrix} R \\ G \\ B \end{bmatrix} \tag{1.2}$$

由此编写 RGB 到 YCbCr 颜色空间的函数程序如下：

```
function im1 = rgb2ycbcr(im)
%转化矩阵
T = [65.481,128.553,24.966;
    -37.797,-74.203,112.0;
    112.0,-93.786,-18.214];     %矩阵系数
Ta = [16;128;128];

R = im(:,:,1);  % R
G = im(:,:,2);  % G
B = im(:,:,3);  % B
R = im2double(R);       %转化为 double 类型
G = im2double(G);       %转化为 double 类型
B = im2double(B);       %转化为 double 类型

Y = Ta(1,1) + T(1,1).* R + T(1,2).*G + T(1,3).*B;
Cb = Ta(2,1) + T(2,1).* R + T(2,2).*G + T(2,3).*B;
Cr = Ta(3,1) + T(3,1).* R + T(3,2).*G + T(3,3).*B;
im1(:,:,1) = Y;
im1(:,:,2) = Cb;
im1(:,:,3) = Cr;
im1 = uint8(im1);   %类型转换
```

调用该函数，程序如下：

```
clc,clear,close all       %清理命令区、清理工作区、关闭显示图形
warning off               %消除警告
feature jit off           %加速代码运行
im = imread('coloredChips.png');
figure('color',[1,1,1])
subplot(121),imshow(im,[]);title('RGB')
im1 = rgb2ycbcr(im);      % RGB 转化为 YCbCr
subplot(122),imshow(im1,[]);title('YCbCr')
```

运行程序输出图形如图 1-33 所示。

(2) 从 YCbCr 转换到 RGB

由 $\begin{bmatrix} Y \\ Cb \\ Cr \end{bmatrix} = \begin{bmatrix} 16 \\ 128 \\ 128 \end{bmatrix} + \begin{bmatrix} 65.481 & 128.553 & 24.966 \\ -37.797 & -74.203 & 112.000 \\ 112.000 & -93.786 & -18.214 \end{bmatrix} \begin{bmatrix} R \\ G \\ B \end{bmatrix}$，令

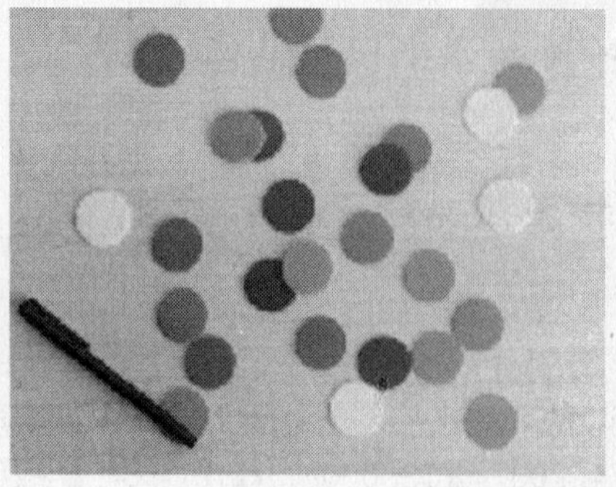
(a) RGB

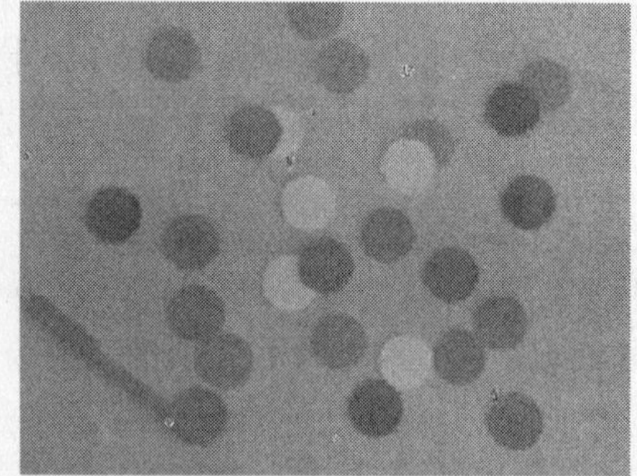
(b) YCbCr

图 1-33 RGB转化到YCbCr颜色空间

$$\boldsymbol{Ta}=\begin{bmatrix}16\\128\\128\end{bmatrix},\boldsymbol{T}=\begin{bmatrix}65.481 & 128.553 & 24.966\\-37.797 & -74.203 & 112.000\\112.000 & -93.786 & -18.214\end{bmatrix}$$

通过 YCbCr 值获得 RGB 值，则有

$$\begin{cases}\mathrm{TT}=\mathrm{inv}(T)\\\mathrm{Tb}=\mathrm{TT}\times\mathrm{Ta}\end{cases}$$

因此得到由 YCbCr 转换到 RGB 的公式为：

$$\begin{bmatrix}R\\G\\B\end{bmatrix}=\mathrm{Tb}+\mathrm{TT}\times\begin{bmatrix}Y\\\mathrm{Cb}\\\mathrm{Cr}\end{bmatrix}=\begin{bmatrix}0.8742\\-0.5317\\1.0856\end{bmatrix}+\begin{bmatrix}0.0046 & 0.0000 & 0.0063\\0.0046 & -0.0015 & -0.0032\\0.0046 & 0.0079 & 0.0000\end{bmatrix}\begin{bmatrix}Y\\\mathrm{Cb}\\\mathrm{Cr}\end{bmatrix}\quad(1.3)$$

由此编写 YCbCr 到 RGB 颜色空间的函数程序如下：

```
function im1 = ycbcr2rgb(im)
%转化矩阵
T = [65.481,128.553,24.966;
    -37.797,-74.203,112.0;
    112.0,-93.786,-18.214];  %矩阵系数
Ta = [16;128;128];

TT = inv(T);  %求逆矩阵
Tb = TT * Ta;

Y = im(:,:,1);     % Y
Cb = im(:,:,2);    % Cb
Cr = im(:,:,3);    % Cr
Y = im2double(Y);      %转化为double类型
Cb = im2double(Cb);    %转化为double类型
Cr = im2double(Cr);    % 转化为double类型

R = -Tb(1,1) + TT(1,1).* Y + TT(1,2).* Cb + TT(1,3).* Cr;
G = -Tb(2,1) + TT(2,1).* Y + TT(2,2).* Cb + TT(2,3).* Cr;
B = -Tb(3,1) + TT(3,1).* Y + TT(3,2).* Cb + TT(3,3).* Cr;
R = mat2gray(R);      %灰度值 转化为0 - 1之间
G = mat2gray(G);      %灰度值 转化为0 - 1之间
B = mat2gray(B);      %灰度值 转化为0 - 1之间
```

```
im1(:,:,1) = R;
im1(:,:,2) = G;
im1(:,:,3) = B;
im1 = im2uint8(im1);  %类型转换
```

调用该函数，程序如下：

```
% % YCbCr -->  RGB
clc,clear,close all      %清理命令区、清理工作区、关闭显示图形
warning off              %消除警告
feature jit off          %加速代码运行
im = imread('coloredChips.png');
im1 = rgb2ycbcr(im);     % RGB 转化为 YCbCr
figure('color',[1,1,1])
subplot(121),imshow(im1,[]);title('YCbCr')
im2 = ycbcr2rgb(im1);
subplot(122),imshow(im2,[]);title('RGB')
```

运行程序输出图形如图 1-34 所示。

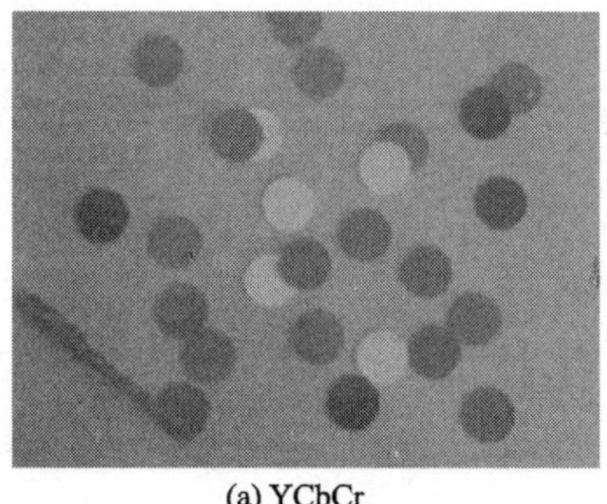
(a) YCbCr

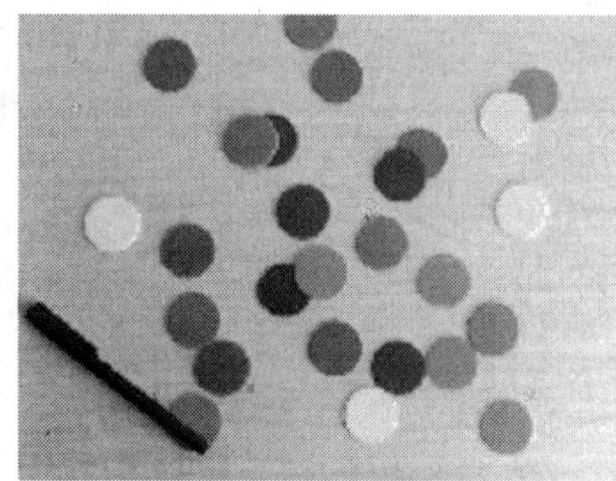
(b) RGB

图 1-34　YCbCr 转化到 RGB 颜色空间

1.2.2　图像 YUV 与 RGB 空间相互转换及 MATLAB 实现

(1) 从 RGB 转换到 YUV

YUV 与 RGB 相互转换的公式如下：

$$Y = 0.299R + 0.587G + 0.114B$$
$$U = -0.147R - 0.289G + 0.436B$$
$$V = 0.615R - 0.515G - 0.100B$$

写成矩阵是：

$$\begin{bmatrix} Y \\ U \\ V \end{bmatrix} = \begin{bmatrix} 0.299 & 0.587 & 0.114 \\ -0.147 & -0.289 & 0.436 \\ 0.615 & -0.515 & -0.100 \end{bmatrix} \begin{bmatrix} R \\ G \\ B \end{bmatrix} \tag{1.4}$$

由此编写 RGB 到 YUV 颜色空间的函数程序如下：

```
function im1 = rgb2yuv(im)
%转化矩阵
T = [0.299,0.587,0.114;
    -0.147,-0.289,0.436;
```

```
    0.615, -0.515, -0.100];        %矩阵系数
Ta = [0;0;0];

R = im(:,:,1);       % R
G = im(:,:,2);       % G
B = im(:,:,3);       % B
R = im2double(R);              %转化为double类型
G = im2double(G);              %转化为double类型
B = im2double(B);              %转化为double类型

Y = Ta(1,1) + T(1,1).* R + T(1,2).*G + T(1,3).*B;
U = Ta(2,1) + T(2,1).* R + T(2,2).*G + T(2,3).*B;
V = Ta(3,1) + T(3,1).* R + T(3,2).*G + T(3,3).*B;
im1(:,:,1) = Y;
im1(:,:,2) = U;
im1(:,:,3) = V;
im1 = im2uint8(im1);   %类型转换
```

调用该函数,程序如下:

```
%% RGB -->YUV
clc,clear,close all       %清理命令区、清理工作区、关闭显示图形
warning off               %消除警告
feature jit off           %加速代码运行
im = imread('coloredChips.png');
figure('color',[1,1,1])
subplot(121),imshow(im,[]);title('RGB')
im1 = rgb2yuv(im);       % RGB转化为YUV
subplot(122),imshow(im1,[]);title('YUV')
```

运行程序输出图形如图1-35所示。

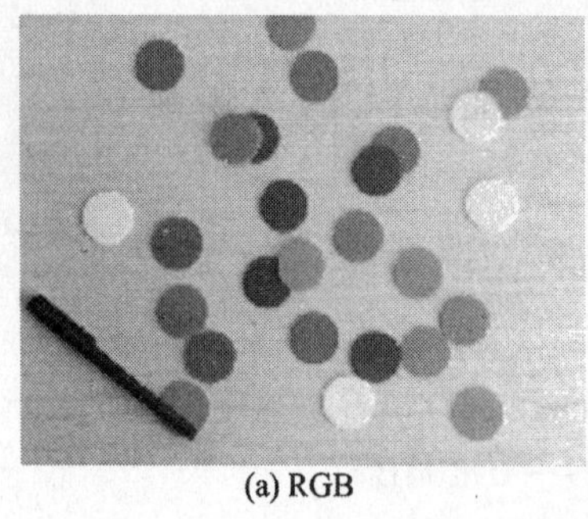
(a) RGB

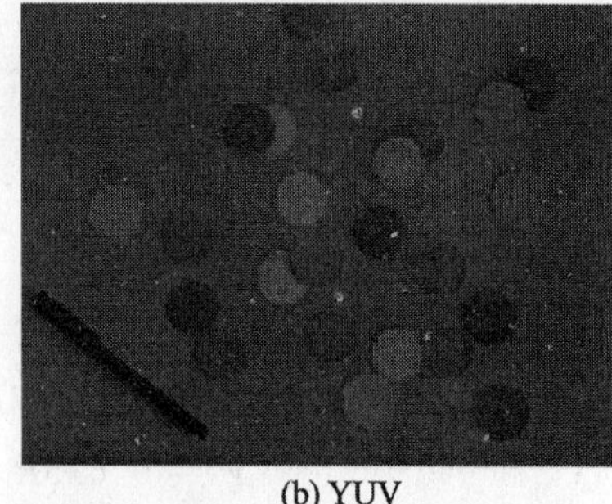
(b) YUV

图1-35 RGB转化到YUV颜色空间

(2) 从YUV转换到RGB

由YUV与RGB相互转换的公式,有变换矩阵 $\boldsymbol{T}=\begin{bmatrix}0.299 & 0.587 & 0.114\\ -0.147 & -0.289 & 0.436\\ 0.615 & -0.515 & -0.100\end{bmatrix}$。对该矩阵求逆矩阵,有

$$\begin{bmatrix} R \\ G \\ B \end{bmatrix} = \begin{bmatrix} 1 & 0 & 1.140 \\ 1 & -0.395 & -0.581 \\ 1 & 2.032 & 0 \end{bmatrix} \begin{bmatrix} Y \\ U \\ V \end{bmatrix} \tag{1.5}$$

由此编写 YUV 到 RGB 颜色空间的函数程序如下：

```
function im1 = yuv2rgb(im)
  %转化矩阵
  T = [0.299,0.587,0.114;
      -0.147,-0.289,0.436;
      0.615,-0.515,-0.100];    %矩阵系数
  Ta = [0;0;0];

  TT = inv(T);    %求逆矩阵
  Tb = TT * Ta;

  Y = im(:,:,1);  % Y
  U = im(:,:,2);  % U
  V = im(:,:,3);  % V
  Y = im2double(Y);          %转化为 double 类型
  U = im2double(U);          %转化为 double 类型
  V = im2double(V);          %转化为 double 类型

  R = -Tb(1,1) + TT(1,1).* Y + TT(1,2).*U + TT(1,3).*V;
  G = -Tb(2,1) + TT(2,1).* Y + TT(2,2).*U + TT(2,3).*V;
  B = -Tb(3,1) + TT(3,1).* Y + TT(3,2).*U + TT(3,3).*V;
  R = mat2gray(R);           %灰度值 转化为 0 - 1 之间
  G = mat2gray(G);           %灰度值 转化为 0 - 1 之间
  B = mat2gray(B);           %灰度值 转化为 0 - 1 之间
  im1(:,:,1) = R;
  im1(:,:,2) = G;
  im1(:,:,3) = B;
  im1 = im2uint8(im1);  %类型转换
```

调用该函数,程序如下：

```
%% YUV --> RGB
clc,clear,close all        %清理命令区、清理工作区、关闭显示图形
warning off                %消除警告
feature jit off            %加速代码运行
im = imread('coloredChips.png');
im1 = rgb2yuv(im);     % RGB 转化为 YUV

figure('color',[1,1,1])
subplot(121),imshow(im1,[]);title('YUV')
im2 = yuv2rgb(im1);
subplot(122),imshow(im2,[]);title('RGB')
```

运行程序输出图形如图 1-36 所示。

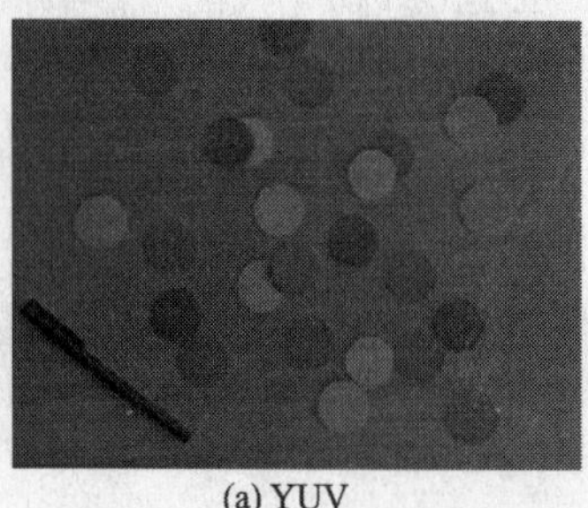
(a) YUV

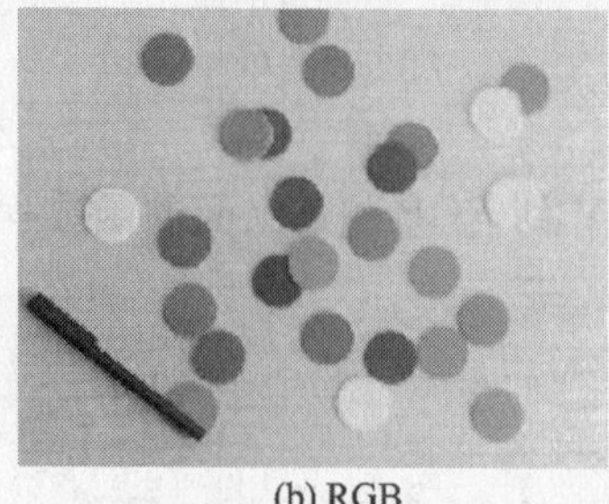
(b) RGB

图 1-36　YUV 转化到 RGB 颜色空间

1.2.3　图像 YIQ 与 RGB 空间相互转换及 MATLAB 实现

(1) 从 RGB 转换到 YIQ

YIQ 与 RGB 相互转换的公式如下：

$$\begin{bmatrix} Y \\ I \\ Q \end{bmatrix} = \begin{bmatrix} 0.299 & 0.587 & 0.114 \\ 0.5957 & -0.2745 & -0.3213 \\ 0.2115 & -0.5226 & 0.3111 \end{bmatrix} \begin{bmatrix} R \\ G \\ B \end{bmatrix} \tag{1.6}$$

由此编写 RGB 到 YIQ 颜色空间的函数程序如下：

```
function im1 = rgb2yiq(im)
%转化矩阵
T = [0.299,0.587,0.114;
    0.595716,-0.274453,-0.321263;
    0.211456,-0.522591,0.311135];        %矩阵系数
Ta = [0;0;0];

R = im(:,:,1);     % R
G = im(:,:,2);     % G
B = im(:,:,3);     % B
R = im2double(R);           %转化为 double 类型
G = im2double(G);           %转化为 double 类型
B = im2double(B);           %转化为 double 类型

Y = Ta(1,1) + T(1,1).*R + T(1,2).*G + T(1,3).*B;
I = Ta(2,1) + T(2,1).*R + T(2,2).*G + T(2,3).*B;
Q = Ta(3,1) + T(3,1).*R + T(3,2).*G + T(3,3).*B;
im1(:,:,1) = Y;
im1(:,:,2) = I;
im1(:,:,3) = Q;
im1 = im2uint8(im1);    %类型转换
```

调用该函数，程序如下：

```
%% RGB -->YIQ
clc,clear,close all          %清理命令区、清理工作区、关闭显示图形
warning off                  %消除警告
feature jit off              %加速代码运行
im = imread('coloredChips.png');
figure('color',[1,1,1])
```

```
subplot(121),imshow(im,[]);title('RGB')
im1 = rgb2yiq(im);     % RGB 转化为 YIQ
subplot(122),imshow(im1,[]);title('YIQ')
```

运行程序输出图形如图 1 - 37 所示。

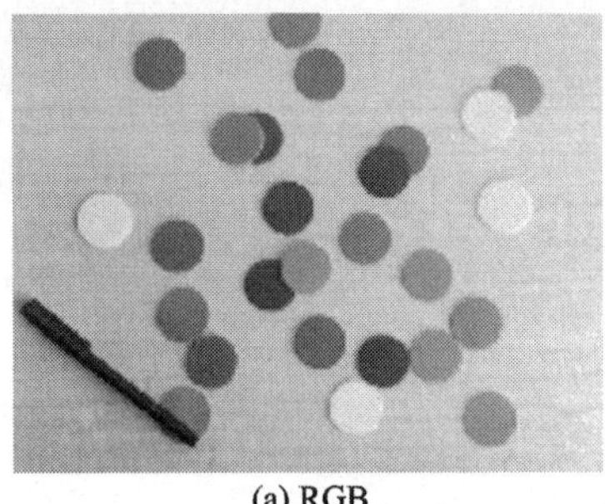
(a) RGB

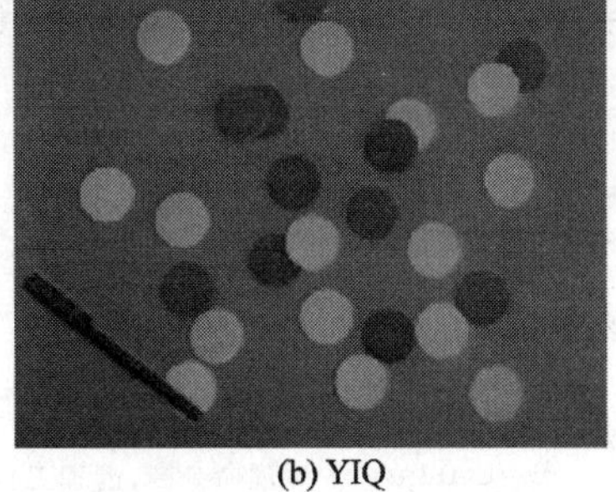
(b) YIQ

图 1 - 37　RGB 转换到 YIQ 颜色空间

(2) 从 YIQ 转换到 RGB

由 $\begin{bmatrix} Y \\ I \\ Q \end{bmatrix} = \begin{bmatrix} 0.299 & 0.587 & 0.114 \\ 0.5957 & -0.2745 & -0.3213 \\ 0.2115 & -0.5226 & 0.3111 \end{bmatrix} \begin{bmatrix} R \\ G \\ B \end{bmatrix}$,令

$$\boldsymbol{T} = \begin{bmatrix} 0.299 & 0.587 & 0.114 \\ 0.5957 & -0.2745 & -0.3213 \\ 0.2115 & -0.5226 & 0.3111 \end{bmatrix}$$

通过 YIQ 值获得 RGB 值,则有

$$\mathrm{TT} = \mathrm{inv}(\boldsymbol{T})$$

因此得到 YIQ 转换到 RGB 公式为:

$$\begin{bmatrix} R \\ G \\ B \end{bmatrix} = \mathrm{TT} \times \begin{bmatrix} Y \\ I \\ Q \end{bmatrix} = \begin{bmatrix} 1.0000 & 0.9563 & 0.6210 \\ 1.0000 & -0.2721 & -0.6474 \\ 1.0000 & -1.1070 & 1.7046 \end{bmatrix} \begin{bmatrix} Y \\ I \\ Q \end{bmatrix} \tag{1.7}$$

由此编写 YIQ 到 RGB 颜色空间的函数程序如下:

```
function im1 = yiq2rgb(im)
 %转化矩阵
T = [0.299,0.587,0.114;
    0.595716,-0.274453,-0.321263;
    0.211456,-0.522591,0.311135];      %矩阵系数
Ta = [0;0;0];

TT = inv(T);    %求逆矩阵
Tb = TT * Ta;

Y = im(:,:,1);      % Y
I = im(:,:,2);      % I
Q = im(:,:,3);      % Q
Y = im2double(Y);           %转化为 double 类型
I = im2double(I);           %转化为 double 类型
```

若您对此书内容有任何疑问,可以凭在线交流卡登录MATLAB中文论坛与作者交流。

```
Q = im2double(Q);          %转化为double类型

R = - Tb(1,1) + TT(1,1). * Y + TT(1,2). * I + TT(1,3). * Q;
G = - Tb(2,1) + TT(2,1). * Y + TT(2,2). * I + TT(2,3). * Q;
B = - Tb(3,1) + TT(3,1). * Y + TT(3,2). * I + TT(3,3). * Q;
R = mat2gray(R);        %灰度值 转化为 0 - 1之间
G = mat2gray(G);        %灰度值 转化为 0 - 1之间
B = mat2gray(B);        %灰度值 转化为 0 - 1之间
im1(:,:,1) = R;
im1(:,:,2) = G;
im1(:,:,3) = B;
im1 = im2uint8(im1);    %类型转换
```

调用该函数,程序如下:

```
% % YIQ --> RGB
clc,clear,close all      %清理命令区、清理工作区、关闭显示图形
warning off              %消除警告
feature jit off          %加速代码运行
im = imread('coloredChips.png');
im1 = rgb2yiq(im);      % RGB转化为YIQ
figure('color',[1,1,1])
subplot(121),imshow(im1,[]);title('YIQ')
im2 = yiq2rgb(im1);
subplot(122),imshow(im2,[]);title('RGB')
```

运行程序输出图形如图1-38所示。

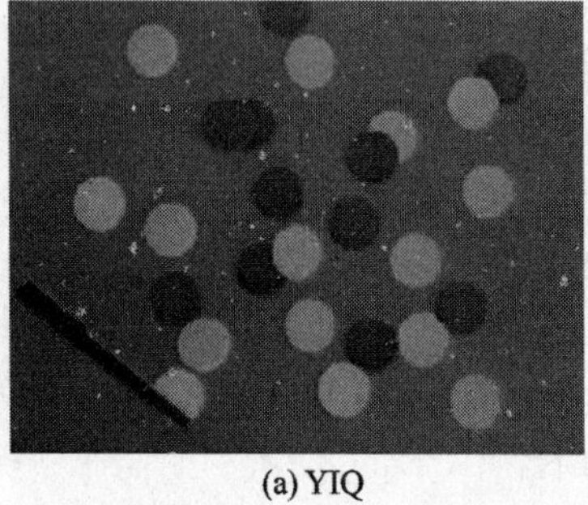
(a) YIQ

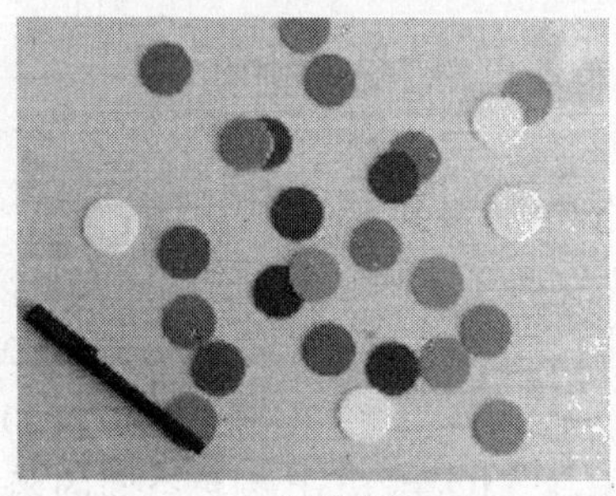
(b) RGB

图1-38 YIQ转换到RGB颜色空间

1.2.4 图像HSV与RGB空间相互转换及MATLAB实现

(1) 从RGB转换到HSV

如果将RGB图像转化到HSV空间,就可以直接给图像绿色划定一个定义区间了,即H(色调)的区间。特别是在HSV色彩空间内进行草木、树木图像的分割,通过设定绿色区间的H(色调)的门限值,提取图像中绿色的像素点,从而实现分割。

从RGB色彩空间到HSV色彩空间的转换公式如下:

$$C = \max(R,G,B) - \min(R,G,B)$$

$$\begin{cases} r' = \dfrac{V-R}{V-\min(R,G,B)} \\ g' = \dfrac{V-G}{V-\min(R,G,B)} \\ b' = \dfrac{V-B}{V-\min(R,G,B)} \end{cases}$$

$$H = 60 \times \begin{cases} b'+6, & G=\max(R,G,B) \& B=\min(R,G,B) \\ b'-6, & G=\max(R,G,B) \& B\neq\min(R,G,B) \\ r'+8, & B=\max(R,G,B) \& R=\min(R,G,B) \\ r'-4, & B=\max(R,G,B) \& R\neq\min(R,G,B) \\ g'+10, & R=\max(R,G,B) \& G=\min(R,G,B) \\ g'-2, & R=\max(R,G,B) \& G\neq\min(R,G,B) \end{cases}$$

$$S = C/V$$

$$V = \max(R,G,B)$$

由此编写 RGB 到 HSV 颜色空间的函数程序如下：

```
function im1 = rgb2hsv(im)
    im = double(im)/255;
    V = max(im,[],3);
    S = (V - min(im,[],3))./(V + (V = = 0));
    im(:,:,1) = rgbtohue(im);
    im(:,:,2) = S;
    im(:,:,3) = V;
    im1 = im2uint8(im);   %类型转换
end

function H = rgbtohue(Image)
    % RGB 转化为 HSV 颜色空间,色度 H 计算
    [M,i] = sort(Image,3);
    i = i(:,:,3);
    Delta = M(:,:,3) - M(:,:,1);
    Delta = Delta + (Delta = = 0);
    R = Image(:,:,1);
    G = Image(:,:,2);
    B = Image(:,:,3);
    H = zeros(size(R));
    k = (i = = 1);
    H(k) = (G(k) - B(k))./Delta(k);
    k = (i = = 2);
    H(k) = 2 + (B(k) - R(k))./Delta(k);
    k = (i = = 3);
    H(k) = 4 + (R(k) - G(k))./Delta(k);
    H = 60 * H + 360 * (H < 0);
    H(Delta = = 0) = nan;
end
```

调用该函数,程序如下：

```
% % RGB --> HSV
```

```
clc,clear,close all      % 清理命令区、清理工作区、关闭显示图形
warning off              % 消除警告
feature jit off          % 加速代码运行
im = imread('coloredChips.png');
figure('color',[1,1,1])
subplot(121),imshow(im,[]);title('RGB')
im1 = rgb2hsv(im);      % RGB 转化为 HSV
subplot(122),imshow(im1,[]);title('HSV')
```

运行程序输出图形如图 1-39 所示。

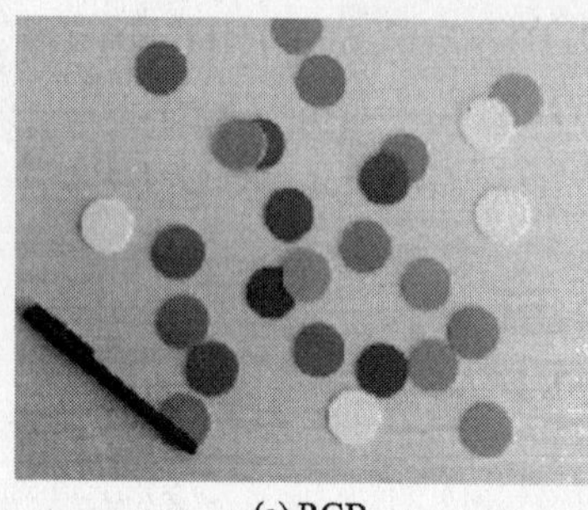

(a) RGB

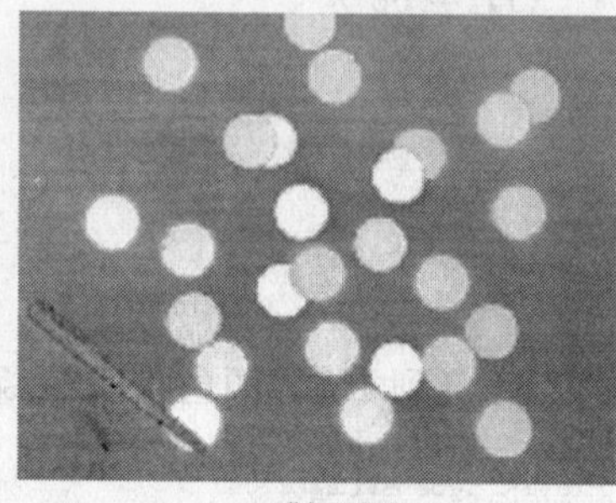
(b) HSV

图 1-39　RGB 转换到 HSV 颜色空间

(2) 从 HSV 转换到 RGB

给定在 HSV 中(h,s,v)值定义的一个颜色，在 RGB 空间对应的(r,g,b)三原色可以计算为：

$$h_i = \left[\frac{h}{60}\right] \bmod 6$$

$$f = \frac{h}{60} - h_i$$

$$p = v \times (1 - s)$$

$$q = v \times (1 - f \times s)$$

$$t = v \times (1 - (1 - f) \times s)$$

对于每个颜色向量(r,g,b)，有：

$$(r,g,b) = \begin{cases} (v,t,p), & h_i = 0 \\ (q,v,p), & h_i = 1 \\ (p,v,t), & h_i = 2 \\ (p,q,v), & h_i = 3 \\ (t,p,v), & h_i = 4 \\ (v,p,q), & h_i = 5 \end{cases}$$

由此编写从 HSV 到 RGB 颜色空间的函数程序如下：

```
function im1 = hsv2rgb(im)

H = im(:,:,1);  % H
S = im(:,:,2);  % S
```

```
V = im(:,:,3);   % V
im1 = huetorgb( (1 - S). * V, V, H );

end


function Image = huetorgb(m0,m2,H)
% HSV 颜色空间转化为 RGB 颜色空间
N = size(H);
H = min(max(H(:),0),360)/60;
m0 = m0(:);
m2 = m2(:);
F = H - round(H/2) * 2;
M = [m0, m0 + (m2 - m0). * abs(F), m2];
Num = length(m0);
j = [2 1 0;1 2 0;0 2 1;0 1 2;1 0 2;2 0 1;2 1 0] * Num;
k = floor(H) + 1;
Image = reshape([M(j(k,1) + (1:Num).'),M(j(k,2) + (1:Num).'),M(j(k,3) + (1:Num).')],[N,3]);
end
```

调用该函数,程序如下:

```
%% HSV --> RGB
clc,clear,close all       % 清理命令区、清理工作区、关闭显示图形
warning off               % 消除警告
feature jit off           % 加速代码运行
im = imread('coloredChips.png');
figure('color',[1,1,1])
im1 = rgb2hsv(im);        % RGB 转化为 HSV
subplot(121),imshow(im1,[]);title('HSV')
im2 = hsv2rgb(im1);       % HSV 转化为 RGB
subplot(122),imshow(im2,[]);title('RGB')
```

运行程序输出图形如图 1-40 所示。

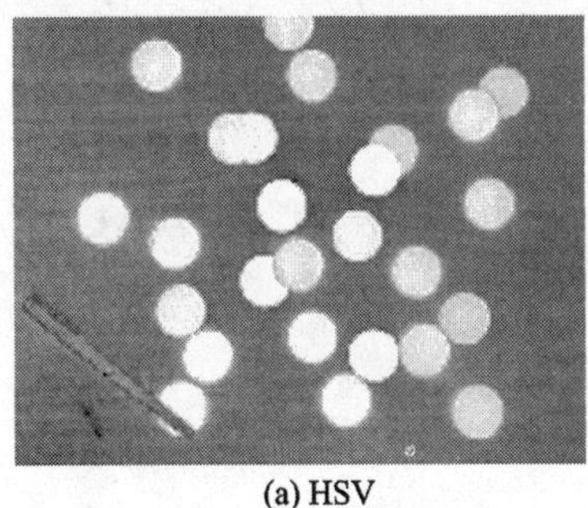

(a) HSV

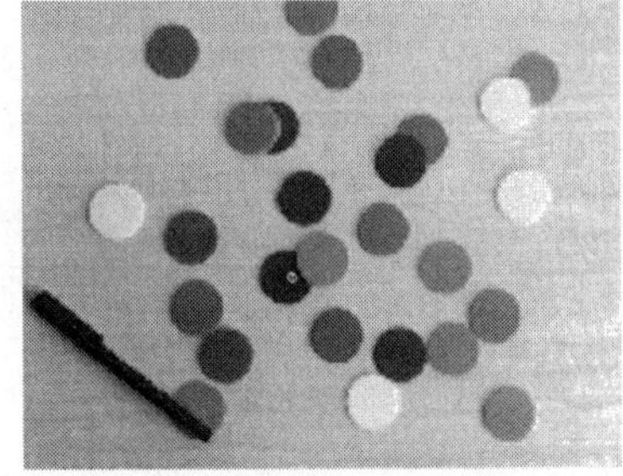

(b) RGB

图 1-40　HSV 转换到 RGB 颜色空间

1.2.5　图像 HSL 与 RGB 空间相互转换及 MATLAB 实现

(1) 从 RGB 转换到 HSL

给定一幅 RGB 彩色格式的图像,每一个 RGB 像素的 L、S、H 分量可用下面的公式得到:

$$L = \frac{\max(R,G,B) - \min(R,G,B)}{2}$$

$$S = \frac{\max(R,G,B) - \min(R,G,B)}{2 \times \min(L, 1-L)}$$

$$H = 60 \times \begin{cases} b' + 6, & G = \max(R,G,B) \& B = \min(R,G,B) \\ b' - 6, & G = \max(R,G,B) \& B \neq \min(R,G,B) \\ r' + 8, & B = \max(R,G,B) \& R = \min(R,G,B) \\ r' - 4, & B = \max(R,G,B) \& R \neq \min(R,G,B) \\ g' + 10, & R = \max(R,G,B) \& G = \min(R,G,B) \\ g' - 2, & R = \max(R,G,B) \& G \neq \min(R,G,B) \end{cases}$$

$$\begin{cases} r' = \dfrac{\max(R,G,B) - R}{\max(R,G,B) - \min(R,G,B)} \\ g' = \dfrac{\max(R,G,B) - G}{\max(R,G,B) - \min(R,G,B)} \\ b' = \dfrac{\max(R,G,B) - B}{\max(R,G,B) - \min(R,G,B)} \end{cases}$$

假定 RGB 值归一化为[0,1]范围内，则 HSL 彩色模型中的 S 和 L 两个分量的值也在[0,1]范围内，色度 H 计算表达式和 HSV 颜色空间色度 H 计算相同。

由此编写 RGB 到 HSL 颜色空间的函数程序如下：

```
function im1 = rgb2hsl(im)

   %转换 RGB 到 HSL 颜色空间
   im = double(im)/255;
   MinVal = min(im,[],3);
   MaxVal = max(im,[],3);
   L = 0.5 * (MaxVal + MinVal);
   temp = min(L,1 - L);
   S = 0.5 * (MaxVal - MinVal)./(temp + (temp = = 0));
   im1(:,:,1) = rgbtohue(im);
   im1(:,:,2) = S;
   im1(:,:,3) = L;
%      im1 = im2uint8(im);   %类型转换
end

function H = rgbtohue(Image)
% RGB颜色空间转化为 HSL 颜色空间
[M,i] = sort(Image,3);
i = i(:,:,3);
Delta = M(:,:,3) - M(:,:,1);
Delta = Delta + (Delta = = 0);
R = Image(:,:,1);
G = Image(:,:,2);
B = Image(:,:,3);
H = zeros(size(R));
k = (i = = 1);
H(k) = (G(k) - B(k))./Delta(k);
k = (i = = 2);
```

```
H(k) = 2 + (B(k) - R(k))./Delta(k);
k = (i = = 3);
H(k) = 4 + (R(k) - G(k))./Delta(k);
H = 60*H + 360*(H < 0);
H(Delta = = 0) = nan;
end
```

调用该函数，程序如下：

```
% % RGB - - > HSL
clc,clear,close all        % 清理命令区、清理工作区、关闭显示图形
warning off                % 消除警告
feature jit off            % 加速代码运行
im = imread('coloredChips.png');
figure('color',[1,1,1])
subplot(121),imshow(im,[]);title('RGB')
im1 = rgb2hsl(im);       % RGB 转化为 HSL
subplot(122),imshow(im1,[]);title('HSL')
```

运行程序输出图形如图 1-41 所示。

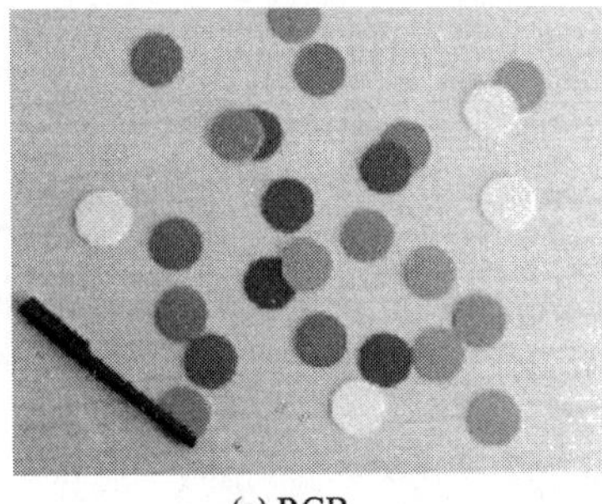

(a) RGB

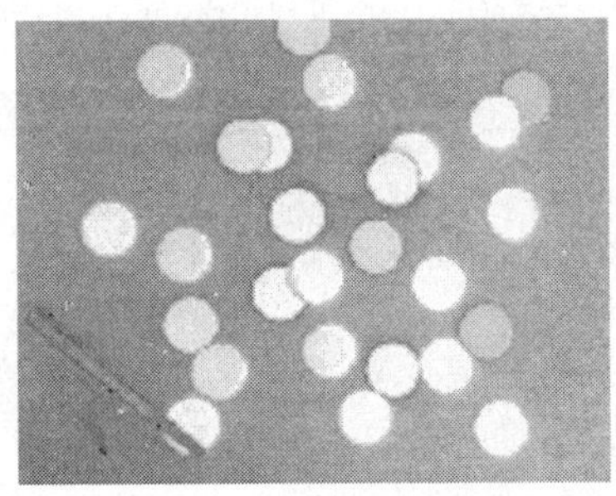

(c) HSL

图 1-41 RGB 转换到 HSL 颜色空间

(2) 从 HSL 转换到 RGB

若设 S、L 的值在[0,1]之间，R、G、B 的值也在[0,1]之间，则从 HSL 到 RGB 的转换公式为：

当 H 在 $\left[0,\frac{2\pi}{3}\right]$ 之间时，

$$B = L(1-S)$$

$$R = L\left[1+\frac{S\cos H}{\cos\left(\frac{\pi}{3}-H\right)}\right]$$

$$G = 1-(B+R)$$

当 H 在 $\left[\frac{2\pi}{3},\frac{4\pi}{3}\right]$ 之间时，

$$R = L(1-S)$$

$$G = L\left[1+\frac{S\cos\left(H-\frac{2\pi}{3}\right)}{\cos(\pi-H)}\right]$$

$$B = 1-(G+R)$$

当 H 在 $\left[\frac{4\pi}{3},2\pi\right]$ 之间时，

$$G = L(1-S)$$

$$B = L\left[1+\frac{S\cos\left(H-\frac{4\pi}{3}\right)}{\cos\left(\frac{5\pi}{3}-H\right)}\right]$$

$$R = 1-(G+B)$$

如果一个色点位于 L 轴上，则其 S 值为零，并且其 H 值没有定义，这些点被称为奇异点。奇异点的存在是 HSL 模型的不足之处。在奇异点附近，R、G、B 值的极其微小变化就会引起 H、S、L 值的显著变化。

由此编写 HSL 到 RGB 颜色空间的函数程序如下：

```
function im1 = hsl2rgb(im)
 % Convert HSL to sRGB
 L = im(:,:,3);
 Delta = im(:,:,2). * min(L,1 - L);
 im1 = huetorgb(L - Delta,L + Delta, im(:,:,1));
 end


 function Image = huetorgb(m0,m2,H)
 % HSL 颜色空间转化为 RGB 颜色空间
 N = size(H);
 H = min(max(H(:),0),360)/60;
 m0 = m0(:);
 m2 = m2(:);
 F = H - round(H/2) * 2;
 M = [m0, m0 + (m2 - m0). * abs(F), m2];
 Num = length(m0);
 j = [2 1 0;1 2 0;0 2 1;0 1 2;1 0 2;2 0 1;2 1 0] * Num;
 k = floor(H) + 1;  % 向前取整
 Image = reshape([M(j(k,1) + (1:Num).'),M(j(k,2) + (1:Num).'),M(j(k,3) + (1:Num).')],[N,3]);
 end
```

调用该函数，程序如下：

```
%% HSL --> RGB
clc,clear,close all   %清理命令区、清理工作区、关闭显示图形
warning off           %消除警告
feature jit off       %加速代码运行
im = imread('coloredChips.png');
figure('color',[1,1,1])
im1 = rgb2hsl(im);     % RGB 转化为 HSL
subplot(121),imshow(im1,[]);title('HSL')
im2 = hsl2rgb(im1);    % HSV 转化为 RGB
subplot(122),imshow(im2,[]);title('RGB')
```

运行程序输出图形如图 1 - 42 所示。

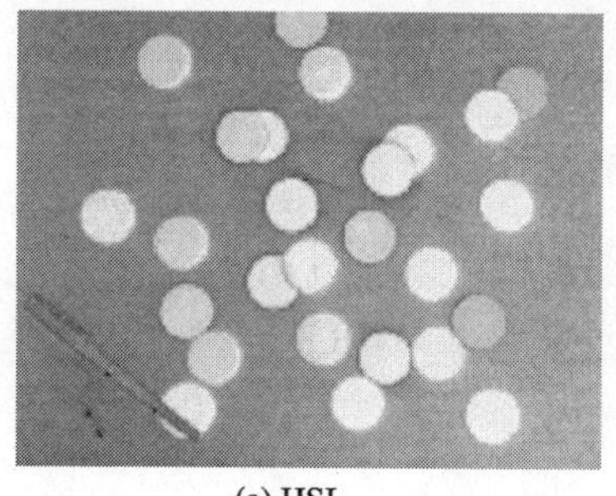

(a) HSL

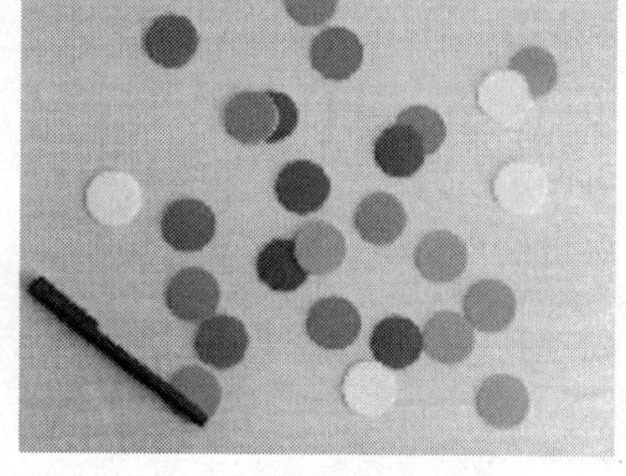

(b) RGB

图 1-42　HSL 转换到 RGB 颜色空间

1.2.6　图像 HSI 与 RGB 空间相互转换及 MATLAB 实现

(1) 从 RGB 转换到 HSI 颜色空间

RGB 彩色空间的模型如式：

$$\left.\begin{aligned} 0.36 < r \leqslant 0.555 \\ 0.28 \leqslant g \leqslant 0.363 \end{aligned}\right\} \tag{1.8}$$

其中：

$$\left.\begin{aligned} I &= R+G+B \\ r &= R/I \\ g &= G/I \\ b &= B/I \end{aligned}\right\} \tag{1.9}$$

从 RGB 色彩空间到 HSI 色彩空间的转换公式如下：

$$\theta = \arccos\left\{\frac{\frac{1}{2}[(R-G)+(R-B)]}{[(R-G)^2+(R-G)(R-B)]^{\frac{1}{2}}}\right\}$$

$$H = \begin{cases} \theta & G \geqslant B \\ 2\pi - \theta & G < B \end{cases}$$

$$S = 1 - \frac{3\min(R,G,B)}{R+G+B}$$

$$I = \frac{1}{3}(R+G+B)$$

由此编写 RGB 到 HSI 颜色空间的函数程序如下：

```
function im1 = rgb2hsi(im)

im = double(im)/255;
r = im(:, :, 1);
g = im(:, :, 2);
b = im(:, :, 3);
num = 0.5 * ((r - g) + (r - b));
den = sqrt((r - g). * (r - g)) + (r - b). * (g - b);
theta = acos(num. /(den + eps));

H = theta;
```

若您对此书内容有任何疑问，可以凭在线交流卡登录MATLAB中文论坛与作者交流。

```
H(b>g) = 2 * pi - H(b>g);
H = H/(2 * pi);

num = min(min(r,g),b);
den = r + g + b;
den(den = = 0) = eps;
S = 1 - 3. * num./den;
H(S = = 0) = 0;

I = (r + g + b)/3;

im1(:,:,1) = H;
im1(:,:,2) = S;
im1(:,:,3) = I;
```

```
% im1(:,:,1) = im2uint8(H);
% im1(:,:,2) = im2uint8(S);
% im1(:,:,3) = im2uint8(I);

% im1 = cat(3,H,S,I);
```

调用该函数,程序如下:

```
% % RGB - - > HSI
clc,clear,close all      %清理命令区、清理工作区、关闭显示图形
warning off              %消除警告
feature jit off          %加速代码运行
im = imread('coloredChips.png');
figure('color',[1,1,1])
subplot(121),imshow(im,[]);title('RGB')
im1 = rgb2hsi(im);      % RGB 转化为 HSI
subplot(122),imshow(im1,[]);title('HSI')
```

运行程序输出图形如图 1-43 所示。

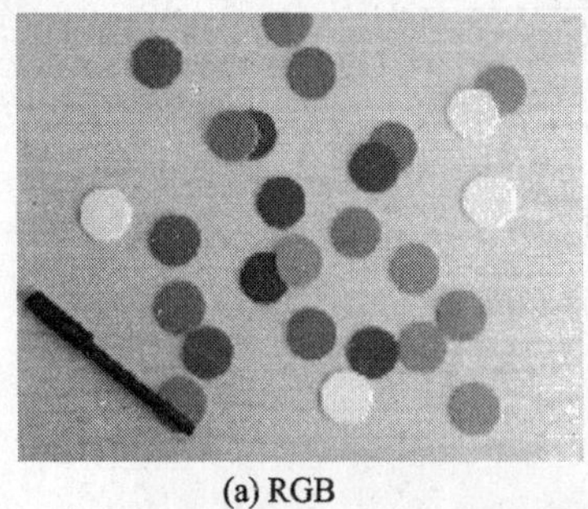

(a) RGB

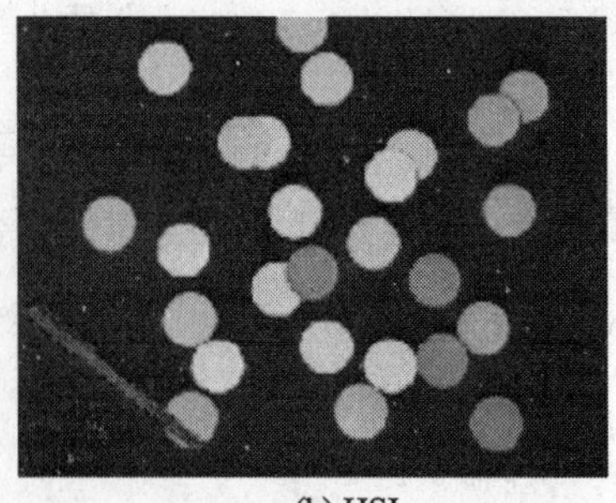

(b) HSI

图 1-43 RGB 转换到 HSI 颜色空间

HSI 颜色空间图像和 RGB 空间图像很不相同,其中 H 为色调、S 表示颜色的深浅程度,可简单地理解为其能量分布图;I 表示强度或亮度,一般用户在处理彩色图像时可仅对 I 分量进行处理,在树叶的提取和识别中,应用广泛。

需要注意的是，HSI、HLS 颜色空间可近似等同于 HSL 颜色空间，因此在很多场合，直接利用 HSL 取代 HSI、HLS 颜色空间。

(2) 从 HSI 转换到 RGB 颜色空间

给定在 HSI 中 (h,s,i) 值定义的一个颜色，在 RGB 空间对应的 (r,g,b) 三原色可以计算为：

$$x = i \times (1 - s)$$

$$y = i \times \left[1 + \frac{s \times \cos(h)}{\cos\left(\frac{\pi}{3} - h\right)}\right]$$

$$z = 3i - (x + y)$$

当 $h < \frac{2\pi}{3}$ 时，

$$\begin{cases} r = y \\ g = z \\ b = x \end{cases}$$

当 $\frac{2\pi}{3} \leqslant h < \frac{4\pi}{3}$ 时，

$$h = h - \frac{2\pi}{3}, \quad \begin{cases} r = x \\ g = y \\ b = z \end{cases}$$

当 $\frac{4\pi}{3} \leqslant h < 2\pi$ 时，

$$h = h - \frac{4\pi}{3}, \quad \begin{cases} r = z \\ g = x \\ b = y \end{cases}$$

由此编写 HSI 到 RGB 颜色空间的函数程序如下：

```
function im1 = hsi2rgb(im)
% Convert HSI to sRGB
if ~isa(im,'double')
    im = double(im)/255;
end

h = im(:,:,1);
s = im(:,:,2);
i = im(:,:,3);

for k = 1:size(h,1)
    for j = 1:size(h,2)
        if h(k,j)<2 * pi/3
            x(k,j) = i(k,j). * (1 - s(k,j));
            y(k,j) = i(k,j). * (1 + s(k,j). * cos(h(k,j))/cos(pi/3 - h(k,j)));
            z(k,j) = 3 * i(k,j) - (x(k,j) + y(k,j));
            r(k,j) = y(k,j);
            g(k,j) = z(k,j);
            b(k,j) = x(k,j);
        elseif h(k,j)>= 2 * pi/3 && h(k,j)<4 * pi/3
```

若您对此书内容有任何疑问，可以凭在线交流卡登录MATLAB中文论坛与作者交流。

```
            h(k,j) = h(k,j) - 2 * pi/3;
            x(k,j) = i(k,j). * (1 - s(k,j));
            y(k,j) = i(k,j). * (1 + s(k,j). * cos(h(k,j))/cos(pi/3 - h(k,j)));
            z(k,j) = 3 * i(k,j) - (x(k,j) + y(k,j));
            r(k,j) = x(k,j);
            g(k,j) = y(k,j);
            b(k,j) = z(k,j);
        elseif h(k,j)>= 4 * pi/3 && h(k,j)<2 * pi
            h(k,j) = h(k,j) - 4 * pi/3;
            x(k,j) = i(k,j). * (1 - s(k,j));
            y(k,j) = i(k,j). * (1 + s(k,j). * cos(h(k,j))/cos(pi/3 - h(k,j)));
            z(k,j) = 3 * i(k,j) - (x(k,j) + y(k,j));
            r(k,j) = z(k,j);
            g(k,j) = x(k,j);
            b(k,j) = y(k,j);
        end
    end
end
im1(:,:,1) = r;
im1(:,:,2) = g;
im1(:,:,3) = b;

end
```

调用该函数,程序如下:

```
% % HSI --> RGB
c clc,clear,close all          % 清理命令区、清理工作区、关闭显示图形
warning off                    % 消除警告
feature jit off                % 加速代码运行
im = imread('coloredChips.png');
figure('color',[1,1,1])
im1 = rgb2hsi(im);      % RGB 转化为 HSI
subplot(121),imshow(im1,[]);title('HSI')
im2 = hsi2rgb(im1);     % HSI 转化为 RGB
subplot(122),imshow(im2,[]);title('RGB')
```

运行程序输出图形如图 1-44 所示。

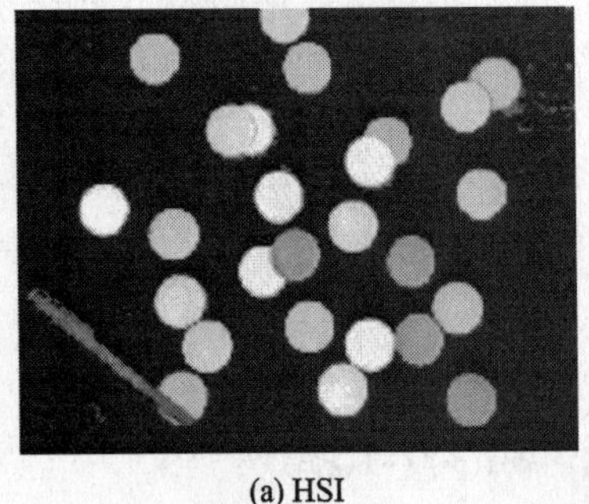

(a) HSI

(b) RGB

图 1-44　HSI 转换到 RGB 颜色空间

如图 1-44 所示,从 HSI 颜色空间转换到 RGB 颜色空间,存在一定的失真。主要由于

RGB 转换到 HSI 颜色空间，HSI 转换到 RGB，转换过程中采用了反三角函数，存在一定的运算误差，亦容易出现复数矩阵，导致图像一定的失真。

采用“hestain. png”进行该程序测试，程序如下：

```
% % RGB --> HSI
clc,clear,close all
warning off
feature jit off
im = imread('hestain.png');  % im = imread('coloredChips.png');
figure('color',[1,1,1])
subplot(121),imshow(im,[]);title('RGB')
im1 = rgb2hsi(im);     % RGB 转化为 HSI
subplot(122),imshow(im1,[]);title('HSI')
```

运行程序输出图形如图 1-45 所示。

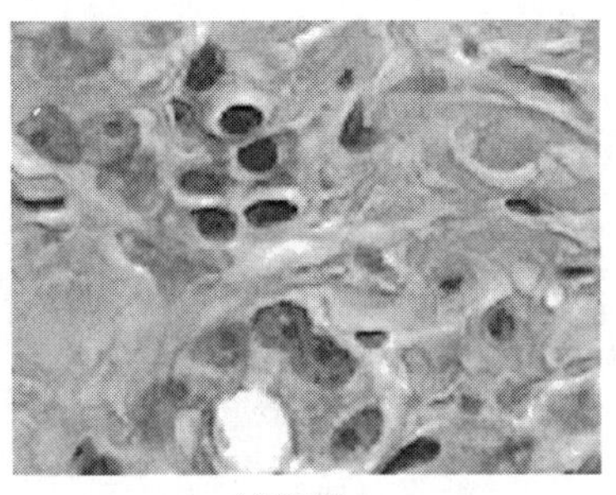
(a) RGB

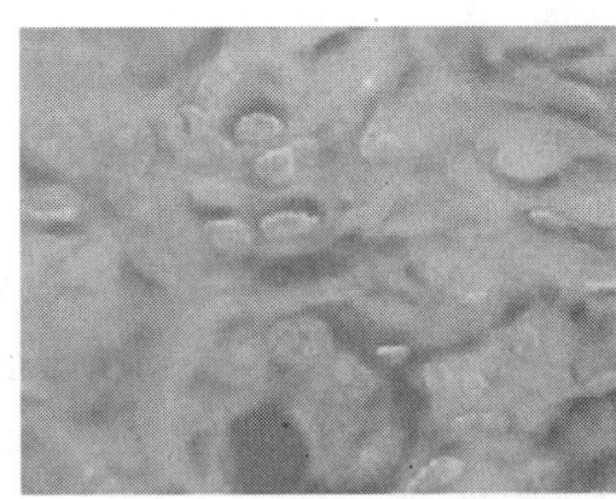
(b) HSI

图 1-45 RGB 转换到 HSI 颜色空间

从 HSI 颜色空间转换到 RGB 颜色，程序如下：

```
% % HSI - - > RGB
clc,clear,close all        % 清理命令区、清理工作区、关闭显示图形
warning off                % 消除警告
feature jit off            % 加速代码运行
im = imread('hestain.png');
figure('color',[1,1,1])
im1 = rgb2hsi(im);       % RGB 转化为 HSI
subplot(121),imshow(im1,[]);title('HSI')
im2 = hsi2rgb(im1);      % HSI 转化为 RGB
subplot(122),imshow(im2,[]);title('RGB')
```

运行程序输出图形如图 1-46 所示。

对比图 1-45 和图 1-46 可知，图形没有失真。

1.2.7 图像 LUV 与 RGB 空间相互转换及 MATLAB 实现

(1) 从 RGB 转换到 LUV 颜色空间

RGB 空间到 LUV 空间的转换是一个非线性变换，需要通过一个 CIE1931XYZ 色彩空间，作为中间变量进行转换来得到。

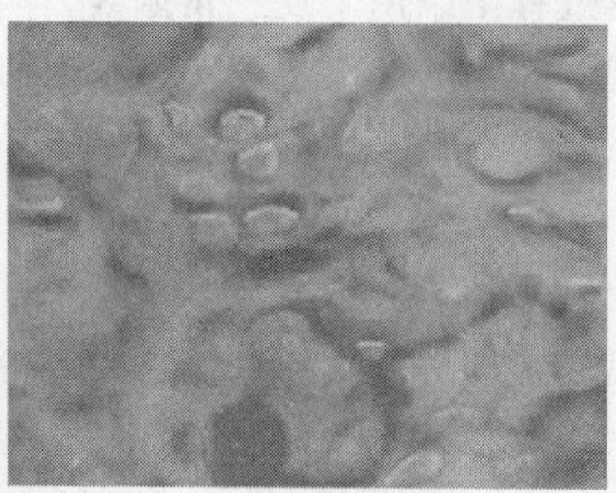
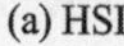
(a) HSI

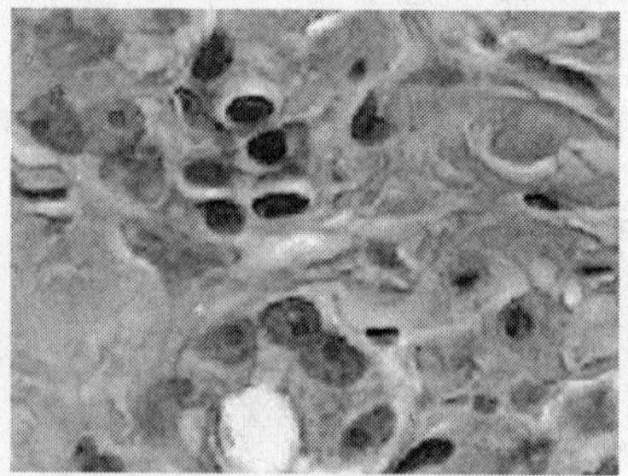
(b) RGB

图 1-46 HSI 转换到 RGB 颜色空间

$$\begin{bmatrix} X \\ Y \\ Z \end{bmatrix} = \boldsymbol{A} \times \begin{bmatrix} R \\ G \\ B \end{bmatrix}$$

$$\begin{cases} L = 116 f\left(\dfrac{Y}{Y_n}\right) - 16, & \left(\dfrac{Y}{Y_n}\right) > 0.008\,856 \\ L = \left(\dfrac{Y}{Y_n}\right), & \left(\dfrac{Y}{Y_n}\right) \leqslant 0.008\,856 \end{cases}$$

$$U = 13L \times (u - u_n)$$

$$V = 13L \times (v - v_n)$$

其中，$\boldsymbol{A}$ 为可逆矩阵：

$$\boldsymbol{A} = \begin{bmatrix} 2.768\,9 & 1.751\,8 & 1.130\,2 \\ 1.000\,0 & 4.590\,7 & 0.060\,1 \\ 0.000\,0 & 0.056\,5 & 5.594\,3 \end{bmatrix}$$

$$f(x) = \begin{cases} x^{\frac{1}{3}}, & x > 0.008\,856 \\ 903.3x, & x \leqslant 0.008\,856 \end{cases}$$

$$\begin{cases} u = \dfrac{4X}{X + 15Y + 3Z} \\ v = \dfrac{9Y}{X + 15Y + 3Z} \\ u_r = \dfrac{4X_r}{X_r + 15Y_r + 3Z_r} \\ v_r = \dfrac{9Y_r}{X_r + 15Y_r + 3Z_r} \end{cases}$$

X_r、Y_r、Z_r 是标准白光的三色刺激值，$[X_r, Y_r, Z_r] = [0.950\,456, 1, 1.088\,754]$。

由此编写 RGB 到 LUV 颜色空间的函数程序如下：

```
function luvim = rgb2luv(im)

if size(im,3) ~= 3
    error('im 一定是三通道图像 ');
end
if ~isa(im,'float')
    im = im2single(im);
```

若您对此书内容有任何疑问，可以凭在线交流卡登录MATLAB中文论坛与作者交流。

```
end
if (max(im(:)) > 1)
    im = im./255;
end

XYZ = [0.4125 0.3576 0.1804;
    0.2125 0.7154 0.0721;
    0.0193 0.1192 0.9502];
Yn = 1.0;
Lt = 0.008856;
Up = 0.19784977571475;
Vp = 0.46834507665248;
imsiz = size(im);
im = permute(im,[3 1 2]);
im = reshape(im,[3 prod(imsiz(1:2))]);
xyz = reshape((XYZ * im)',imsiz);
x = xyz(:,:,1);
y = xyz(:,:,2);
z = xyz(:,:,3);

l0 = y./Yn;
l = l0;
l(l0>Lt) = 116. * (l0(l0>Lt).^(1/3)) - 16;
l(l0<=Lt) = 903.3 * l0(l0<=Lt);
c = x + 15 * y + 3 * z;
u = 4 * ones(imsiz(1:2),class(im));
v = (9/15) * ones(imsiz(1:2),class(im));
u(c~=0) = 4 * x(c~=0)./c(c~=0);
v(c~=0) = 9 * y(c~=0)./c(c~=0);

u = 13 * l. * (u-Up);
v = 13 * l. * (v-Vp);

luvim = cat(3,l,u,v);
```

调用该函数，程序如下：

```
%% RGB --> LUV
clc,clear,close all    % 清理命令区、清理工作区、关闭显示图形
warning off            % 消除警告
feature jit off        % 加速代码运行
im = imread('coloredChips.png');
figure('color',[1,1,1])
subplot(121),imshow(im,[]);title('RGB')
im1 = rgb2luv(im);     % RGB 转化为 LUV
subplot(122),imshow(im1,[]);title('LUV')
```

运行程序输出图形如图 1-47 所示。

(2) 从 LUV 转换到 RGB 颜色空间

相应的 LUV 到 RGB 反变换如下：

LUV 转换到 XYZ 颜色空间：

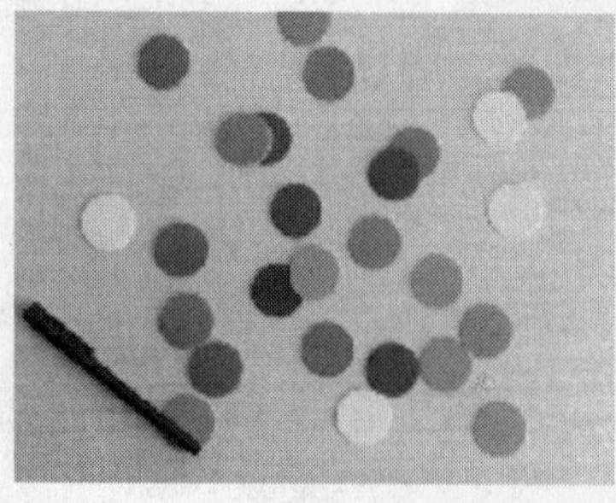

(a) HSI

(b) RGB

图 1-47　RGB 转换到 LUV 颜色空间

$$X = \frac{d-b}{a-c}$$

$$Y = \begin{cases} \left(\dfrac{L+16}{116}\right)^3, & L > 903.3\varepsilon \\ \dfrac{L}{903.3}, & L \leqslant 903.3\varepsilon \end{cases}$$

$$Z = aX + b$$

$$\varepsilon = 0.008\ 856$$

$$\begin{cases} a = \dfrac{1}{3}\left(\dfrac{52L}{u+13Lu_0} - 1\right) \\ b = -5Y \\ c = -\dfrac{1}{3} \\ d = Y\left(\dfrac{39L}{v+13Lv_0} - 5\right) \end{cases}$$

$$\begin{cases} u_0 = \dfrac{4X_r}{X_r + 15Y_r + 3Z_r} \\ v_0 = \dfrac{9Y_r}{X_r + 15Y_r + 3Z_r} \end{cases}$$

$$[X_r, Y_r, Z_r] = [0.950\ 456, 1, 1.088\ 754]$$

XYZ 转换到 RGB：

$$\begin{bmatrix} r \\ g \\ b \end{bmatrix} = \boldsymbol{T} \times \begin{bmatrix} \mathrm{X} \\ \mathrm{Y} \\ \mathrm{Z} \end{bmatrix}$$

其中，

$$\boldsymbol{T} = \begin{bmatrix} 3.240\ 6 & -1.537\ 2 & -0.498\ 6 \\ -0.968\ 9 & 1.875\ 8 & 0.041\ 5 \\ 0.055\ 7 & -0.204\ 0 & 1.057 \end{bmatrix}$$

$$\begin{cases} v \in \{r, g, b\} \\ V \in \{R, G, B\} \end{cases}$$

$$V = v^{\frac{1}{\gamma}} = \begin{cases} 12.92v, v \leqslant 0.003\ 130\ 8 \\ 1.055v^{\frac{1}{2.4}} - 0.055, v > 0.003\ 130\ 8 \end{cases}$$

由此编写 LUV 到 RGB 颜色空间的函数程序如下：

```
function rgb = luv2rgb(luvim)

if size(luvim,3) ~= 3
    error('im 为 3 通道颜色图像');
end
if ~isa(luvim,'float')
    luvim = im2single(luvim);
end
imsiz = size(luvim);

RGB = [ 3.2405, -1.5371, -0.4985 ; ...
    -0.9693,  1.8760,  0.0416 ; ...
    0.0556, -0.2040,  1.0573 ];
Up = 0.19784977571475;
Vp = 0.46834507665248;
Yn = 1.00000;

l = luvim(:,:,1);

y = Yn * l./903.3;
y(l>.8) = (l(l>.8) + 16)/116;
y(l>.8) = Yn * (y(l>.8)).^3;

u = Up + luvim(:,:,2)./(13 * l);
v = Vp + luvim(:,:,3)./(13 * l);

x = 9 * u. * y./(4 * v);
z = (12 - 3 * u - 20 * v). * y./(4 * v);

rgb = RGB * reshape(permute(cat(3, x, y, z),[3 1 2]),[3 prod(imsiz(1:2))]);
rgb = reshape(rgb',imsiz);

zr = find(l < .1);
rgb([zr zr + prod(imsiz(1:2)) zr + 2 * prod(imsiz(1:2))]) = 0;
rgb = min(rgb,1);
rgb = max(rgb,0);
```

调用该函数，程序如下：

```
%% LUV --> RGB
clc,clear,close all       % 清理命令区、清理工作区、关闭显示图形
warning off               % 消除警告
feature jit off           % 加速代码运行
im = imread('coloredChips.png');
im1 = rgb2luv(im);        % RGB 转化为 LUV
figure('color',[1,1,1])
subplot(121),imshow(im1,[]);title('LUV')
im2 = luv2rgb(im1);
subplot(122),imshow(im2,[]);title('RGB')
```

运行程序输出图形如图 1-48 所示。

(a) LUV

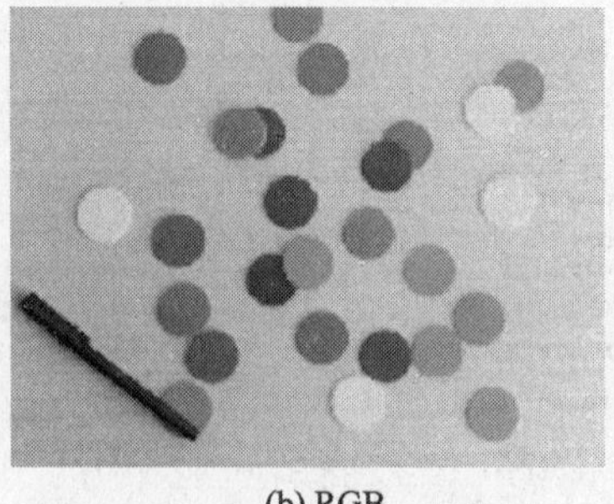

(b) RGB

图 1-48　LUV 转换到 RGB 颜色空间

1.2.8　图像 LAB 与 RGB 空间相互转换及 MATLAB 实现

(1) 从 RGB 转换到 LAB 颜色空间

CIE 1931－XYZ 色度系统给定量研究色彩提供了国际通用标准；但无论是 RGB 色度系统，还是 XYZ 色度系统，都是不均匀的，即色彩空间中距离相同的两点，引起人的视觉差异却不同，某两种颜色会引起很大的视觉差异，而另外两种三刺激值差相同的颜色却可能引起的视觉差异很小。在实际应用中经常需要辨别样品颜色的差别，即色差的定量化表示，但 CIE 1931－XYZ 色度系统由于自身的缺陷，不能用于计算样品颜色的色差。为了解决这一问题，在经过大量的研究之后，CIE 于 1976 年推荐了一种新的颜色空间及其色差计算公式，即 CIE 1976－Lab。这是一种均匀的色彩空间，即在不同位置，不同方向上相等的几何距离在视觉上有对应相等的色差。

由于 CIELAB 和 CIELUV 没有明显的优劣，所以这两个颜色空间都经常被使用，如 Photoshop 就是使用 CIELAB 颜色空间的。

CIE 1976-Lab 空间由 CIE XYZ 系统通过数学方法转换得到。转换公式为：

$$\left.\begin{aligned} L &= 116\left(\frac{Y}{Y_0}\right)^{\frac{1}{3}} - 16 \\ a &= 500\left[\left(\frac{X}{X_0}\right)^{\frac{1}{3}} - \left(\frac{Y}{Y_0}\right)^{\frac{1}{3}}\right] \\ b &= 200\left[\left(\frac{Y}{Y_0}\right)^{\frac{1}{3}} - \left(\frac{Z}{Z_0}\right)^{\frac{1}{3}}\right] \\ &\frac{Y}{Y_0} > 0.01 \end{aligned}\right\} \tag{1.10}$$

X、Y、Z 为颜色样品的三刺激值；X_0、Y_0、Z_0 为 CIE 标准照明体的三刺激值；L 称为心理计量明度，表示锥体细胞的黑－白反映；a 与 b 称为心理计量色度，分别表示锥体细胞的红－绿反映与黄－蓝反映。

由于式(1.10)中包含有立方根的函数变换，经过这种非线性变换后，原来的马蹄形光谱轨迹不再保持，所以 Lab 空间用笛卡儿直角坐标体系来表示，形成了对立色坐标表述的心理颜色空间，如图 1-49 所示。

在这一坐标系统中，$+a$ 表示红色，$-a$ 表示绿色，$+b$ 表示黄色，$-b$ 表示蓝色，颜色的明度由 L 的百分数来表示。

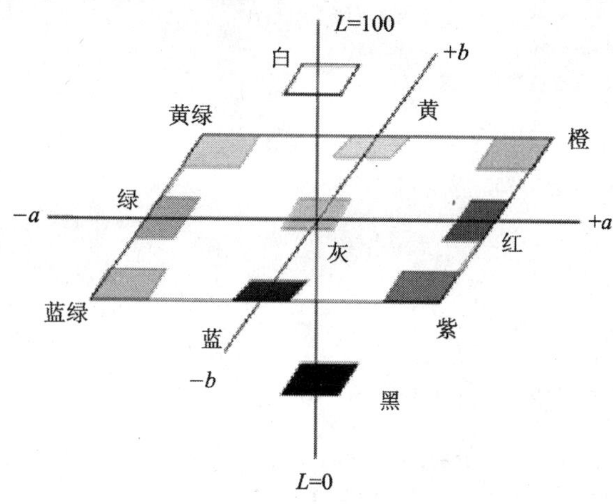

图 1-49　Lab 空间直角坐标体系

CIE Lab 空间中，总色差、各单项色差及各心理相关量（明度、彩度、色调角）可用如下公式计算：

1）明度差

$$\Delta L = L_1 - L_2$$

2）色度差

$$\Delta a = a_1 - a_2, \qquad \Delta b = b_1 - b_2$$

3）总色差

$$\Delta E_{ab} = \sqrt{(L_1 - L_2)^2 + (a_1 - a_2)^2 + (b_1 - b_2)^2}$$

4）明　度

$$L = 116\left(\frac{Y}{Y_n}\right)^{\frac{1}{3}} - 16, \qquad \frac{Y}{Y_0} > 0.01$$

5）彩　度

$$C_{ab} = \sqrt{a^2 + b^2}$$

6）色调角

$$H_{ab} = \arctan\left(\frac{b}{a}\right)$$

物体的颜色与照明光源密切相关，同一物体在不同光源下呈现出的颜色也会不同。为了统一标准，CIE 于 1931 年规定了三种标准照明体。

标准照明体 A：模拟钨灯，色温约为 2 856 K。

标准照明体 B：模拟直射日光，色温约为 4 874 K。

标准照明体 C：模拟非直射日光，色温约为 6 774 K。

后来又增加了一系列 D 照明体、理想的 E 照明体以及一系列 F 照明体。D 照明体表示不同的日光条件，以色温表示，在印刷行业中最为常用的是 D50 与 D65，其色温分别为 5 000 K、6 500 K。

由此编写 RGB 到 LAB 颜色空间的函数程序如下：

```
function Image = rgb2lab(Image)
   if size(Image,3) ~= 3
       error('im一定是三通道颜色图像');
   end
   if ~isa(Image,'double')
       Image = double(Image)/255;
   end

   % 更新 gamma correction
   R = invgammacorrection(Image(:,:,1));
   G = invgammacorrection(Image(:,:,2));
   B = invgammacorrection(Image(:,:,3));
   % RGB 到 XYZ 颜色空间
   T = inv([3.2406, -1.5372, -0.4986; -0.9689, 1.8758, 0.0415; 0.0557, -0.2040, 1.057]);
   Image(:,:,1) = T(1)*R + T(4)*G + T(7)*B; % X
   Image(:,:,2) = T(2)*R + T(5)*G + T(8)*B; % Y
   Image(:,:,3) = T(3)*R + T(6)*G + T(9)*B; % Z

   % 转换 XYZ 到 CIE L*a*b* 颜色空间
   WhitePoint = [0.950456,1,1.088754];
   X = Image(:,:,1)/WhitePoint(1);
   Y = Image(:,:,2)/WhitePoint(2);
   Z = Image(:,:,3)/WhitePoint(3);
   fX = f(X);
   fY = f(Y);
   fZ = f(Z);
   Image(:,:,1) = 116*fY - 16; % L*
   Image(:,:,2) = 500*(fX - fY); % a*
   Image(:,:,3) = 200*(fY - fZ); % b*

end

function R = invgammacorrection(Rp)
   R = zeros(size(Rp));
   i = (Rp <= 0.0404482362771076);
   R(i) = Rp(i)/12.92;
   R(~i) = real(((Rp(~i) + 0.055)/1.055).^2.4);
end

function fY = f(Y)
   fY = real(Y.^(1/3));
   i = (Y < 0.008856);
   fY(i) = Y(i)*(841/108) + (4/29);
end

function Y = invf(fY)
   Y = fY.^3;
   i = (Y < 0.008856);
   Y(i) = (fY(i) - 4/29)*(108/841);
end
```

调用该函数,程序如下:

```
%% RGB --> LAB
clc,clear,close all   % 清理命令区、清理工作区、关闭显示图形
warning off           % 消除警告
feature jit off       % 加速代码运行
im = imread('coloredChips.png');
figure('color',[1,1,1])
subplot(121),imshow(im,[]);title('RGB')
im1 = rgb2lab(im);     % RGB 转化为 LAB
subplot(122),imshow(im1,[]);title('LAB')
```

运行程序输出图形如图 1-50 所示。

(a) RGB

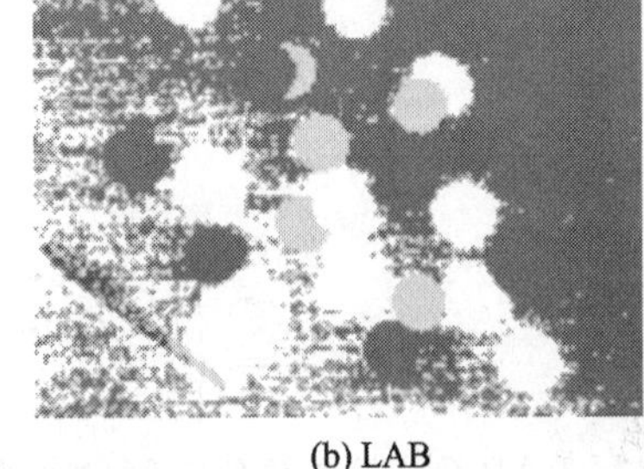

(b) LAB

图 1-50　RGB 转换到 LAB 颜色空间

(2) 从 LAB 转换到 RGB 颜色空间

给定在 LAB 中(L,a,b)值定义的一个颜色,在 RGB 空间对应的(r,g,b)三原色可以计算为:

由 LAB 转换到 XYZ 颜色空间:

$$\begin{cases} X = x_r X_r \\ Y = y_r Y_r \\ Z = z_r Z_r \end{cases}$$

其中,

$$[X_r, Y_r, Z_r] = [0.950\,456, 1, 1.088\,754]$$

$$x_r = \begin{cases} f_x^3, f_x^3 > \varepsilon = 0.008\,856 \\ \dfrac{(116 f_x - 16)}{903.3}, f_x^3 \leqslant \varepsilon \end{cases}$$

$$y_r = \begin{cases} \left(\dfrac{L+16}{116}\right)^3, L > 903.3\varepsilon \\ \dfrac{L}{903.3}, L \leqslant 903.3\varepsilon \end{cases}$$

$$z_r = \begin{cases} f_z^3, f_z^3 > \varepsilon \\ \dfrac{116 f_z - 16}{903.3}, f_z^3 \leqslant \varepsilon \end{cases}$$

若您对此书内容有任何疑问,可以凭在线交流卡登录MATLAB中文论坛与作者交流。

$$\begin{cases} f_x = \dfrac{a}{500} + f_y \\ f_z = f_y - \dfrac{b}{200} \\ f_y = \dfrac{L+16}{116} \end{cases}$$

由 XYZ 转换到 RGB 颜色空间：

$$\begin{bmatrix} r \\ g \\ b \end{bmatrix} = \boldsymbol{T} \times \begin{bmatrix} X \\ Y \\ Z \end{bmatrix}$$

其中，

$$\boldsymbol{T} = \begin{bmatrix} 3.2406 & -1.5372 & -0.4986 \\ -0.9689 & 1.8758 & 0.0415 \\ 0.0557 & -0.2040 & 1.057 \end{bmatrix}$$

$$\begin{cases} v \in \{r, g, b\} \\ V \in \{R, G, B\} \end{cases}$$

$$V = v^{\frac{1}{\gamma}} = \begin{cases} 12.92v, & v \leqslant 0.0031308 \\ 1.055v^{\frac{1}{2.4}} - 0.055, & v > 0.0031308 \end{cases}$$

由此编写 LAB 到 RGB 颜色空间的函数程序如下：

```
function Image = lab2rgb(Image)
    if size(Image,3) ~= 3
        error('im 要为 3 通道颜色图像');
    end
    if ~isa(Image,'double')
        Image = double(Image)/255;
    end

    % 转化 CIE L*a*b* (CIELAB)
    WhitePoint = [0.950456,1,1.088754];
    % 转化 CIE L*ab 到 XYZ 颜色空间
    fY = (Image(:,:,1) + 16)/116;
    fX = fY + Image(:,:,2)/500;
    fZ = fY - Image(:,:,3)/200;
    Image(:,:,1) = WhitePoint(1) * invf(fX); % X
    Image(:,:,2) = WhitePoint(2) * invf(fY); % Y
    Image(:,:,3) = WhitePoint(3) * invf(fZ); % Z

    % 转化 XYZ 到 RGB 颜色空间
    T = [3.2406, -1.5372, -0.4986; -0.9689, 1.8758, 0.0415; 0.0557, -0.2040, 1.057];
    R = T(1) * Image(:,:,1) + T(4) * Image(:,:,2) + T(7) * Image(:,:,3); % R
    G = T(2) * Image(:,:,1) + T(5) * Image(:,:,2) + T(8) * Image(:,:,3); % G
    B = T(3) * Image(:,:,1) + T(6) * Image(:,:,2) + T(9) * Image(:,:,3); % B
    % 约束 RGB 的值到[0,1]
    AddWhite = -min(min(min(R,G),B),0);
    R = R + AddWhite;
    G = G + AddWhite;
    B = B + AddWhite;
```

```
    % 使用 gamma correction,转化线性 RGB 到 sRGB(标准 RGB)颜色空间
    Image(:,:,1) = gammacorrection(R); % R'
    Image(:,:,2) = gammacorrection(G); % G'
    Image(:,:,3) = gammacorrection(B); % B'

end

function Y = invf(fY)
Y = fY.^3;
i = (Y < 0.008856);
Y(i) = (fY(i) - 4/29) * (108/841);
end

function Rp = gammacorrection(R)
Rp = zeros(size(R));
i = (R <= 0.0031306684425005883);
Rp(i) = 12.92 * R(i);
Rp(~i) = real(1.055 * R(~i).^0.416666666666666667 - 0.055);
end
```

调用该函数,程序如下:

```
%% LAB --> RGB
clc,clear,close all   % 清理命令区、清理工作区、关闭显示图形
warning off           % 消除警告
feature jit off       % 加速代码运行
im = imread('coloredChips.png');
im1 = rgb2lab(im);     % RGB 转化为 LAB
figure('color',[1,1,1])
subplot(121),imshow(im1,[]);title('LAB')
im2 = lab2rgb(im1);
subplot(122),imshow(im2,[]);title('RGB')
```

运行程序输出图形如图 1-51 所示。

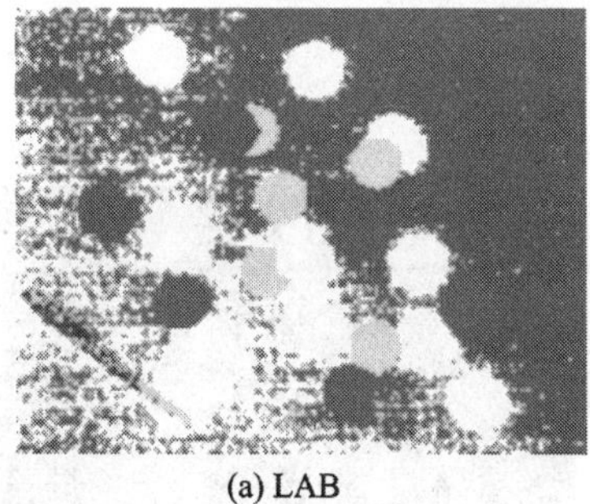
(a) LAB

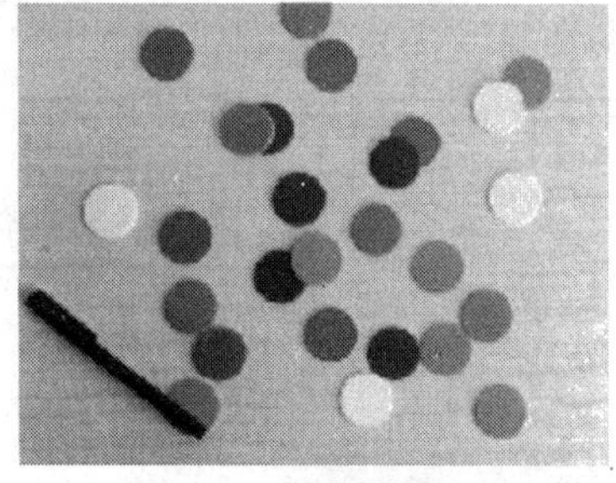
(b) RGB

图 1-51　从 LAB 转换到 RGB 颜色空间

1.2.9　图像 LCH 与 RGB 空间相互转换及 MATLAB 实现

(1) 从 RGB 转换到 LCH 颜色空间

首先 RGB 转换到 LAB 颜色空间,再由 LAB 转换到 LCH 颜色空间。公式如下:

$$\begin{cases} L = L \\ C = \sqrt{a^2 + b^2} \\ H = \arctan\left(\dfrac{b}{a}\right) \end{cases} \tag{1.11}$$

由此编写 RGB 到 LCH 颜色空间的函数程序如下：

```
function Image = rgb2lch(Image)


    if size(Image,3) ~= 3
        error('im 一定要为 3 通道颜色空间图像 ');
    end
    if ~isa(Image,'double')
        Image = double(Image)/255;
    end


    % 转化到 CIE L*ch 颜色空间
    Image = rgb2lab(Image);  % 转化到 CIE L*ab
    H = atan2(Image(:,:,3),Image(:,:,2));
    H = H*180/pi + 360*(H < 0);

    Image(:,:,2) = sqrt(Image(:,:,2).^2 + Image(:,:,3).^2);  % C
    Image(:,:,3) = H;

end
```

调用该函数，程序如下：

```
% % RGB --> LCH
clc,clear,close all     % 清理命令区、清理工作区、关闭显示图形
warning off             % 消除警告
feature jit off         % 加速代码运行
im = imread('coloredChips.png');
figure('color',[1,1,1])
subplot(121),imshow(im,[]);title('RGB')
im1 = rgb2lch(im);      % RGB 转化为 LCH
subplot(122),imshow(uint8(im1));title('LCH')
```

运行程序输出图形如图 1-52 所示。

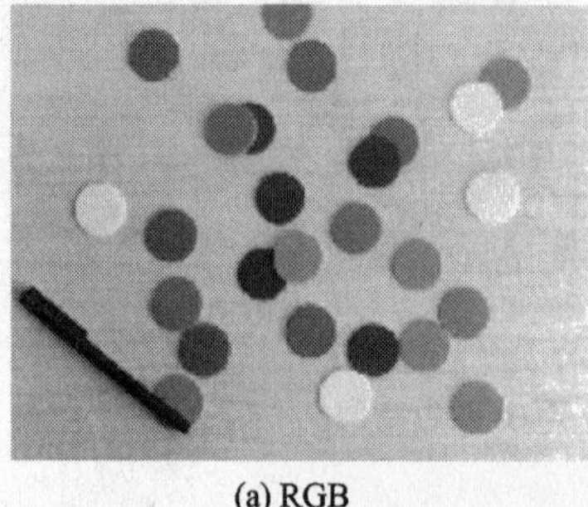

(a) RGB

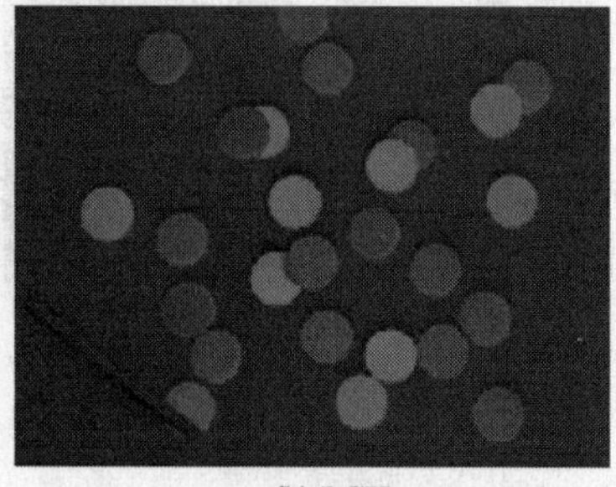

(b) LCH

图 1-52　RGB 转换到 LCH 颜色空间

(2) 从 LCH 转换到 RGB 颜色空间

首先,LCH 转换到 LAB 颜色空间:

$$\begin{cases} L = L \\ a = C\cos H \\ b = C\sin H \end{cases}$$

由 LAB 转换到 XYZ 颜色空间:

$$\begin{cases} X = x_r X_r \\ Y = y_r Y_r \\ Z = z_r Z_r \end{cases}$$

其中,

$$[X_r, Y_r, Z_r] = [0.950\ 456, 1, 1.088\ 754]$$

$$x_r = \begin{cases} f_x^3, f_x^3 > \varepsilon = 0.008\ 856 \\ \dfrac{(116 f_x - 16)}{903.3}, & f_x^3 \leqslant \varepsilon \end{cases}$$

$$y_r = \begin{cases} \left(\dfrac{L+16}{116}\right)^3, & L > 903.3\varepsilon \\ \dfrac{L}{903.3}, & L \leqslant 903.3\varepsilon \end{cases}$$

$$z_r = \begin{cases} f_z^3, & f_z^3 > \varepsilon \\ \dfrac{116 f_z - 16}{903.3}, & f_z^3 \leqslant \varepsilon \end{cases}$$

$$\begin{cases} f_x = \dfrac{a}{500} + f_y \\ f_z = f_y - \dfrac{b}{200} \\ f_y = \dfrac{L+16}{116} \end{cases}$$

由 XYZ 转换到 RGB 颜色空间:

$$\begin{bmatrix} r \\ g \\ b \end{bmatrix} = \boldsymbol{T} \begin{bmatrix} X \\ Y \\ Z \end{bmatrix}$$

其中,

$$\begin{cases} v \in \{r, g, b\} \\ V \in \{R, G, B\} \end{cases}$$

$$V = v^{\frac{1}{\gamma}} = \begin{cases} 12.92v, & v \leqslant 0.003\ 130\ 8 \\ 1.055 v^{\frac{1}{2.4}} - 0.055, & v > 0.003\ 130\ 8 \end{cases}$$

由此编写 LAB 到 RGB 颜色空间的函数程序如下:

```
function Image = lch2rgb(Image)
    if size(Image,3) ~= 3
        error('一定要为 3 通道颜色空间图像');
    end
    if ~isa(Image,'double')
```

若您对此书内容有任何疑问，可以凭在线交流卡登录MATLAB中文论坛与作者交流。

```
        Image = double(Image)/255;
    end

    WhitePoint = [0.950456,1,1.088754];
    % 转化 CIE L*CH 到 CIE L*ab 颜色空间
    C = Image(:,:,2);
    Image(:,:,2) = cos(Image(:,:,3)*pi/180).*C; % a*
    Image(:,:,3) = sin(Image(:,:,3)*pi/180).*C; % b*
    % 转化 CIE L*ab 到 XYZ 颜色空间
    fY = (Image(:,:,1) + 16)/116;
    fX = fY + Image(:,:,2)/500;
    fZ = fY - Image(:,:,3)/200;
    Image(:,:,1) = WhitePoint(1)*invf(fX); % X
    Image(:,:,2) = WhitePoint(2)*invf(fY); % Y
    Image(:,:,3) = WhitePoint(3)*invf(fZ); % Z
    % 转换 XYZ 到 RGB 颜色空间
    T = [3.2406, -1.5372, -0.4986; -0.9689, 1.8758, 0.0415; 0.0557, -0.2040, 1.057];
    R = T(1)*Image(:,:,1) + T(4)*Image(:,:,2) + T(7)*Image(:,:,3); % R
    G = T(2)*Image(:,:,1) + T(5)*Image(:,:,2) + T(8)*Image(:,:,3); % G
    B = T(3)*Image(:,:,1) + T(6)*Image(:,:,2) + T(9)*Image(:,:,3); % B
    % 约束 RGB 的值到[0,1]
    AddWhite = -min(min(min(R,G),B),0);
    R = R + AddWhite;
    G = G + AddWhite;
    B = B + AddWhite;
    % 使用 gamma correction,转化线性 RGB 到 sRGB(标准 RGB)颜色空间
    Image(:,:,1) = gammacorrection(R); % R'
    Image(:,:,2) = gammacorrection(G); % G'
    Image(:,:,3) = gammacorrection(B); % B'

end

function Y = invf(fY)
    Y = fY.^3;
    i = (Y < 0.008856);
    Y(i) = (fY(i) - 4/29)*(108/841);
end

function Rp = gammacorrection(R)
Rp = zeros(size(R));
i = (R <= 0.0031306684425005883);
Rp(i) = 12.92*R(i);
Rp(~i) = real(1.055*R(~i).^0.41666666666666667 - 0.055);
end
```

调用该函数,程序如下:

```
%% LCH --> RGB
clc,clear,close all     %清理命令区、清理工作区、关闭显示图形
warning off             %消除警告
feature jit off         %加速代码运行
im = imread('coloredChips.png');
im1 = rgb2lch(im);      % RGB 转化为 LCH
```

```
figure('color',[1,1,1])
subplot(121),imshow(uint8(im1));title('LCH')
im2 = lch2rgb(im1);
subplot(122),imshow(im2,[]);title('RGB')
```

运行程序输出图形如图 1－53 所示。

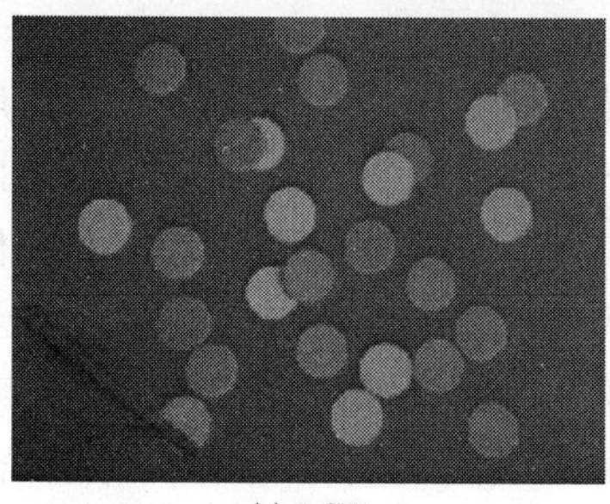

(a) LCH

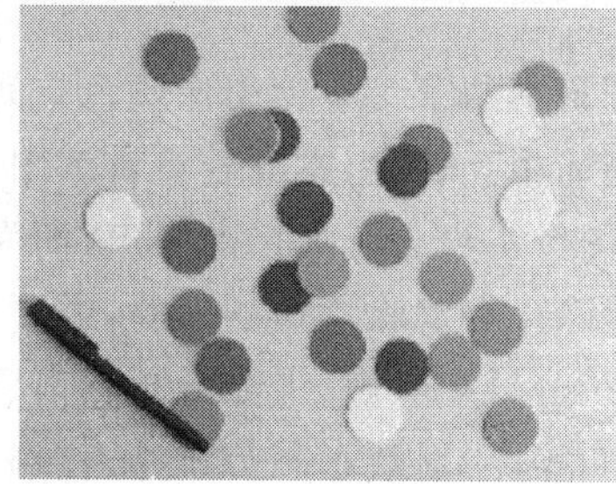

(b) RGB

图 1－53　LCH 转换到 RGB 颜色空间

第 2 章

图像噪声概率密度分布与 MATLAB 实现

图像分割识别的第一步为图像颜色空间转化，然后进行滤波去噪。第 1 章讲解了图像不同的颜色空间的相互转化，本章着重讲解图像噪声分布。由于图像采集受到设备以及外界环境刺激，导致图像本身含有大量的噪声，而噪声分为有用噪声和无用噪声，因此我们需要对无用噪声进行滤除。在滤除噪声的同时，需要了解和掌握噪声分布的特点。本章涉及均匀分布噪声、高斯（正态）分布噪声、卡方分布噪声、F 分布噪声、t 分布噪声、Beta 分布噪声、指数分布噪声、伽马分布噪声、对数正态分布噪声、瑞利分布噪声、威布尔分布噪声、二项分布噪声、几何分布噪声、泊松分布噪声、柯西（Cauchy）分布噪声等。这些内容的学习，适应了不同的读者，也可为后续滤波去噪算法引入打下坚实的算法基础。

2.1 噪声概率密度分布函数

设离散性随机变量的分布律为：

$$P\{X = x_k\} = p_k, \qquad k = 1,2,\cdots$$

则相应 X 的期望如下：

$$E(X) = \sum_{k=1}^{\infty} x_k p_k$$

方差是用来刻画随机变量 X 变化程度的一个量。方差的一般表达式如下：

$$D(X) = E\{[x - E(x)]^2\}$$

在应用上还引入与随机变量 X 具有相同量纲的量 $\sqrt{D(X)}$，记为 $\sigma(X)$，称为标准差或均方差。

X 的 k 阶中心矩应为：

$$E\{[X - E(X)]^k\}, \qquad k = 2,3,\cdots$$

可知方差即为二阶中心矩。

对于一个样本来说，样本方差通常分为无偏估计和有偏估计。

无偏估计式：

$$S^2 = \frac{1}{n-1}\sum_{i=1}^{n}(x_i - \bar{x})^2$$

有偏估计式：

$$S^2 = \frac{1}{n}\sum_{i=1}^{n}(x_i - \bar{x})^2$$

样本标准差也对应有如下两种形式：

$$S = \sqrt{S^2} = \sqrt{\frac{1}{n-1}\sum_{i=1}^{n}(x_i - \bar{x})^2}$$

或

$$S = \sqrt{S^2} = \sqrt{\frac{1}{n}\sum_{i=1}^{n}(x_i - \bar{x})^2}$$

样本的 k 阶中心矩为：

$$B_k = \frac{1}{n}\sum_{i=1}^{n}(x_i - \bar{x})^k, \qquad k = 2,3,\cdots$$

随机变量 X、Y 的协方差和相关系数的定义式如下：

$$\mathrm{cov}(x,y) = E\{[x - E(x)][y - E(y)]\}$$

$$\mathrm{cof}(x,y) = \frac{\mathrm{cov}(x,y)}{\sqrt{D(x)}\ \sqrt{D(y)}}$$

对于 n 维随机变量，通常用协方差矩阵描述它的 2 阶中心矩。如对于二维随机变量(X，Y)，定义协方差矩阵形式为：

$$\begin{pmatrix} c_{11} & c_{12} \\ c_{21} & c_{22} \end{pmatrix}$$

其中：

$$c_{11} = E\{[x - E(x)]^2\}$$
$$c_{12} = E\{[x - E(x)][y - E(y)]\}$$
$$c_{21} = E\{[y - E(y)][x - E(x)]\}$$
$$c_{22} = E\{[y - E(y)]^2\}$$

2.1.1　均匀分布

设连续型随机变量 X 的分布函数为：

$$F(x) = \frac{x - a}{b - a}, \qquad a \leqslant x \leqslant b$$

则称随机变量 X 服从$[a, b]$上的均匀分布，记为 $X \sim U[a, b]$。

若$[x_1, x_2]$是$[a, b]$的任一子区间，则

$$P\{x_1 \leqslant x \leqslant x_2\} = (x_2 - x_1)/(b - a)$$

这表明 X 落在$[a, b]$的子区间内的概率只与子区间长度有关，而与子区间位置无关，因此 X 落在$[a, b]$的长度相等的子区间内的可能性是相等的，所谓的均匀指的就是这种等可能性。

生成(0，1)区间上均匀分布的随机变量，MATLAB 函数调用如下：

```
rand([M,N])
```

生成排列成 $M \times N$ 多维向量的随机数。如果只写 M，则生成 $M \times M$ 阶矩阵；如果参数为$[M, N]$，则生成 $M \times N$ 阶矩阵。MATLAB 编程如下：

```
rand(5,1)          % 生成 5 行 1 列的随机数
```

例生成的随机数大致的分布，编程如下：

```
clc,clear,close all        % 清理命令区、清理工作区、关闭显示图形
warning off                % 消除警告
feature jit off            % 加速代码运行
x = rand(100000,1);        % 100000 个随机数
hist(x,50);                % 直方图
```

运行程序可生成的随机数很符合均匀分布,如图 2-1 所示。

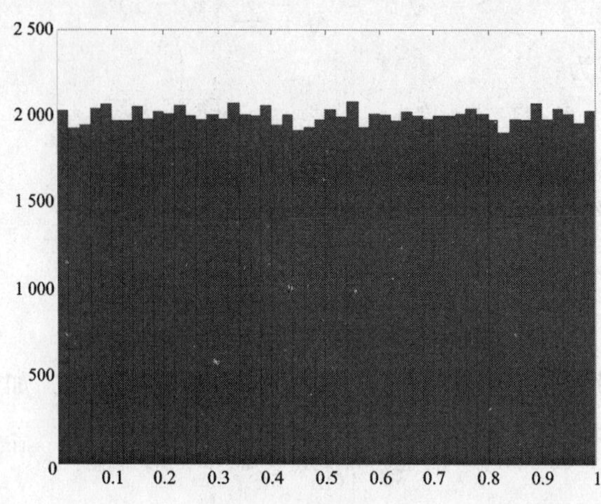

图 2-1 均匀分布

2.1.2 正态分布

若随机变量 X 服从一个位置参数为 μ、尺度参数为 σ 的概率分布,且其概率密度函数为:

$$f(x)=\frac{1}{\sqrt{2\pi}\sigma}\exp\left[-\frac{(x-\mu)^2}{2\sigma^2}\right]$$

则这个随机变量就称为正态随机变量,正态随机变量服从的分布就称为正态分布,记作 $X\sim N(\mu,\sigma^2)$,读作 X 服从 $N(\mu,\sigma^2)$,或服从正态分布。

生成指定均值 μ、标准差 δ 的正态分布的随机数,MATLAB 函数调用如下:

```
normrnd(μ,δ, [M,N])
```

生成的随机数服从均值 μ、标准差 δ 的正态分布,这些随机数排列成 $M\times N$ 维向量。如果只写 M,则生成 $M\times M$ 阶矩阵;如果参数为 $[M, N]$,则生成 $M\times N$ 阶矩阵。MATLAB 编程如下:

```
% 正态分布均值为 2,标准差为 3.
normrnd(2,3,5,1)            % 生成 5 行 1 列的随机数
```

例生成的随机数大致的分布,编程如下:

```
clc,clear,close all % 清理命令区、清理工作区、关闭显示图形
warning off % 消除警告
feature jit off % 加速代码运行
x = normrnd(0,1,100000,1);
subplot(211),hist(x,50);
x = normrnd(3,3,100000,1);
subplot(212),hist(x,50);    % 直方图
```

由运行程序可看到生成的随机数的正态分布,如图 2-2 所示。

2.1.3 卡方分布

若 n 个相互独立的随机变量 $\xi_1,\xi_2,\cdots,\xi_n$ 均服从标准正态分布(也称独立同分布于标准正

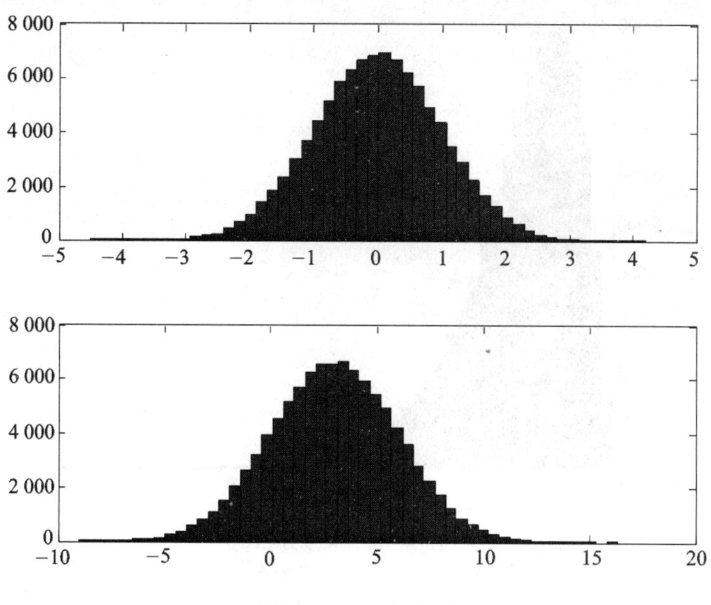

图 2-2　正态分布

态分布),则这 n 个服从标准正态分布的随机变量的平方和构成一新的随机变量,其分布规律称为卡方 χ^2 分布 chi-square distribution:

$$\chi^2 \sim \chi(n) \underline{\underline{\mathrm{def}}} X_1^2 + \cdots + X_n^2$$

卡方分布只有一个参数:自由度 n。

生成服从卡方(chi-square)分布的随机数,MATLAB 函数调用如下:

```
chi2rnd(n,[M,N])
```

生成的随机数服从自由度为 n 的卡方分布,这些随机数排列成 $M \times N$ 维向量。如果只写 M,则生成 $M \times M$ 阶矩阵;如果参数为 $[M,\ N]$,则生成 $M \times N$ 阶矩阵。MATLAB 编程如下:

```
% 自由度 n 是 5
chi2rnd(5,5,1)        % 生成 5 行 1 列的随机数排列
```

例生成的随机数大致的分布,编程如下:

```
clc,clear,close all          % 清理命令区、清理工作区、关闭显示图形
warning off                  % 消除警告
feature jit off              % 加速代码运行
x = chi2rnd(5,100000,1);
hist(x,50);                  % 直方图
```

由运行程序可看到生成的随机数的卡方分布图,如图 2-3 所示。

2.1.4　F 分布

设 $U \sim \chi^2(n_1)$,$V \sim \chi^2(n_2)$,且 U 、V 相互独立,则随机变量

$$F \overset{\mathrm{def}}{=\!=\!=} \frac{U/n_1}{V/n_2}$$

的分布称为自由度 (n_1, n_2) 的 F 分布,记为 $F \sim F(n_1, n_2)$ 。其中 n_1 、n_2 分布称为第一、第二

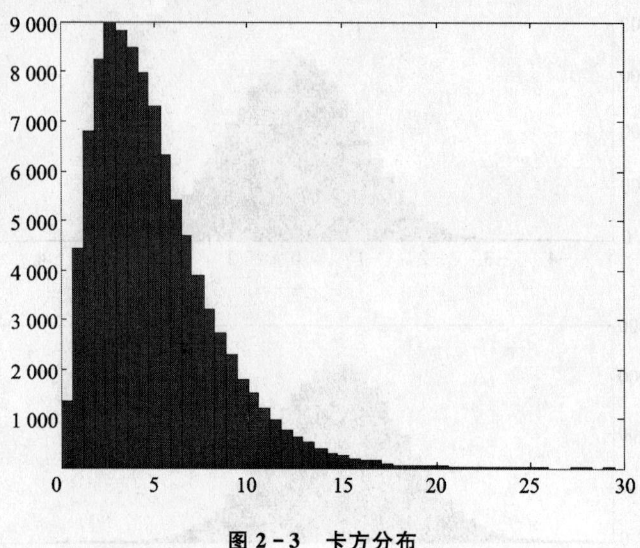

图 2-3 卡方分布

自由度。

F 分布有 2 个参数：n_1、n_2。

生成服从 F 分布的随机数，MATLAB 函数调用如下：

```
frnd(n1,n2,[M,N])
```

生成的随机数服从参数为(n_1, n_2)的卡方分布，这些随机数排列成 $M\times N$ 维向量。如果只写 M，则生成 $M\times M$ 阶矩阵；如果参数为$[M, N]$，则生成 $M\times N$ 阶矩阵。MATLAB 编程如下：

```
%参数为(n1 = 3,n2 = 5)的 F 分布
frnd(3,5,5,1)          %生成 5 行 1 列的随机数
```

例生成的随机数大致的分布，编程如下：

```
clc,clear,close all          %清理命令区、清理工作区、关闭显示图形
warning off                  %消除警告
feature jit off              %加速代码运行
x = frnd(3,5,1000,1);
hist(x,50);                  % 直方图
```

由运行程序可看到生成的随机数的 F 分布图，如图 2-4 所示。

2.1.5 t 分布

设 $X\sim N(0,1)$，$Y\sim\chi^2(n)$，且 X、Y 相互独立，则随机变量

$$t \underline{\underline{\mathrm{def}}} \frac{X}{\sqrt{Y/n}}$$

的分布称为自由度 n 的 t 分布，记为 $t\sim t(n)$。

t 分布有 1 个参数：自由度 n。

生成服从 t(student's t distribution)分布的随机数，MATLAB 函数调用如下：

```
trnd(n,[M,N])
```

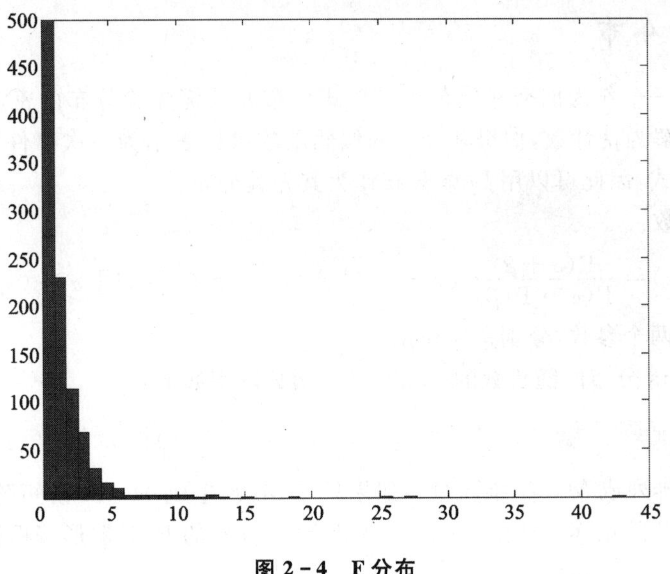

图 2-4　F 分布

生成的随机数服从参数为 n 的 t 分布，这些随机数排列成 $M \times N$ 维向量。如果只写 M，则生成 $M \times M$ 阶矩阵；如果参数为$[M, N]$，则生成 $M \times N$ 阶矩阵。MATLAB 编程如下：

```
% 参数为(n=7)的 t 分布
trnd(7,5,1)          % 生成 5 行 1 列的随机数
```

例生成的随机数大致的分布，编程如下：

```
clc,clear,close all          % 清理命令区、清理工作区、关闭显示图形
warning off                  % 消除警告
feature jit off              % 加速代码运行
x = trnd(7,100000,1);
hist(x,50);                  % 直方图
```

由运行程序可看到生成的随机数的 t 分布图，如图 2-5 所示。

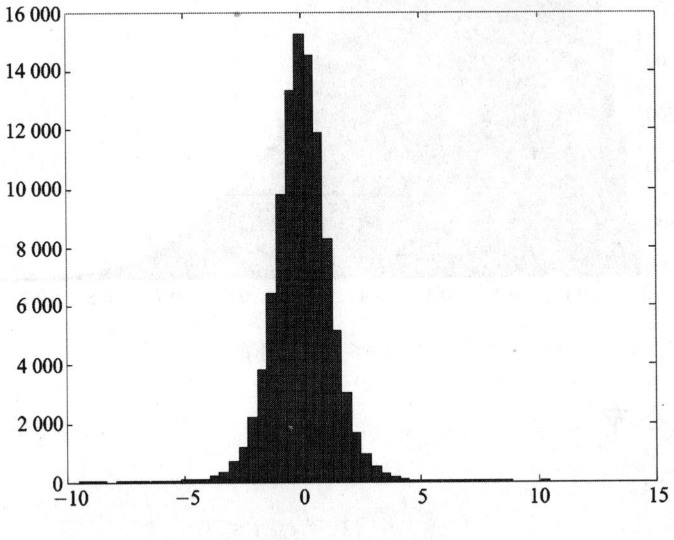

图 2-5　t 分布

2.1.6 Beta 分布

Beta 分布是一个作为伯努利分布和二项式分布的共轭先验分布的密度函数。Beta 分布中的参数可以理解为伪计数,伯努利分布的似然函数可以表示为一次事件发生的概率。它与 Beta 有相同的形式,因此可以用 Beta 分布作为其先验分布。

概率密度函数:

$$p(x)=\frac{\Gamma(\alpha+\beta)}{\Gamma(\alpha)\cdot\Gamma(\beta)}(1-x)^{\beta-1}x^{\alpha-1},\qquad x\in[0,1],\alpha>0,\beta>0$$

Beta 分布有两个参数,分别是 α 和 β。

生成服从 Beta 分布的随机数的 MATLAB 函数调用如下:

```
betarnd(α,β,[M,N])
```

这些随机数排列成 $M\times N$ 维向量。如果只写 M,则生成 $M\times M$ 阶矩阵;如果参数为$[M,N]$,则生成 $M\times N$ 阶矩阵。产生 $\alpha=2$、$\beta=5$ 的 Beta 分布的 PDF 图形编程如下:

```
clc,clear,close all      % 清理命令区、清理工作区、关闭显示图形
warning off              % 消除警告
feature jit off          % 加速代码运行
x = betarnd(2,5,100000,1);
hist(x,50);              % 直方图
```

由运行程序可看到生成的随机数的 Beta 分布图,如图 2-6 所示。

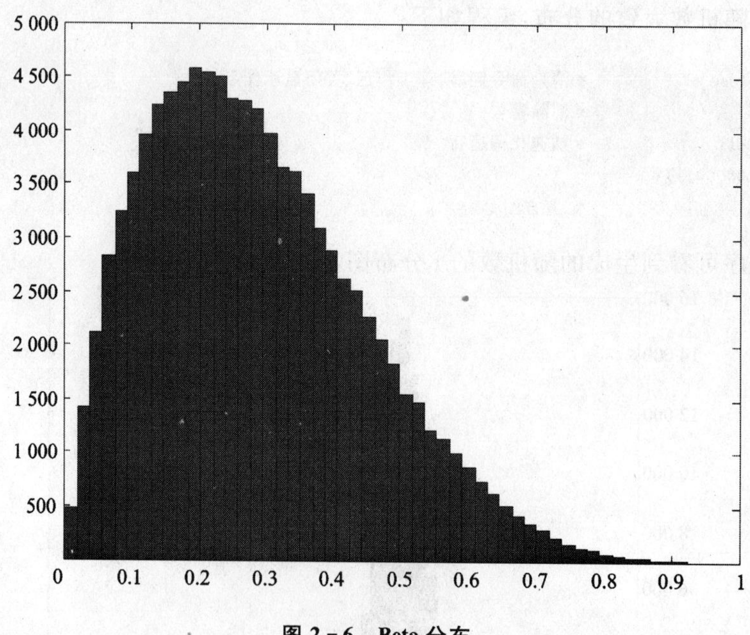

图 2-6 Beta 分布

2.1.7 指数分布

指数分布如下:

$$f(t)=\begin{cases}\lambda e^{-\lambda t}, & t\leqslant 0\\ 0, & t<0\end{cases}$$

指数分布只有一个参数：λ。

生成指数分布随机数的 MATLAB 函数调用如下：

```
exprnd (λ, [M,N])
```

生成的随机数排列成 $M\times N$ 维向量。如果只写 M，则生成 $M\times M$ 阶矩阵；如果参数为 $[M, N]$，则生成 $M\times N$ 阶矩阵。产生 $\lambda=3$ 的指数分布的 PDF 图形编程如下：

```
clc,clear,close all    % 清理命令区、清理工作区、关闭显示图形
warning off            % 消除警告
feature jit off        % 加速代码运行
x = exprnd(3,100000,1);
hist(x,50);            %  直方图
```

由运行程序可看到生成的随机数的指数分布图，如图 2-7 所示。

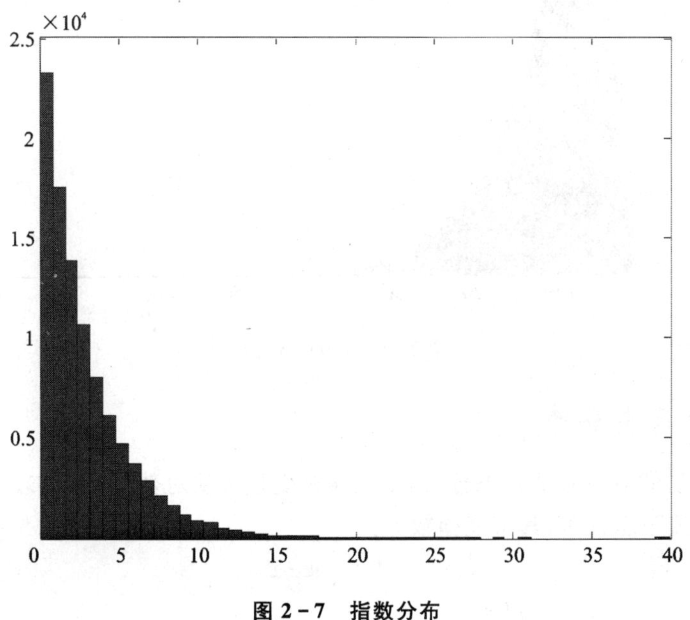

图 2-7　指数分布

2.1.8　Gamma 分布

当两随机变量服从 Gamma 分布，互相独立，且单位时间内频率相同时，Gamma 分布具有加成性。若随机变量 X 具有概率密度，其中 $\alpha>0,\beta>0$，则称随机变量 X 服从参数 α、β 的伽马分布，记作 $G(\alpha,\beta)$。

$$f(x)=\begin{cases}\dfrac{\beta^{\alpha}}{\Gamma(\alpha)}(x-c)^{\alpha-1}\mathrm{e}^{-\beta(x-c)}, & x>c\\ 0, & x\leqslant c\end{cases}$$

Gamma 分布有两个参数：α 和 β。

生成 Gamma 分布随机数的 MATLAB 函数调用如下：

```
gamrnd(α,β,[M,N])
```

生成的随机数排列成 $M\times N$ 维向量。如果只写 M，则生成 $M\times M$ 阶矩阵；如果参数为 $[M, N]$，则生成 $M\times N$ 阶矩阵；产生 $\alpha=2,\beta=5$ 的 Gamma 分布的 PDF 图形编程如下：

```
clc,clear,close all    % 清理命令区、清理工作区、关闭显示图形
warning off            % 消除警告
feature jit off        % 加速代码运行
x = gamrnd(2,5,100000,1);
hist(x,50);            % 直方图
```

由运行程序可看到生成的随机数的 Gamma 分布图,如图 2-8 所示。

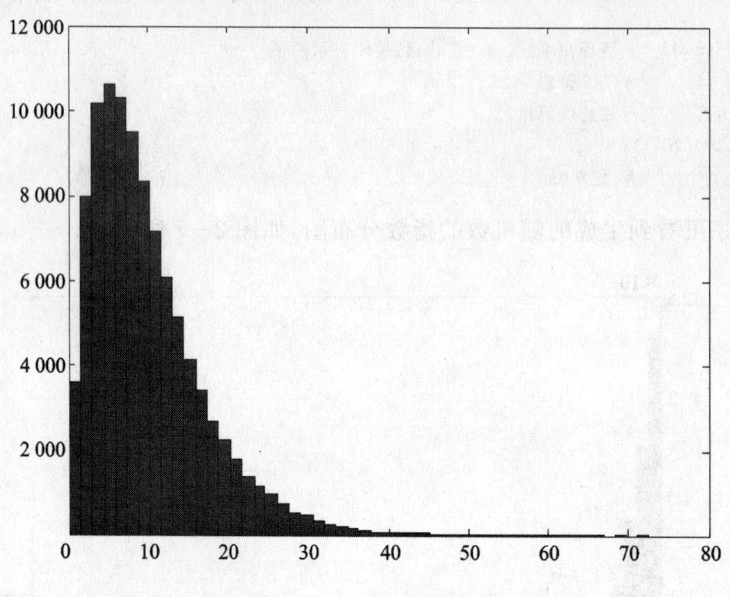

图 2-8　Gamma 分布

2.1.9　对数正态分布

一个随机变量的对数服从正态分布,则该随机变量服从对数正态分布。

设 ξ 服从对数正态分布,其密度函数为:

$$f(x)=\begin{cases}\dfrac{1}{\sqrt{2\pi}\sigma}\mathrm{e}^{-\frac{(\ln x-\mu)^2}{2\sigma^2}}, & x>0\\ 0, & x\leqslant 0\end{cases}$$

对数正态分布有两个参数:μ 和 δ。

生成对数正态分布随机数,MATLAB 函数调用如下:

```
lognrnd(μ,δ,[M,N])
```

生成的随机数排列成 $M\times N$ 维向量。如果只写 M,则生成 $M\times M$ 阶矩阵;如果参数为 $[M, N]$,则生成 $M\times N$ 阶矩阵。产生 $\mu=-1,\delta=0.5$ 的对数正态分布的 PDF 图形编程如下:

```
clc,clear,close all    % 清理命令区、清理工作区、关闭显示图形
warning off            % 消除警告
feature jit off        % 加速代码运行
x = lognrnd( - 1,0.5,1000,1);
hist(x,50);            % 直方图
```

由运行程序可看到生成的随机数的对数正态分布图,如图 2-9 所示。

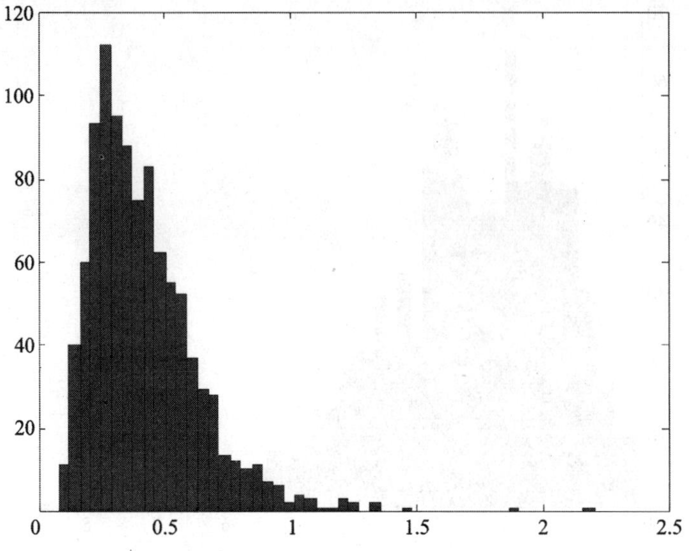

图 2-9　对数正态分布

2.1.10　瑞利分布

当一个随机二维向量的两个分量呈独立的、有着相同的方差的正态分布时，这个向量的模呈瑞利分布。其密度函数为：

$$f(x)=\frac{x}{\sigma^2}\exp\left(-\frac{x^2}{2\sigma^2}\right),\quad x\geqslant 0$$

瑞利(Rayleigh)分布有 1 个参数：σ。

生成瑞利分布随机数的 MATLAB 函数调用如下：

```
raylrnd(σ,[M,N])
```

生成的随机数排列成 $M\times N$ 维向量。如果只写 M，则生成 $M\times M$ 阶矩阵；如果参数为 $[M, N]$，则生成 $M\times N$ 阶矩阵；产生 $\sigma=2$ 的瑞利分布的 PDF 图形编程如下：

```
clc,clear,close all        % 清理命令区、清理工作区、关闭显示图形
warning off                % 消除警告
feature jit off            % 加速代码运行
x = raylrnd(2,1000,1);
hist(x,50);                % 直方图
```

由运行程序可得瑞利分布图，如图 2-10 所示。

2.1.11　威布尔分布

威布尔(Weibull)分布是连续性的概率分布，其概率密度为：

$$f(x,\lambda,k)=\begin{cases}\dfrac{k}{\lambda}\left(\dfrac{x}{\lambda}\right)^{k-1}\mathrm{e}^{-\left(\frac{x}{\lambda}\right)^k}, & x\geqslant 0\\ 0, & x<0\end{cases}$$

威布尔分布有 2 个参数：λ 和 k。

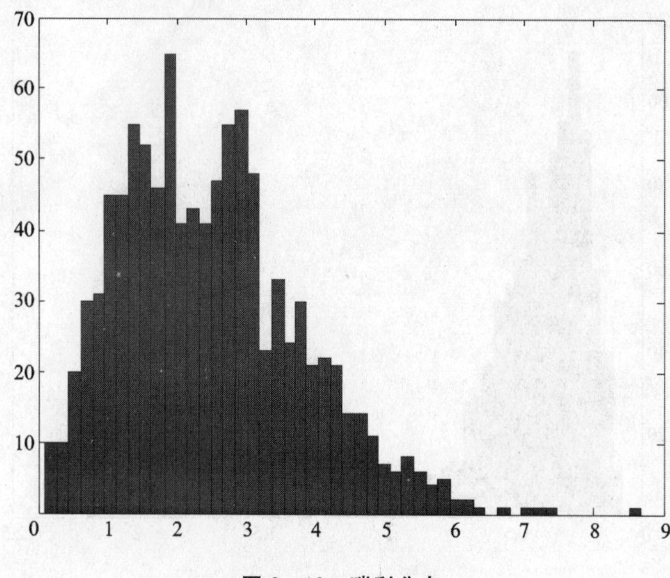

图 2-10　瑞利分布

生成威布尔分布随机数的 MATLAB 函数调用如下：

```
wblrnd(λ,k,[M,N])
```

生成的随机数排列成 $M\times N$ 维向量。如果只写 M，则生成 $M\times M$ 阶矩阵；如果参数为 $[M, N]$，则生成 $M\times N$ 阶矩阵。产生 $\lambda=3, k=2$ 的威布尔分布的 PDF 图形编程如下：

```
clc,clear,close all    % 清理命令区、清理工作区、关闭显示图形
warning off            % 消除警告
feature jit off        % 加速代码运行
x = wblrnd(3,2,1000,1);
hist(x,50);            % 直方图
```

由运行程序可看到生成的随机数的威布尔分布图，如图 2-11 所示。

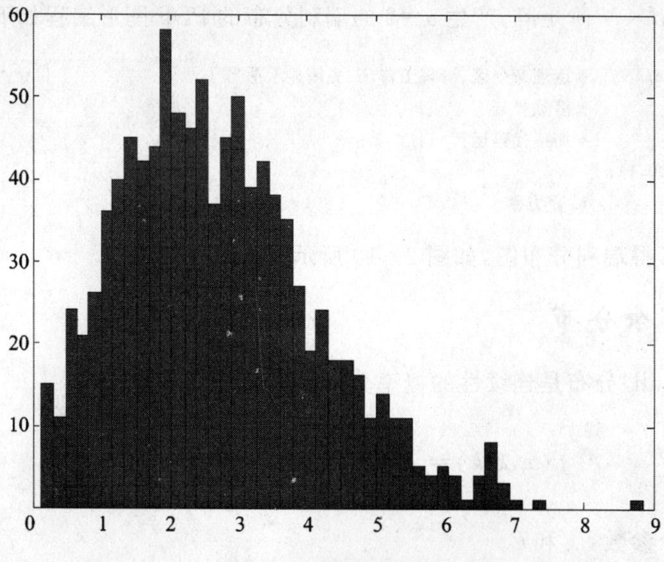

图 2-11　威布尔分布

2.1.12　二项分布

二项分布即重复 n 次独立的伯努利试验。在每次试验中只有两种可能的结果，而且两种结果发生与否互相对立，并且相互独立，与其他各次试验结果无关，事件发生与否的概率在每一次独立试验中都保持不变，则这一系列试验总称为 n 重伯努利实验；当试验次数为 1 时，二项分布就是伯努利分布。

其概率密度函数如下：

$$p(x=k)=\binom{n}{k}p^k(1-p)^{n-k}=b(k;n,p),\qquad k=0,1,2,\cdots,n$$

二项分布有 2 个参数：次数 n、概率 p。注意 p 要小于或等于 1 且非负，n 要为整数。

MATLAB 函数调用如下：

```
binornd(n,p,[M,N])
```

生成的随机数服从参数为$(n,\ p)$的二项分布，生成的随机数排列成 $M\times N$ 维向量。如果只写 M，则生成 $M\times M$ 阶矩阵；如果参数为$[M,\ N]$，则生成 $M\times N$ 阶矩阵。MATLAB 编程如下：

```
% 参数为(10,0.3)的二项分布
binornd(10,0.3,5,1) %生成 5 行 1 列的随机数
```

生成 $n=10$，$p=0.3$ 的二项分布的 PDF 图形编程如下：

```
clc,clear,close all    %清理命令区、清理工作区、关闭显示图形
warning off            %消除警告
feature jit off        %加速代码运行
x = binornd(10,0.45,100000,1);
hist(x,11);            % 直方图
```

由运行程序可看到生成的随机数的二项分布图，如图 2－12 所示。

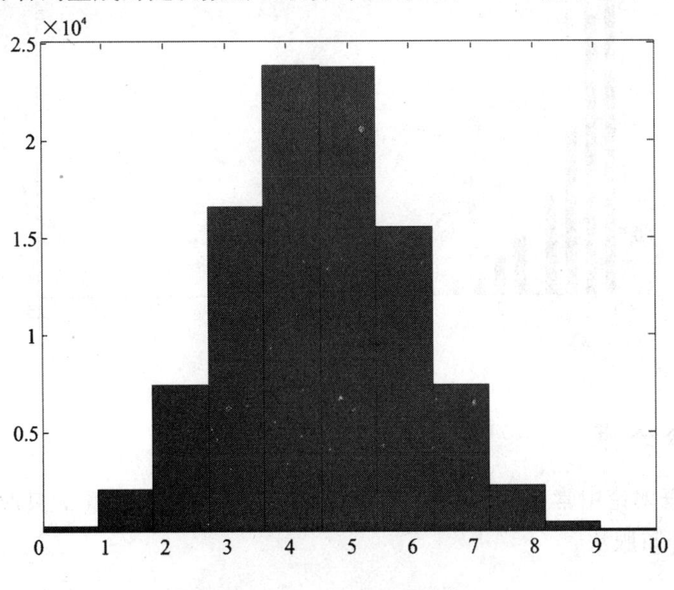

图 2－12　服从二项分布

2.1.13 几何分布

几何分布(geometric distribution)是离散型概率分布。其中一种定义为:在 n 次伯努利试验中,试验 k 次才得到第一次成功的几率。其概率密度表达式如下:

$$p(x=k)=(1-p)^{k-1}p,\qquad k=1,2,\cdots,n$$

几何分布的参数只有一个:概率 p。

MATLAB 函数调用如下:

```
geornd(p,[M,N])
```

生成的随机数排列成 $M\times N$ 维向量。如果只写 M,则生成 $M\times M$ 阶矩阵;如果参数为 $[M, N]$,则生成 $M\times N$ 阶矩阵。MATLAB 编程如下:

```
% 参数为(0.4)的几何分布
geornd(0.4,5,1)  % 生成 5 行一列的随机数
```

产生服从几何分布的随机数,编程如下:

```
clc,clear,close all    % 清理命令区、清理工作区、关闭显示图形
warning off            % 消除警告
feature jit off        % 加速代码运行
x = geornd(0.4,100000,1);
hist(x,50);            % 直方图
```

由运行程序可看到生成的随机数的几何分布图,如图 2-13 所示。

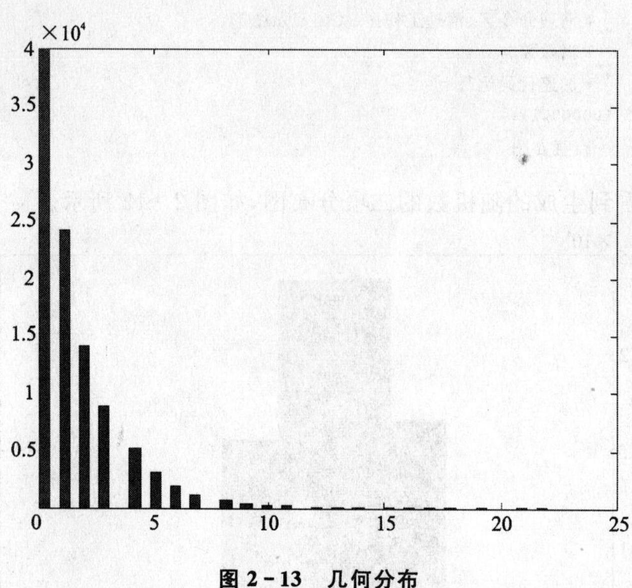

图 2-13 几何分布

2.1.14 泊松分布

泊松分布是概率论中常用的一种离散型概率分布。若随机变量 x 只取非负整数值 0,1,2,…,且其概率分布服从

$$p(x=i)=\frac{e^{-\lambda}\lambda^{i}}{i!}$$

泊松分布的参数只有一个：λ,λ>0。

MATLAB 函数调用如下：

```
geornd(λ,[M,N])
```

生成的随机数排列成 $M\times N$ 维向量。如果只写 M,则生成 $M\times M$ 阶矩阵；如果参数为 $[M,\ N]$,则生成 $M\times N$ 阶矩阵；MATLAB 编程如下：

```
% 参数为(2)的泊松分布
poissrnd(2,5,1) % 生成 5 行一列的随机数
```

产生的随机数服从泊松分布，编程如下：

```
clc,clear,close all     % 清理命令区、清理工作区、关闭显示图形
warning off             % 消除警告
feature jit off         % 加速代码运行
x = poissrnd(5,100000,1);
hist(x,50);             % 直方图
```

由运行程序可看到生成的随机数的泊松分布图，如图 2-14 所示。

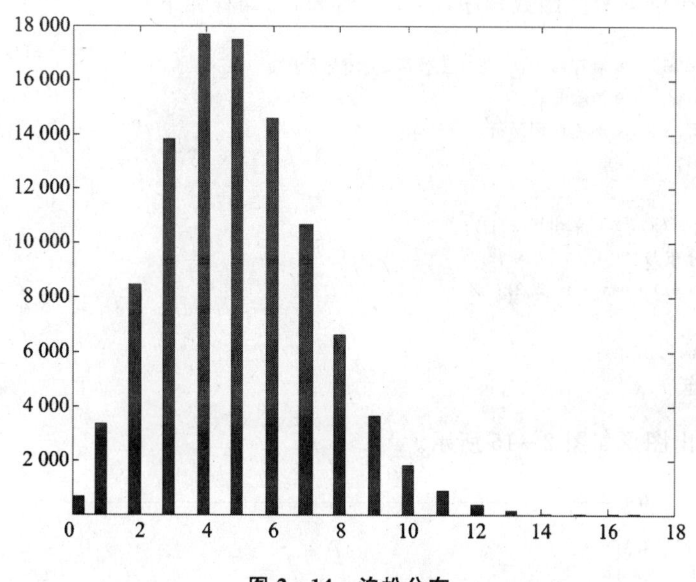

图 2-14　泊松分布

2.1.15　柯西分布

柯西(Cauchy)分布是一个数学期望不存在的连续型分布函数，它同样具有自己的分布密度。柯西分布有时也称为洛仑兹分布或者 Breit-Wigner 分布。柯西分布的一大特点就是，它是肥尾(Fat-tail,又译作胖尾)分布。在金融市场中，肥尾分布越来越受到重视。因为传统的正态分布基本不考虑像当前次贷危机等极端情况，而肥尾分布则能很好地将很极端的情形考虑进去。

柯西分布概率密度函数如下：

$$f(x)=\frac{b}{\pi[b^2+(x-a)^2]}$$

柯西分布概率密度函数如下：

```
function p = cauchypdf(x, varargin)
        %系统默认值
        a = 0.0;
        b = 1.0;
        %检测输入变量值
        if(nargin >= 2)
          a = varargin{1};
          if(nargin == 3)
            b = varargin{2};
            b(b <= 0) = NaN;   % 防止溢出,小于 0 则为 NaN
        end
    end
    if((nargin < 1) || (nargin > 3))
        error('需要输入参数!');
    end
    % 计算概率值
    p = b./(pi * (b.^2 + (x - a).^2));
end
```

调用柯西分布概率密度函数程序,实现柯西分布,编程如下:

```
clc,clear,close all   %清理命令区、清理工作区、关闭显示图形
warning off           %消除警告
feature jit off       %加速代码运行
x = -15:0.01:15;
subplot(211),
plot(x, cauchypdf(x),'linewidth',2);
title('Cauchy 分布')
x2 = 1./sqrt(2 * pi) * exp(-x.^2/2);
subplot(212),
plot(x,x2,'linewidth',2);
title('正态分布')
```

运行程序输出图形如图 2-15 所示。

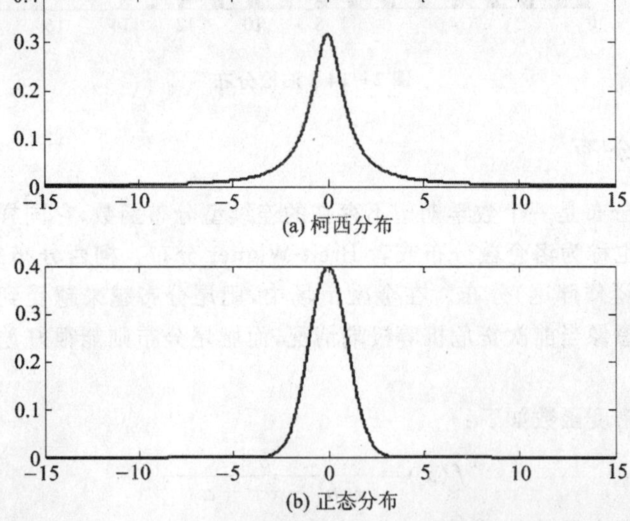

图 2-15 柯西分布和标准正态分布

图 2-15 是柯西分布和标准正态分布 PDF 对比图。由图可清楚地看出柯西分布的尾巴(x 轴两端)更“胖”一点。

2.2　图像噪声的产生与 MATLAB 实现

图像噪声伴随着图像的生成而产生,图像噪声主要来源于外界干扰和采集设备。噪声的产生使得图像质量下降,但是一定的噪声具有一定的好处,例如以噪克噪,同样具有平滑信号的作用。图像产生会带来很多噪声,同样在图像传输的过程中,噪声也会由于传输信道的干扰而产生,最终我们得到的图像都含有很多噪声。大多数情况下,噪声具有模糊视线的负面效果,因此图像处理的第一步是进行滤波处理。

图像噪声按噪声和信号之间的关系可分为加性噪声和乘性噪声两种。

假定图像像素为 $I(x,y)$,噪声信号为 $N(x,y)$。如果混合叠加信号为 $I(x,y)+N(x,y)$的类似形式,则这种噪声称为加性噪声,如放大器噪声等;如果叠加后信号为 $I(x,y)[1+N(x,y)]$的类似形式,则这种噪声称为乘性噪声,如光量子噪声和胶片颗粒噪声等。有时为了分析处理方便,常将乘性噪声近似认为加性噪声。

图像噪声按其与图像像素之间的相关性,可分为无关噪声与相关噪声。

无关噪声是指整幅图像的噪声统计特性是一致的,与图像像素的位置(空间)和像素亮度值无关。在去噪时为了简化算法,经常基于这种假设。

相关噪声是指噪声与图像空间相关或与图像像素亮度值相关,由图像捕获器件得到的图像上叠加的噪声几乎都是相关噪声。一般受摄像机的特性影响,往往图像的较暗部分噪声大,较亮部分噪声小。

2.2.1　图像噪声均匀分布与 MATLAB 实现

均匀分布噪声概率密度函数为:

$$P_z(z)=\begin{cases}\dfrac{1}{b-a}, & a\leqslant z\leqslant b\\ 0, & \text{其他}\end{cases}$$

此噪声的均值与方差分别为:

$$\begin{cases}\mu=\dfrac{a+b}{2}\\ \sigma^2=\dfrac{(b-a)^2}{2}\end{cases}$$

均匀分布噪声可能是在实践中描述得最少的噪声,然而均匀密度作为模拟随机数产生器的基础是非常有用的。

对图像加均匀噪声,程序如下:

```
clc,clear,close all   % 清理命令区、清理工作区、关闭显示图形
warning off           % 消除警告
feature jit off       % 加速代码运行
```

```
im = imread('coloredChips.png');
 % im = rgb2gray(im);  %二维灰度图
 Z1 = imnoise_uniform(size(im,1),size(im,2),50,100);
 Z1 = uint8(Z1);           %类型转换
 figure('color',[1,1,1]),
 im(:,:,1) = im(:,:,1) + Z1;  % R
 im(:,:,2) = im(:,:,2) + Z1;  % G
 im(:,:,3) = im(:,:,3) + Z1;  % B
 subplot(121); imshow(im); title('加均匀分布噪声图像')
 subplot(122); imhist(Z1); title('均匀分布噪声图像直方图')
```

生成均匀噪声的函数如下：

```
function R = imnoise_uniform(M, N, a, b)
    % input:
    %        uniform噪声的类型；
    %        M,N:输出噪声图像矩阵的大小
    %        a,b:各种噪声的分布参数
    % output:
    %        R:输出的噪声图像矩阵,数据类型为double型
    %设定默认值
    if nargin == 1
       a = 0; b = 1;
       M = 1; N = 1;
    elseif nargin == 3
       a = 0; b = 1;
    end

      %产生均匀分布噪声
       R = a + (b - a) * rand(M, N);
    end
```

运行程序输出图形如图 2-16 所示。

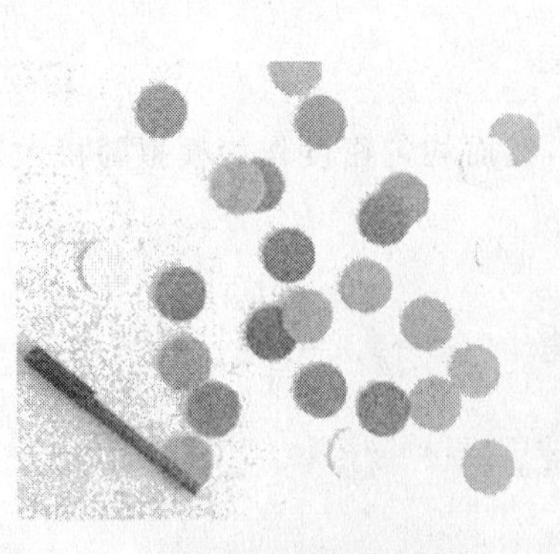
(a) 加均匀分布噪声图像

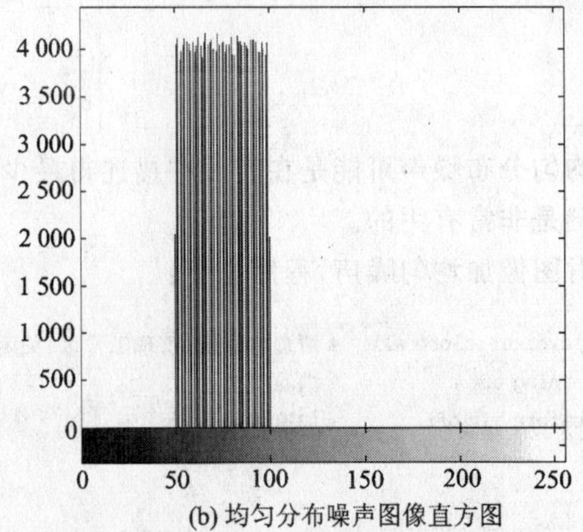

(b) 均匀分布噪声图像直方图

图 2-16　加均匀噪声的图像及直方图

2.2.2　图像噪声正态分布与 MATLAB 实现

高斯(正态)分布噪声的概率密度函数为：

$$P_z(z) = \frac{1}{\sqrt{2\pi}b}e^{-\frac{(z-a)^2}{2b^2}}$$

此噪声的均值和方差分别为 $\mu = a, \sigma^2 = b^2$ 。

高斯噪声是自然界中最常见的噪声,很多设备、振动噪声都是高斯噪声。高斯噪声可以使用空域滤波的平滑操作或者图像复原中的技术来消除。

(1)imnoise 函数

MATLAB 提供 imnoise()函数来实现一些重要的噪声。imnoise 的函数调用形式如下：

```
Z = imnoise(X,type,Parameters)
```

其中,***X*** 为输入的二维或三维图像矩阵,其数据类型不限,如 unit8()、uint16()、double()等。

type 为字符串指定了噪声的类型。

parameters 为与特定噪声类型相对应的参数。

imnoise()函数在给图像添加噪声之前,需要将图像类型转换为在[0, 1]范围内的 double 类型,所以设定噪声参数时必须考虑到这个转换过程。利用 imnoise 函数可以得到高斯分布噪声、泊松分布噪声、椒盐噪声以及乘性噪声。如果希望得到纯粹的噪声矩阵,则可以让输入 ***X*** 为 0。

产生高斯噪声,其调用形式如下：

```
Z = imnoise(X,'gaussian',m,v)
```

其中,m 为高斯噪声的均值,其默认值为 0。v 为高斯噪声的方差,其默认值为 0.01。如果 ***X*** 为整数类型的图像,如 uint8 类型,则在指定 m 与 v 参数值时需要考虑转换问题。比如,要将均值为 16、方差为 10 的高斯噪声添加到 uint8 类型的输入 ***X*** 上,不可以直接将 16 与 10 作为 m 与 v 的参数输入值,而须作如下转变：

$$\begin{cases} m = 16/255 \\ v = 10/255^2 \end{cases}$$

对图像加高斯噪声,程序如下：

```
clc,clear,close all  % 清理命令区、清理工作区、关闭显示图形
warning off          % 消除警告
feature jit off      % 加速代码运行
im = imread('coloredChips.png');
Z1 = imnoise(im(:,:,1),'gaussian',0,0.01);
im(:,:,1) = im(:,:,1) + Z1;   % R
im(:,:,2) = im(:,:,2) + Z1;   % G
im(:,:,3) = im(:,:,3) + Z1;   % B
figure('color',[1,1,1]),
subplot(121); imshow(im);title('加高斯(正态)噪声图像')
subplot(122); imhist(Z1); title('加高斯(正态)噪声图像直方图')
```

运行程序输出结果如图 2-17 所示。

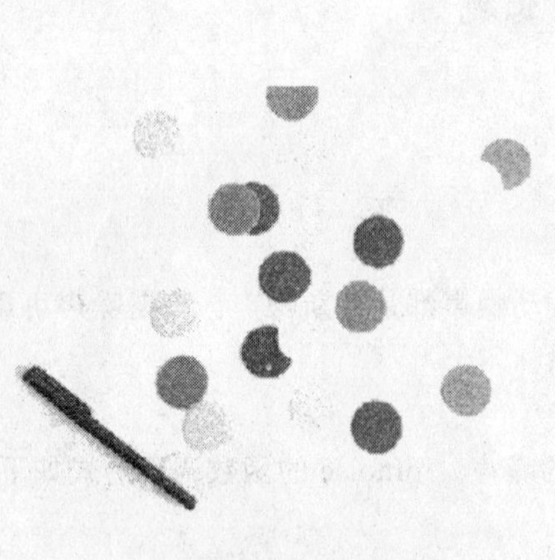

(a) 加高斯(正态)噪声图像

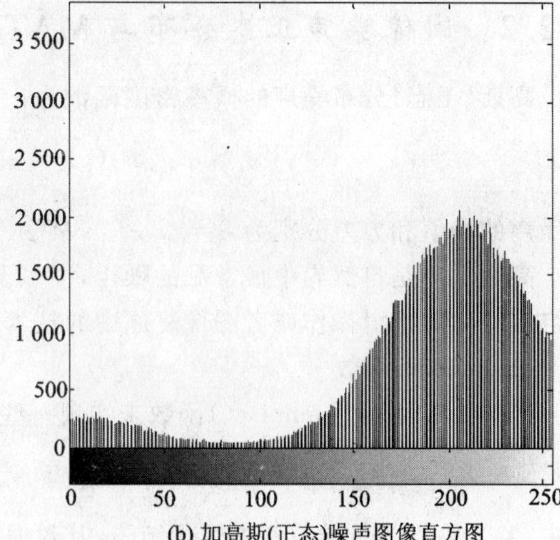

(b) 加高斯(正态)噪声图像直方图

图 2-17　均值为 128,方差为 0.01 的高斯噪声图像及直方图

(2) 编写噪声函数

对图像加高斯噪声,程序如下:

```
clc,clear,close all   % 清理命令区、清理工作区、关闭显示图形
warning off           % 消除警告
feature jit off       % 加速代码运行
im = imread('coloredChips.png');
Z1 = imnoise_gaussian(size(im,1),size(im,2),100,25);
Z1 = uint8(Z1);       % 类型转换
figure('color',[1,1,1]),
im(:,:,1) = im(:,:,1) + Z1;   % R
im(:,:,2) = im(:,:,2) + Z1;   % G
im(:,:,3) = im(:,:,3) + Z1;   % B
subplot(121); imshow(im);title('加高斯(正态)噪声图像')
subplot(122); imhist(Z1); title('加高斯(正态)噪声图像直方图')
```

生成高斯分布噪声的函数如下:

```
function R = imnoise_gaussian(M, N, a, b)
% input:
%        gaussian,噪声的类型;
%        M,N:输出噪声图像矩阵的大小
%        a,b:各种噪声的分布参数
% output:
%        R:输出的噪声图像矩阵,数据类型为 double 型
%设定默认值
if nargin = = 1
   a = 0; b = 1;
   M = 1; N = 1;
elseif nargin = = 3
   a = 0; b = 1;
end
   %产生高斯分布噪声 - - 白噪声
   R = a + b * randn(M, N);
end
```

运行程序输出结果如图 2-18 所示。

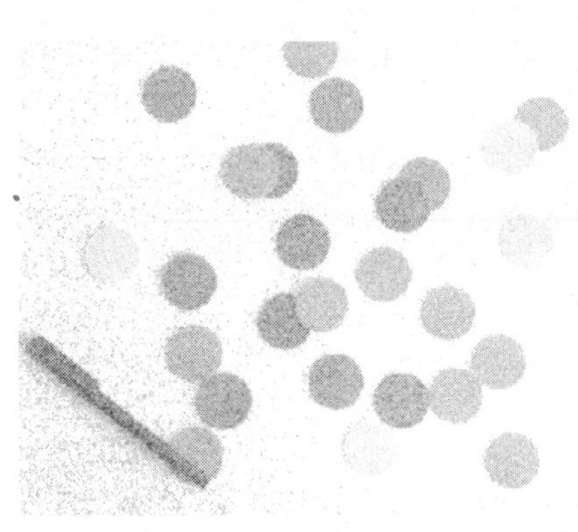
(a) 加高斯（正态）噪声图像

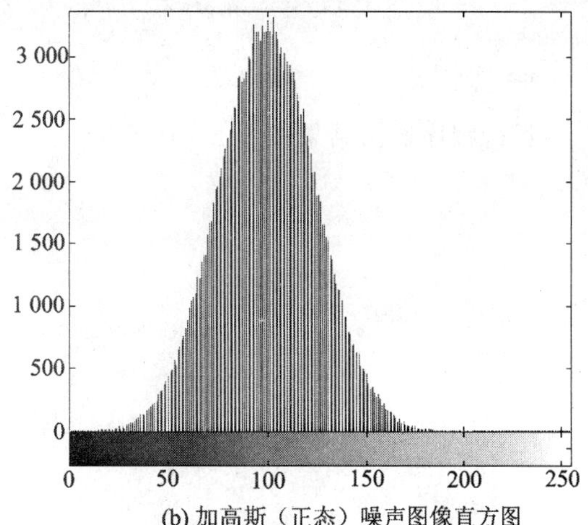

(b) 加高斯（正态）噪声图像直方图

图 2-18　加高斯噪声的图像及直方图

2.2.3　图像噪声卡方分布与 MATLAB 实现

卡方 χ^2 分布噪声的概率密度函数服从：

$$\chi^2 \sim \chi(n) \overset{\text{def}}{=\!=} X_1^2 + \cdots + X_n^2$$

对图像加卡方噪声，程序如下：

```
clc,clear,close all  % 清理命令区、清理工作区、关闭显示图形
warning off          % 消除警告
feature jit off      % 加速代码运行
im = imread('coloredChips.png');
Z1 = imnoise_X2(size(im,1),size(im,2),3);
Z1 = uint8(Z1);      % 类型转换
figure('color',[1,1,1]),
im(:,:,1) = im(:,:,1) + Z1;   % R
im(:,:,2) = im(:,:,2) + Z1;   % G
im(:,:,3) = im(:,:,3) + Z1;   % B
subplot(121); imshow(im);title('加卡方噪声图像')
subplot(122); imhist(Z1); title('加卡方噪声图像直方图')
```

生成卡方分布噪声的函数如下：

```
function R = imnoise_X2(M, N, a)
% input:
%       卡方 X2,噪声的类型;
%       M,N:输出噪声图像矩阵的大小
%       a,b:各种噪声的分布参数
% output:
%       R:输出的噪声图像矩阵,数据类型为 double 型
%设定默认值
if nargin < 1
   a = 1;
end
   %产生卡方分布噪声
   R = zeros(M,N);
```

```
    for i = 1:a
        R = R + 5 * randn(M, N).^2;
    end
end
```

运行程序输出结果如图 2-19 所示。

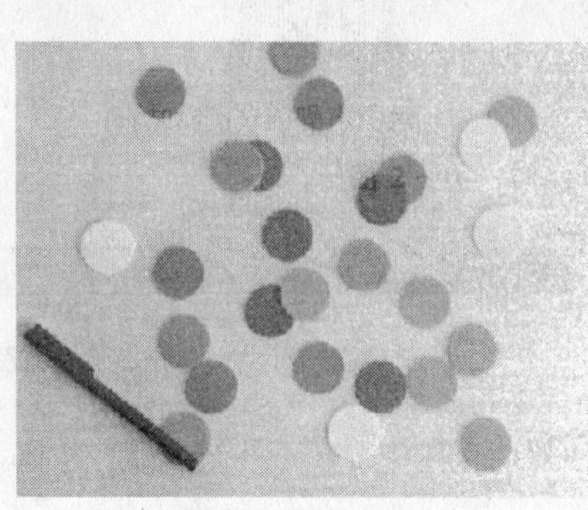

(a) 加卡方噪声图像

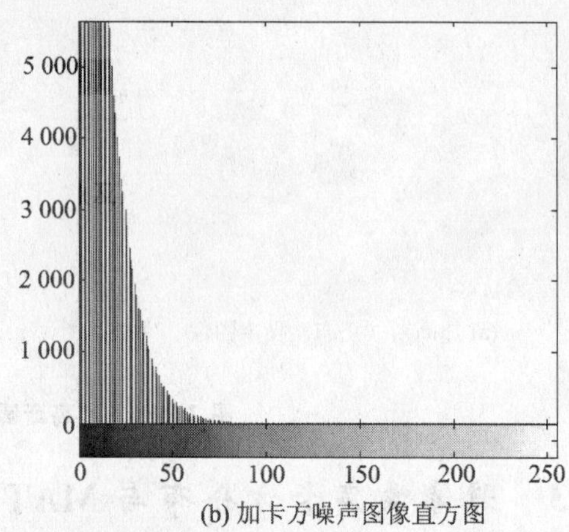

(b) 加卡方噪声图像直方图

图 2-19　加卡方分布噪声图像及直方图

2.2.4　图像噪声 F 分布与 MATLAB 实现

设 $U \sim \chi^2(n_1)$，$V \sim \chi^2(n_2)$，且 U、V 相互独立，则 F 分布噪声的概率密度函数服从：

$$F \overset{\text{def}}{=\!=} \frac{U/n_1}{V/n_2}$$

其中，n_1、n_2 分布称为第一、第二自由度。

对图像加 F 分布噪声，程序如下：

```
clc,clear,close all    % 清理命令区、清理工作区、关闭显示图形
warning off            % 消除警告
feature jit off        % 加速代码运行
im = imread('coloredChips.png');
Z1 = imnoise_F(size(im,1),size(im,2),3,3);
Z1 = uint8(Z1);    % 类型转换
figure('color',[1,1,1]),
im(:,:,1) = im(:,:,1) + Z1;   % R
im(:,:,2) = im(:,:,2) + Z1;   % G
im(:,:,3) = im(:,:,3) + Z1;   % B
subplot(121); imshow(im);title('加 F 分布噪声图像')
subplot(122); imhist(Z1); title('加 F 分布噪声图像直方图')
```

生成 F 分布噪声的函数如下：

```
function R = imnoise_F(M, N, a, b)
% input:
%       F 分布,噪声的类型;
%       M,N:输出噪声图像矩阵的大小
%       a,b:各种噪声的分布参数
```

```
% output:
%        R:输出的噪声图像矩阵,数据类型为 double 型
%设定默认值
if nargin < 4
   a = 1;b = 1;
end
   %产生 F 分布噪声
   R1 = zeros(M,N);
   R2 = zeros(M,N);
   for i = 1:a
         R1 = R1 + 5*randn(M, N).^2;
         R2 = R2 + 5*randn(M, N).^2;
         R = R1./R2;
   end
end
```

运行程序输出结果如图 2-20 所示。

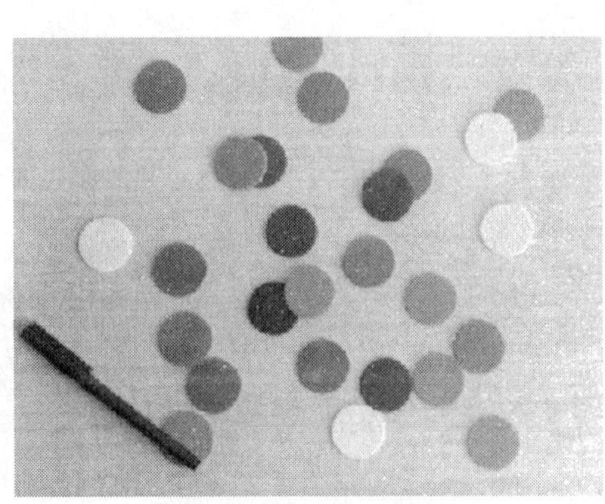

(a) 加F分布噪声图像

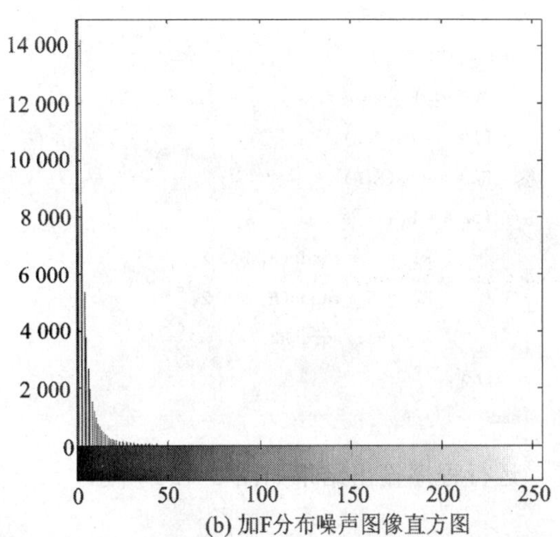

(b) 加F分布噪声图像直方图

图 2-20　加 F 分布噪声图像及直方图

2.2.5　图像噪声 t 分布与 MATLAB 实现

设 $X \sim N(0,1)$，$Y \sim \chi^2(n)$，且 X、Y 相互独立，则 t 分布噪声的概率密度函数服从：

$$t \stackrel{\text{def}}{=\!=} \frac{X}{\sqrt{Y/n}}$$

对图像加 t 分布噪声，程序如下：

```
clc,clear,close all   %清理命令区、清理工作区、关闭显示图形
warning off           %消除警告
feature jit off       %加速代码运行
im = imread('coloredChips.png');
Z1 = imnoise_t(size(im,1),size(im,2),3);
Z1 = uint8(Z1);       %类型转换
figure('color',[1,1,1]),
im(:,:,1) = im(:,:,1) + Z1;   % R
```

```
im(:,:,2) = im(:,:,2) + Z1;   % G
im(:,:,3) = im(:,:,3) + Z1;   % B
subplot(121); imshow(im);title('加 t 分布噪声图像')
subplot(122); imhist(Z1); title('加 t 分布噪声图像直方图')
```

生成 t 分布噪声的函数如下：

```
function R = imnoise_t(M, N, a)
 % input:
 %        t 分布,噪声的类型;
 %        M,N:输出噪声图像矩阵的大小
 %        a,b:各种噪声的分布参数
 % output:
 %        R:输出的噪声图像矩阵,数据类型为 double 型
 %设定默认值
 if nargin < 1
    a = 1;
 end
    %产生 F 分布噪声
    R1 = zeros(M,N);
    R2 = zeros(M,N);
    for i = 1:a
         R1 = 5 * randn(M, N).^2;
         R2 = 5 * randn(M, N).^2;
         R = R1./sqrt(R2./a);
    end
 end
```

运行程序输出结果如图 2-21 所示。

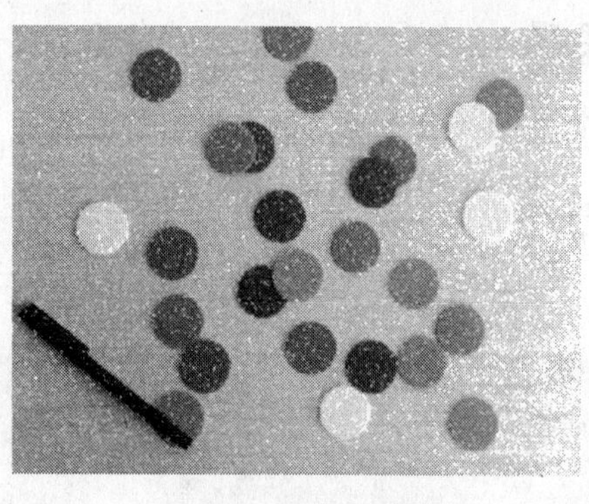

(a) 加t分布噪声图像

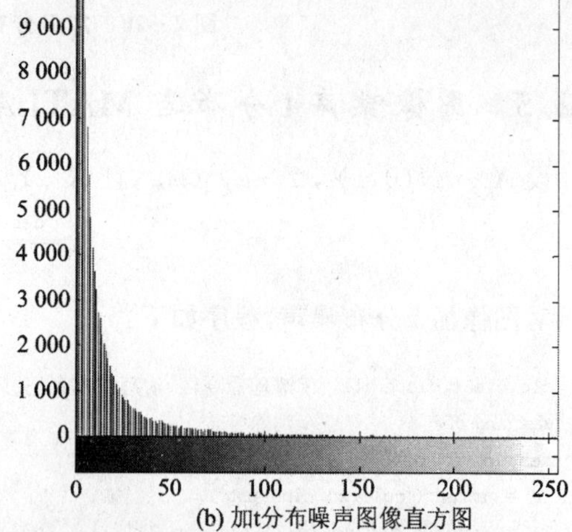

(b) 加t分布噪声图像直方图

图 2-21　加 t 分布噪声图像及直方图

2.2.6　图像噪声 Beta 分布与 MATLAB 实现

Beta 分布噪声的概率密度函数服从：

$$p(x)=\frac{\Gamma(\alpha+\beta)}{\Gamma(\alpha)\cdot\Gamma(\beta)}(1-x)^{\beta-1}x^{\alpha-1},\qquad x\in[0,1],\alpha>0,\beta>0$$

其中，

$$\Gamma(z)=\int_0^{\infty}u^{z-1}\mathrm{e}^{-u}\mathrm{d}u,\qquad z\geqslant 0$$

对图像加 Beta 分布噪声，程序如下：

```
clc,clear,close all   % 清理命令区、清理工作区、关闭显示图形
warning off           % 消除警告
feature jit off       % 加速代码运行
im = imread('coloredChips.png');
Z1 = imnoise_Beta(size(im,1),size(im,2),3);
Z1 = uint8(Z1);       % 类型转换
figure('color',[1,1,1]),
im(:,:,1) = im(:,:,1) + Z1;   % R
im(:,:,2) = im(:,:,2) + Z1;   % G
im(:,:,3) = im(:,:,3) + Z1;   % B
subplot(121); imshow(im);title('加 Beta 分布噪声图像')
subplot(122); imhist(Z1); title('加 Beta 分布噪声图像直方图')
```

生成 Beta 分布噪声的函数如下：

```
function R = imnoise_Beta(M, N, a,b)
 % input:
 %        t 分布,噪声的类型;
 %        M,N:输出噪声图像矩阵的大小
 %        a,b:各种噪声的分布参数
 % output:
 %        R:输出的噪声图像矩阵,数据类型为 double 型
 %设定默认值
 if nargin < 4
    a = 1;b = 1;
 end
    %产生 t 分布噪声
    R1 = zeros(M,N);
    R2 = zeros(M,N);
    for i = 1:M
        for j = 1:N
            R(i,j) = gam(a + b)./(gam(a). * gam(b)) . * (1 - rand).^(b - 1). * rand.^(a - 1);
        end
    end
 end

 function T = gam(z)
 umax = 100;
 T = 0;
 for i = 0:0.01:umax
     T = T + i^(z - 1) * exp( - i);
 end
 end
```

运行程序输出结果如图 2-22 所示。

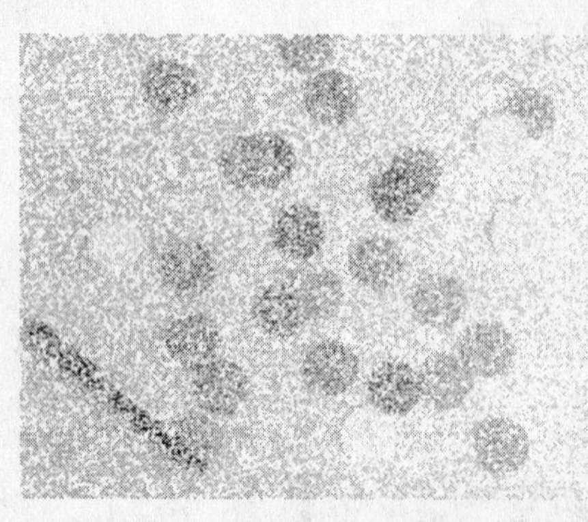

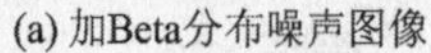
(a) 加Beta分布噪声图像

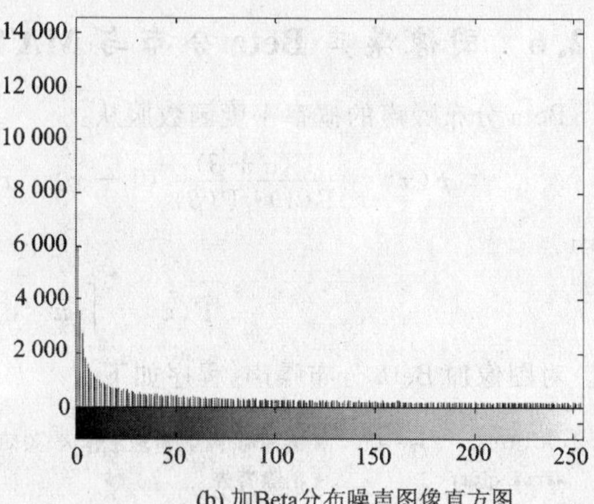

(b) 加Beta分布噪声图像直方图

图 2-22　Beta 分布噪声图像及直方图

2.2.7　图像噪声指数分布与 MATLAB 实现

指数分布噪声的概率密度函数服从：

$$f(t)=\begin{cases}\lambda e^{-\lambda t}, & t\geqslant 0\\ 0, & t<0\end{cases}$$

对图像加指数分布噪声，程序如下：

```
clc,clear,close all    % 清理命令区、清理工作区、关闭显示图形
warning off            % 消除警告
feature jit off        % 加速代码运行
im = imread('coloredChips.png');
Z1 = imnoise_exponential(size(im,1),size(im,2),2,3);
Z1 = uint8(Z1);       % 类型转换
figure('color',[1,1,1]),
im(:,:,1) = im(:,:,1) + Z1;   % R
im(:,:,2) = im(:,:,2) + Z1;   % G
im(:,:,3) = im(:,:,3) + Z1;   % B
subplot(121); imshow(im);title('加指数分布噪声图像')
subplot(122); imhist(Z1); title('加指数分布噪声图像直方图')
```

生成指数分布噪声的函数如下：

```
function R = imnoise_exponential(M, N, a,b)
% input:
%        指数 exponential 分布,噪声的类型;
%        M,N:输出噪声图像矩阵的大小
%        a,b:各种噪声的分布参数
% output:
%        R:输出的噪声图像矩阵,数据类型为 double 型
%设定默认值
  %产生指数分布噪声
  if nargin <= 3
     a = 1; b = 0.25;
  end
  R = a * exp(b * randn(M, N));
end
```

运行程序输出结果如图 2-23 所示。

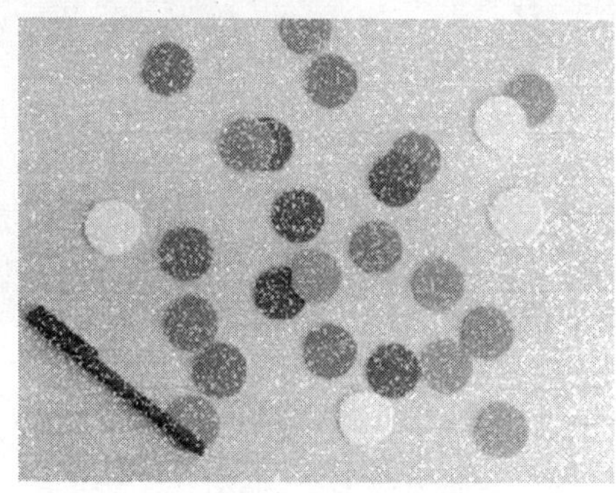

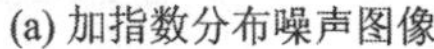

(a) 加指数分布噪声图像

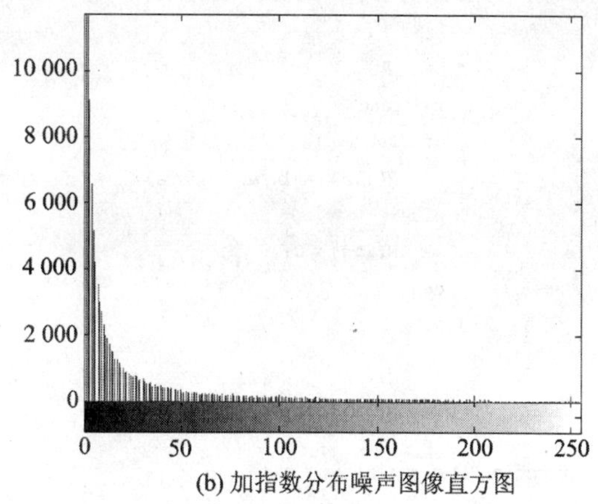

(b) 加指数分布噪声图像直方图

图 2-23　加指数分布噪声图像及直方图

2.2.8　图像噪声伽马分布与 MATLAB 实现

伽马(Gamma)分布 $G(\alpha,\beta)$ 噪声的概率密度函数服从：

$$f(x)=\begin{cases}\dfrac{\beta^{\alpha}}{\Gamma(\alpha)}(x-c)^{\alpha-1}\mathrm{e}^{-\beta(x-c)}, & x>c\\ 0, & x\leqslant c\end{cases}$$

对图像加伽马分布噪声，程序如下：

```
clc,clear,close all   % 清理命令区、清理工作区、关闭显示图形
warning off           % 消除警告
feature jit off       % 加速代码运行
im = imread('coloredChips.png');
Z1 = imnoise_gamma(size(im,1),size(im,2),2,3);
Z1 = uint8(Z1);       % 类型转换
figure('color',[1,1,1]),
im(:,:,1) = im(:,:,1) + Z1;   % R
im(:,:,2) = im(:,:,2) + Z1;   % G
im(:,:,3) = im(:,:,3) + Z1;   % B
subplot(121); imshow(im);title('加伽马分布噪声图像')
subplot(122); imhist(Z1); title('加伽马分布噪声图像直方图')
```

生成 Gamma 分布噪声的函数如下：

```
function R = imnoise_gamma(M, N, a,b)
% input:
%        伽马 gamma 分布,噪声的类型;
%        M,N:输出噪声图像矩阵的大小
%        a,b:各种噪声的分布参数
% output:
%        R:输出的噪声图像矩阵,数据类型为 double 型
% 设定默认值
  % 产生伽马分布噪声
  if nargin <= 3
     a = 2; b = 5;
  end
  c = 0.1;
```

```
    R = zeros(M, N);
    for i = 1:M
        for j = 1:N
            x = rand;
            if x>c
                R(i,j) = b.^a./(gam(a)) .* (x-c).^(a-1). * exp(-b. * (x-c));
            else
                R(i,j) = 0;
            end
        end
    end
end

function T = gam(z)
umax = 10;
T = 0;
for i = 0:1:umax
    T = T + i^(z-1) * exp(-i);
end
end
```

运行程序输出结果如图 2-24 所示。

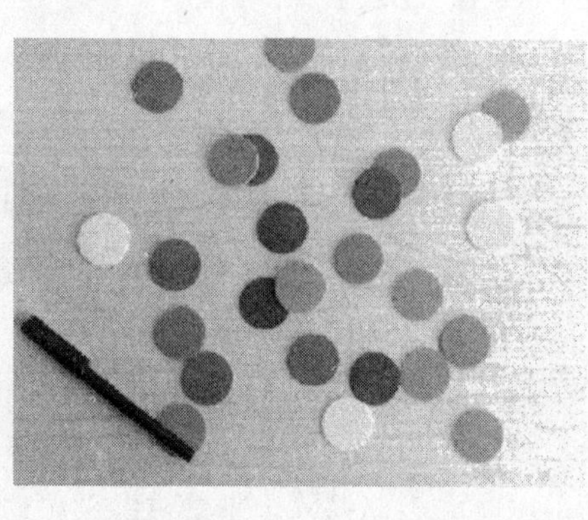

(a) 加伽马分布噪声图像

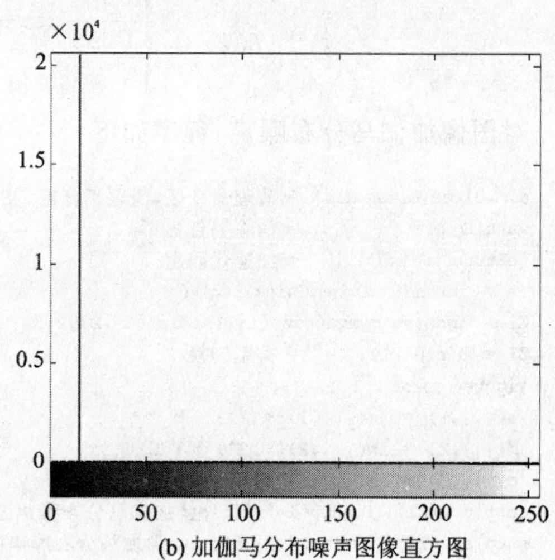

(b) 加伽马分布噪声图像直方图

图 2-24 伽马分布噪声图像及直方图

2.2.9 图像噪声对数正态分布与 MATLAB 实现

对数正态分布噪声的概率密度函数服从：

$$f(x)=\begin{cases}\dfrac{1}{\sqrt{2\pi}\sigma}\mathrm{e}^{-\frac{(\ln x-\mu)^2}{2\sigma^2}}, & x>0\\ 0, & x\leqslant 0\end{cases}$$

对图像加对数正态分布噪声，程序如下：

```
clc,clear,close all    % 清理命令区、清理工作区、关闭显示图形
warning off            % 消除警告
feature jit off        % 加速代码运行
```

```
im = imread('coloredChips.png');
Z1 = imnoise_lognormal(size(im,1),size(im,2),2,3);
Z1 = uint8(Z1); %类型转换
figure('color',[1,1,1]),
im(:,:,1) = im(:,:,1) + Z1;   % R
im(:,:,2) = im(:,:,2) + Z1;   % G
im(:,:,3) = im(:,:,3) + Z1;   % B
subplot(121); imshow(im);title('加对数正态分布噪声图像')
subplot(122); imhist(Z1); title('加对数正态分布噪声图像直方图')
```

生成对数正态分布噪声的函数如下：

```
function R = imnoise_lognormal(M, N, a,b)
% input:
%       对数正态 lognormal 分布,噪声的类型;
%       M,N:输出噪声图像矩阵的大小
%       a,b:各种噪声的分布参数
% output:
%       R:输出的噪声图像矩阵,数据类型为 double 型
%设定默认值
  %产生对数正态分布噪声
  if nargin <= 3
     a = 1; b = 0.25;
  end
  x = log(randn(M, N));
  R = a * exp(b * x);
end
```

运行程序输出结果如图 2 - 25 所示。

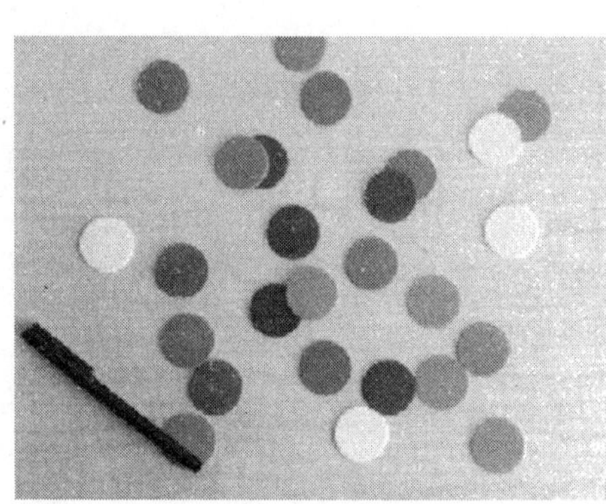

(a) 加对数正态分布噪声图像

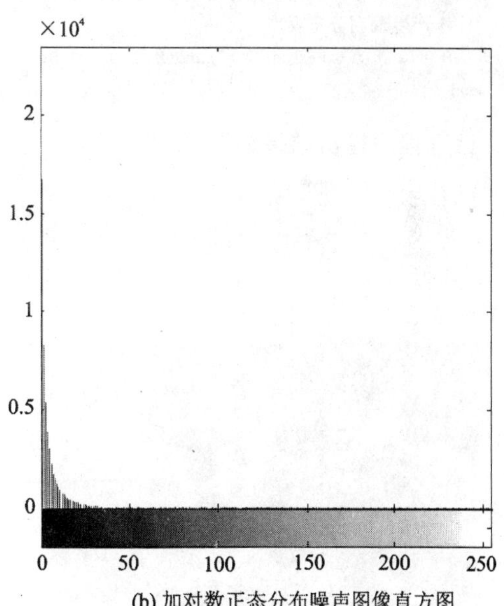

(b) 加对数正态分布噪声图像直方图

图 2 - 25　对数正态分布噪声图像及直方图

2.2.10　图像噪声瑞利分布与 MATLAB 实现

瑞利分布噪声的概率密度函数服从：

若您对此书内容有任何疑问，可以凭在线交流卡登录MATLAB中文论坛与作者交流。

$$f(x) = \frac{x}{\sigma^2}\exp\left(-\frac{x^2}{2\sigma^2}\right), \qquad x \geqslant 0$$

对图像加瑞利分布噪声,程序如下:

```
clc,clear,close all    %清理命令区、清理工作区、关闭显示图形
warning off            %消除警告
feature jit off        %加速代码运行
im = imread('coloredChips.png');
Z1 = imnoise_rayleigh(size(im,1),size(im,2),5,5);
Z1 = uint8(Z1);        %类型转换
figure('color',[1,1,1]),
im(:,:,1) = im(:,:,1) + Z1;   % R
im(:,:,2) = im(:,:,2) + Z1;   % G
im(:,:,3) = im(:,:,3) + Z1;   % B
subplot(121); imshow(im);title('加瑞利分布噪声图像')
subplot(122); imhist(Z1); title('加瑞利分布噪声图像直方图')
```

生成瑞利分布噪声的函数如下:

```
function R = imnoise_rayleigh(M, N, a,b)
% input:
%        瑞利 rayleigh 分布,噪声的类型;
%        M,N:输出噪声图像矩阵的大小
%        a,b:各种噪声的分布参数
% output:
%        R:输出的噪声图像矩阵,数据类型为 double 型
  %产生瑞利分布噪声
  R = a + (-b*log(1 - rand(M, N))).^0.5;
end
```

运行程序输出结果如图 2-26 所示。

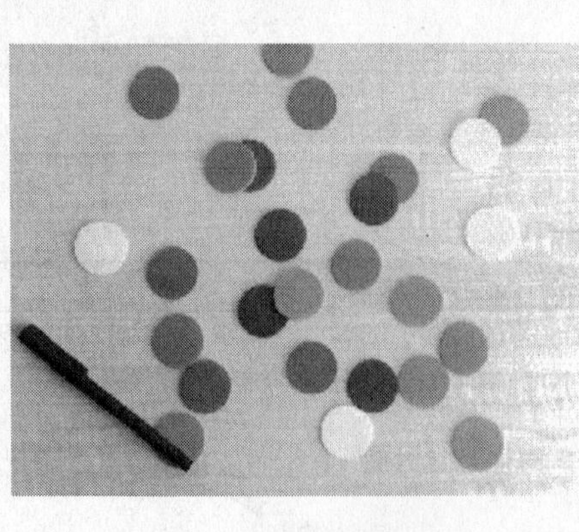

(a) 加瑞利分布噪声图像

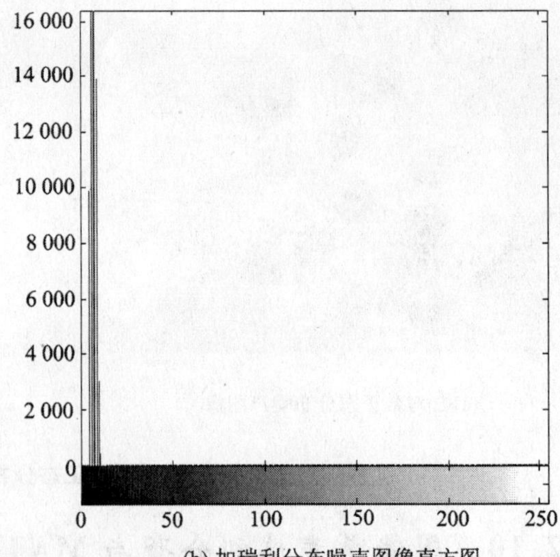

(b) 加瑞利分布噪声图像直方图

图 2-26　瑞利分布噪声图像及直方图

2.2.11　图像噪声威布尔分布与 MATLAB 实现

威布尔分布噪声的概率密度函数服从：

$$f(x,\lambda,k)=\begin{cases}\dfrac{k}{\lambda}\left(\dfrac{x}{\lambda}\right)^{k-1}\mathrm{e}^{-\left(\frac{x}{\lambda}\right)^{k}}, & x\geqslant 0\\ 0, & x<0\end{cases}$$

对图像加威布尔分布噪声，程序如下：

```
clc,clear,close all   % 清理命令区、清理工作区、关闭显示图形
warning off           % 消除警告
feature jit off       % 加速代码运行
im = imread('coloredChips.png');
Z0 = imnoise_Weibull(size(im,1),size(im,2),5,5);
Z1 = uint8(Z0);       % 类型转换
figure('color',[1,1,1]),
im(:,:,1) = im(:,:,1) + Z1;   % R
im(:,:,2) = im(:,:,2) + Z1;   % G
im(:,:,3) = im(:,:,3) + Z1;   % B
subplot(121); imshow(im);title('加威布尔分布噪声图像')
subplot(122); imhist(Z0); title('加威布尔分布噪声图像直方图')
```

生成威布尔分布噪声的函数如下：

```
function R = imnoise_Weibull(M, N, a,b)
% input:
%        威布尔 Weibull 分布,噪声的类型;
%        M,N:输出噪声图像矩阵的大小
%        a,b:各种噪声的分布参数
% output:
%        R:输出的噪声图像矩阵,数据类型为 double 型
   %产生威布尔分布噪声
   % a --- > k
   % b --- > lamda
  for i = 1:M
      for j = 1:N
          x = randn;
          if x> = 0
              R(i,j) = (a/b) * (x./b).^(a-1) * exp( - (x./b).^a);
          else
              R(i,j) = 0;
          end
      end
  end

end
```

运行程序输出结果如图 2-27 所示。

2.2.12　图像噪声二项分布与 MATLAB 实现

二项分布噪声的概率密度函数服从：

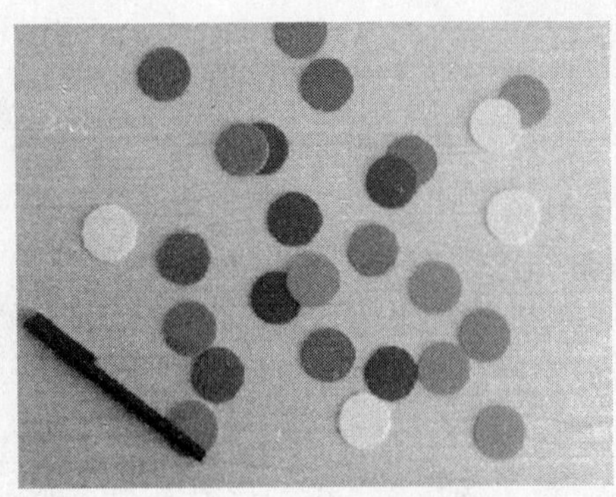

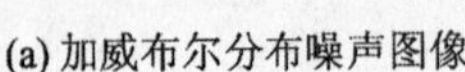
(a) 加威布尔分布噪声图像

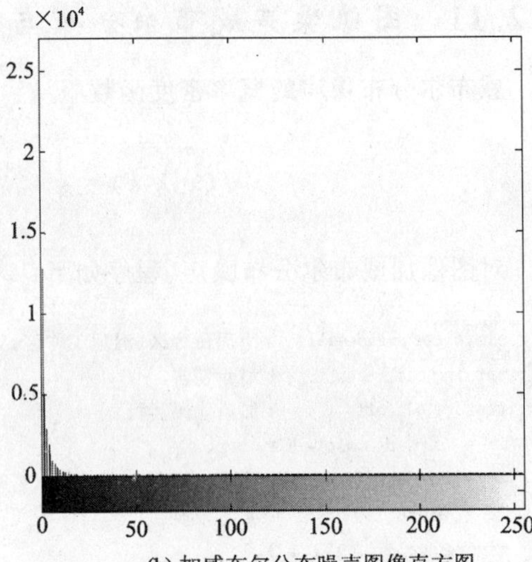

(b) 加威布尔分布噪声图像直方图

图 2-27　加威布尔分布噪声图像及直方图

$$p(x=k)=\binom{n}{k}p^k\ (1-p)^{n-k}=b(k;n,p),\qquad k=0,1,2,\cdots,n$$

对图像加二项分布噪声，程序如下：

```
clc,clear,close all   % 清理命令区、清理工作区、关闭显示图形
warning off           % 消除警告
feature jit off       % 加速代码运行
im = imread('coloredChips.png');
Z0 = imnoise_B(im,size(im,1),size(im,2),0.5);
Z1 = uint8(Z0);       % 类型转换
figure('color',[1,1,1]),
im(:,:,1) = im(:,:,1) + Z1;   % R
im(:,:,2) = im(:,:,2) + Z1;   % G
im(:,:,3) = im(:,:,3) + Z1;   % B
subplot(121); imshow(im);title('加二项式分布噪声图像')
subplot(122); imhist(Z0); title('加二项式分布噪声图像直方图')
```

生成二项分布噪声的函数如下：

```
function R = imnoise_B(im,M, N, b)
 % input:
 %        二项式 B 分布,噪声的类型;
 %        M,N:输出噪声图像矩阵的大小
 %        a,b:各种噪声的分布参数
 % output:
 %        R:输出的噪声图像矩阵,数据类型为 double 型
 %设定默认值
 %考虑第 floor(a/2)次命中
 if nargin < 4
    b = 0.5;
 end
    %产生二项式分布噪声
     for i = 1:M
          for j = 1:N
             a = double( floor(im(i,j)/30) + 1 );
```

```
            R(i,j) = nchoosek(a,floor(a/2)) * b.^(floor(a/2)) .* (1-b).^(a- floor(a/2));
        end
    end
end
```

运行程序输出结果如图 2-28 所示。

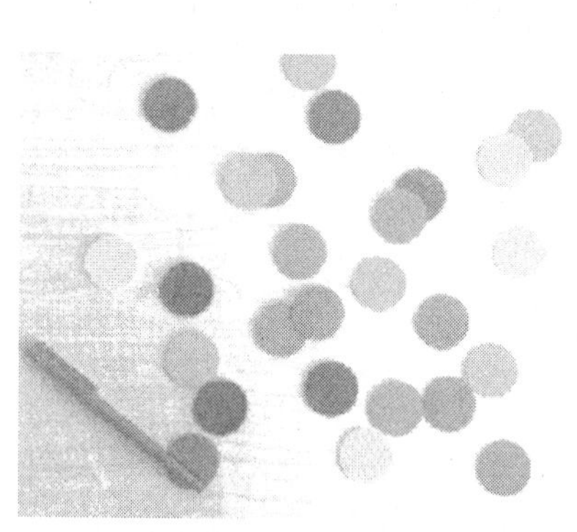

(a) 加二项分布噪声图像

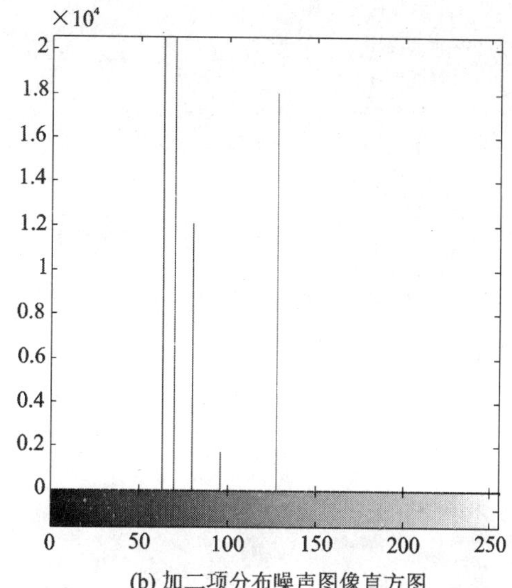

(b) 加二项分布噪声图像直方图

图 2-28　加二项分布噪声图像及直方图

2.2.13　图像噪声几何分布与 MATLAB 实现

几何分布噪声的概率密度函数服从：

$$p(x=k)=(1-p)^{k-1}p,\qquad k=1,2,\cdots,n$$

对图像加几何分布噪声，程序如下：

```
clc,clear,close all    % 清理命令区、清理工作区、关闭显示图形
warning off            % 消除警告
feature jit off        % 加速代码运行
im = imread('coloredChips.png');
Z0 = imnoise_geometry(size(im,1),size(im,2),50,0.5);
Z1 = uint8(Z0);        % 类型转换
figure('color',[1,1,1]),
im(:,:,1) = im(:,:,1) + Z1;   % R
im(:,:,2) = im(:,:,2) + Z1;   % G
im(:,:,3) = im(:,:,3) + Z1;   % B
subplot(121); imshow(im);title('加几何分布噪声图像')
subplot(122); imhist(Z0); title('加几何分布噪声图像直方图')
```

生成几何分布噪声的函数如下：

```
function R = imnoise_geometry(im,M, N, b)
% input:
%        几何 geometry 分布，噪声的类型；
%        M,N:输出噪声图像矩阵的大小
%        a,b:各种噪声的分布参数
% output:
```

```
%         R:输出的噪声图像矩阵,数据类型为 double 型
%设定默认值
if nargin < 3
   b = 0.5;
end
    %产生几何分布噪声
  for i = 1:M
    for j = 1:N
       a = double( floor(im(i,j)/30) + 1 );
         R(i,j) = b .* (1 - b).^(a - 1);
       end
   end
end
```

运行程序输出结果如图 2-29 所示。

(a) 加几何分布噪声图像

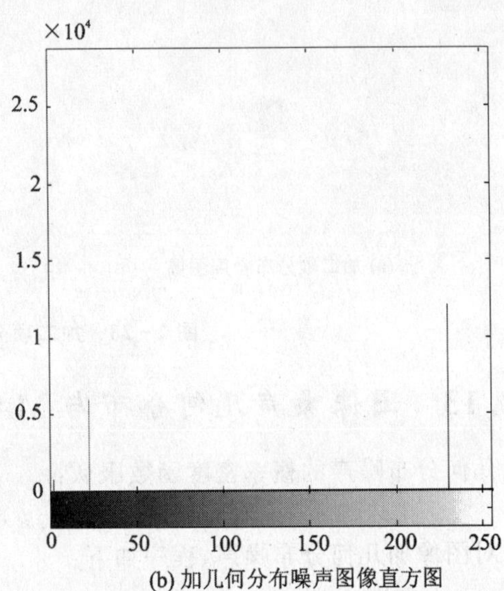

(b) 加几何分布噪声图像直方图

图 2-29　加几何分布噪声图像及直方图

2.2.14　图像噪声泊松分布与 MATLAB 实现

泊松分布噪声的概率密度函数服从：

$$p(x=i)=\frac{e^{-\lambda}\lambda^{i}}{i!}$$

对图像加泊松分布噪声,程序如下：

```
clc,clear,close all   %清理命令区、清理工作区、关闭显示图形
warning off           %消除警告
feature jit off       %加速代码运行
im = imread('coloredChips.png');
Z0 = imnoise_poission(im,size(im,1),size(im,2),0.3);
Z1 = uint8(Z0);      %类型转换
figure('color',[1,1,1]),
im(:,:,1) = im(:,:,1) + Z1;   % R
im(:,:,2) = im(:,:,2) + Z1;   % G
im(:,:,3) = im(:,:,3) + Z1;   % B
```

```
subplot(121); imshow(im);title('加泊松分布噪声图像')
subplot(122); imhist(Z0); title('加泊松分布噪声图像直方图')
```

生成泊松分布噪声的函数如下：

```
function R = imnoise_poission(im,M, N, lamda)
 % input:
 %        泊松分布,噪声的类型;
 %        M,N:输出噪声图像矩阵的大小
 %        a,b:各种噪声的分布参数
 % output:
 %        R:输出的噪声图像矩阵,数据类型为 double 型
 %设定默认值
if nargin < 4
   lamda = 0.5;
end
b=1;
   %产生泊松分布噪声
for i = 1:M
   for j=1:N
           b=1;
           c = double( floor(im(i,j)/30) + 1 );
           for k =1:c
               b=b*k;
           end
           R(i,j) = exp( - lamda). * lamda.^(c)./b;
   end
   end
end
```

运行程序输出结果如图 2-30 所示。

(a) 加泊松分布噪声图像

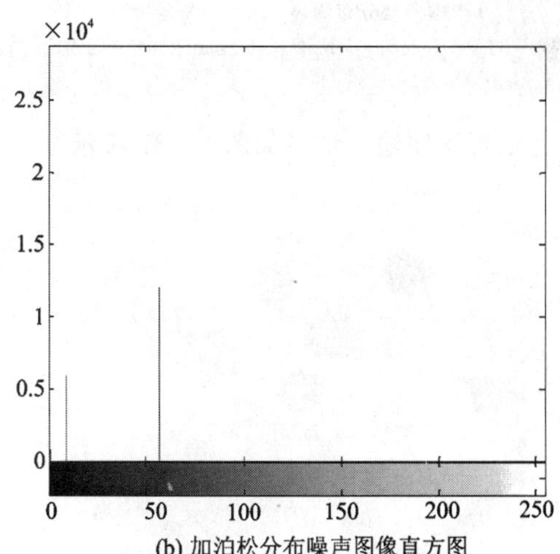

(b) 加泊松分布噪声图像直方图

图 2-30　加泊松分布噪声图像及直方图

2.2.15　图像噪声柯西分布与 MATLAB 实现

柯西(Cauchy)分布噪声的概率密度函数服从：

$$f(x)=\frac{b}{\pi[b^2+(x-a)^2]}$$

对图像加柯西分布噪声，程序如下：

```
clc,clear,close all     % 清理命令区、清理工作区、关闭显示图形
warning off             % 消除警告
feature jit off         % 加速代码运行
im = imread('coloredChips.png');
Z0 = imnoise_Cauchy(size(im,1),size(im,2),0.2,3);
Z1 = im2uint8(Z0);   % 类型转换
figure('color',[1,1,1]),
im(:,:,1) = im(:,:,1) + Z1;   % R
im(:,:,2) = im(:,:,2) + Z1;   % G
im(:,:,3) = im(:,:,3) + Z1;   % B
subplot(121); imshow(im);title('加柯西分布噪声图像')
subplot(122); imhist(Z0); title('加柯西分布噪声图像直方图')
```

生成柯西分布噪声的函数如下：

```
function R = imnoise_Cauchy(M, N, a,b)
% input:
% 柯西分布,噪声的类型;
%         M,N:输出噪声图像矩阵的大小
%         a,b:各种噪声的分布参数
% output:
%         R:输出的噪声图像矩阵,数据类型为 double 型
% 设定默认值
if nargin < 4
   a = 0.0; b = 1.0;
end
b = 1;
    % 产生柯西分布噪声
   R = b./(pi * ( b.^2 + ( rand(M,N) - a ).^2 ));
end
```

运行程序输出结果如图 2-31 所示。

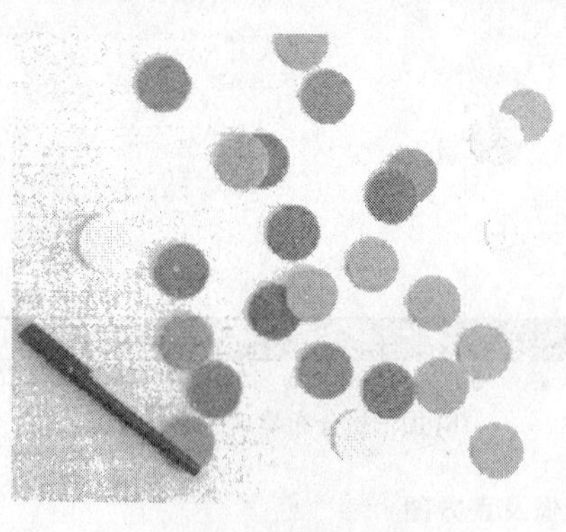

(a) 加柯西分布噪声图像

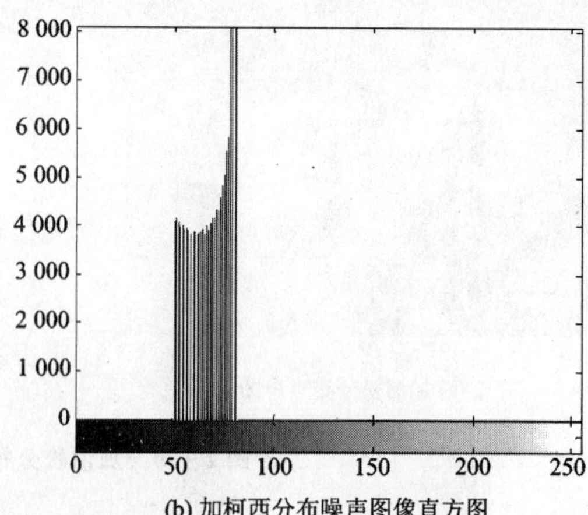

(b) 加柯西分布噪声图像直方图

图 2-31　加柯西分布噪声图像及直方图

第 3 章

理想滤波器设计与 MATLAB 实现

图像颜色空间、图像噪声分布在前面两章已经讲解得非常详细了，那么图像噪声究竟如何滤除呢？本章将着重讲解图像滤波器的使用，具体涉及理想带阻滤波、理想低通滤波、理想高通滤波、理想陷波滤波等。通过滤波器算法原理讲解和算法仿真，让读者朋友真正掌握滤波器的使用。

3.1 理想滤波算法原理

理想滤波器属于频域滤波器，主要根据滤波器边缘的陡峭程度进行噪声抑制。理想滤波器分为理想带阻滤波器、理想低通滤波器、理想高通滤波器、理想陷波滤波器。就滤波器的合理选择而言，滤波器的形状越陡峭，对于频率的抑制作用越好；但是值得注意的是，理想滤波器常常产生振铃现象，滤波器的形状越陡峭，振铃现象越明显，因此在进行滤波器设置时，应该合理地权衡。

频域增强的工作流程如图 3－1 所示。

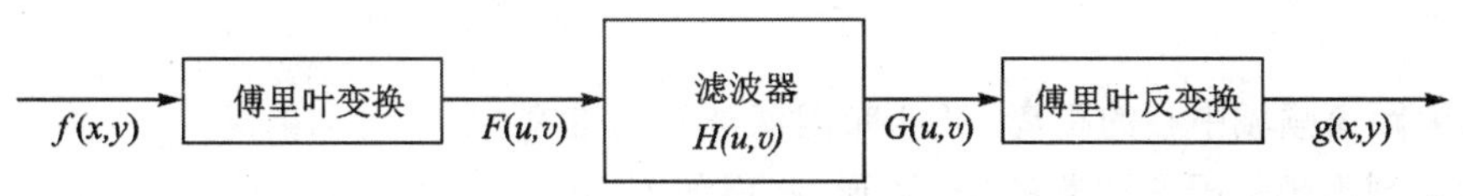

图 3－1　频域增强工作流程

频域空间的增强方法对应的三个步骤：

① 图像 $f(x,y)$数组经过傅里叶变换，将图像空间转换到频域空间，得到 $F(u,v)$数组；

② 在频域空间中得到的 $F(u,v)$数组，通过不同的滤波函数 $H(u,v)$，对图像进行不同的增强，得到增强后的 $G(u,v)$数组；

③ 增强后的图像 $G(u,v)$再经傅里叶反变换从频域空间转换到时域图像空间，得到增强后的图像 $g(x,y)$。

3.2 理想带阻滤波

3.2.1 算法原理

如图 3－2 所示，理想带阻滤波器可以抑制距离频域中心 D_0 一定距离的、一个圆环区域的频率成分，因此可以使用理想带阻滤波器来消除频率分布在圆环上的周期噪声。

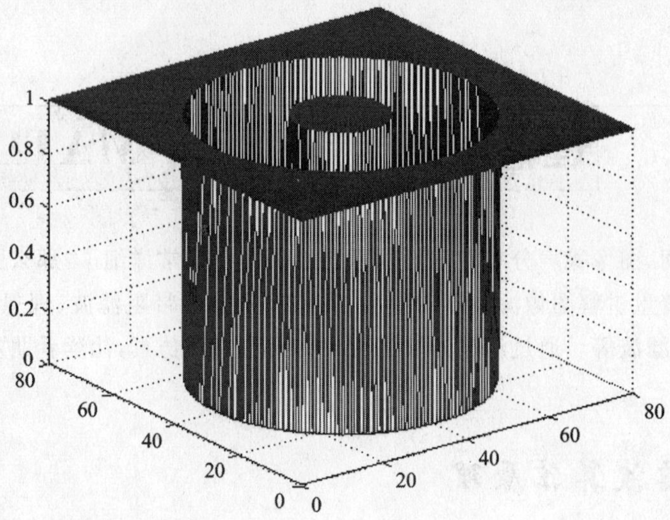

图 3-2 理想带阻滤波器形状

理想带阻滤波器的产生公式为：

$$H(u,v)=\begin{cases}1, & D(u,v)< D_0-\dfrac{W}{2}\\ 0, & D_0-\dfrac{W}{2}\leqslant D(u,v)\leqslant D_0+\dfrac{W}{2}\\ 1, & D(u,v)> D_0+\dfrac{W}{2}\end{cases}$$

其中，D_0 为距离频域中心的距离，W 为带阻滤波器的带宽。

编程实现理想带阻滤波器的 3D 图形，程序如下：

```
clc,clear,close all   % 清理命令区、清理工作区、关闭显示图形
warning off           % 消除警告
feature jit off       % 加速代码运行
D0 = 20;     % 阻止的频率点与频域中心的距离
W = 20;      % 带宽
x = 0:.5:80;
y = 0:.5:80;
[X,Y] = meshgrid(x,y);
for i = 1:size(X,1)
    for j = 1:size(X,2)
        if sqrt( (X(i,j) - 40).^2 + (Y(i,j) - 40).^2) <D0 - W/2
            Z(i,j) = 1;
        elseif sqrt( (X(i,j) - 40).^2 + (Y(i,j) - 40).^2)<D0 + W/2 ...
                && sqrt( (X(i,j) - 40).^2 + (Y(i,j) - 40).^2)> = D0 - W/2
            Z(i,j) = 0;
        elseif sqrt( (X(i,j) - 40).^2 + (Y(i,j) - 40).^2)>D0 + W/2
            Z(i,j) = 1;
        end
    end
end
figure('color',[1,1,1])
mesh(X,Y,Z)
```

运行程序输出图形见图 3－2。

3.2.2　算法仿真与 MATLAB 实现

编写理想带阻滤波器的函数如下：

```
function H = freqfilter_ideal(M,N,D0,W)
%理想带阻滤波器
% input:'
%      M,N:频域滤波器的尺寸
%      D0:带阻滤波器的截止频率
%      W:带宽
% output:
%        H:M×N 阶的矩阵,表示频域滤波器矩阵,数据类型为 double,

u = -M/2:M/2-1;
v = -N/2:N/2-1;
[U,V] = meshgrid(u,v);
D = sqrt(U.^2 + V.^2);
    H = double( or( D<(D0-W/2), D>(D0+W/2) ) );
end
```

频域滤波过程函数如下：

```
function Z = fftfilt2(X,H)
%频域滤波
%函数输入:
%        X:输入的空域图像矩阵,double 类型
%        H,频域滤波器,一般为图像 X 的 2 倍时较好
%函数输出:
%        Z:输出的空域图像矩阵,数据类型为 double 类型
%二维傅里叶变换
F = fft2(X,size(H,1),size(H,2));
%傅里叶反变换
Z = H.*F;               % 频域滤波器点乘
Z = ifftshift(Z);       %中心化
Z = abs(ifft2(Z));      %傅里叶反变换绝对值
Z = Z(1:size(X,1),1:size(X,2)); %滤波图像
```

使用理想带阻滤波器来消除噪声，实现的代码如下：

```
clc,clear,close all   %清理命令区、清理工作区、关闭显示图形
warning off           %消除警告
feature jit off       %加速代码运行
D0 = 50;   %阻止的频率点与频域中心的距离
W = 3;     %带宽
im = imread('coloredChips.png');                % 原图像
R = imnoise(im(:,:,1),'gaussian',0,0.01); % R + 白噪声
G = imnoise(im(:,:,2),'gaussian',0,0.01); % G + 白噪声
B = imnoise(im(:,:,3),'gaussian',0,0.01); % B + 白噪声
im = cat(3,R,G,B);                              % 原图像 + 白噪声
H = freqfilter_ideal(2*size(R,1),2*size(R,2),D0,W);
R1 = fftfilt2(R,H);      %频域滤波
G1 = fftfilt2(G,H);      %频域滤波
```

```
B1 = fftfilt2(B,H);      % 频域滤波
im1 = cat(3,R1,G1,B1);
im1 = uint8(im1);
figure('color',[1,1,1])
subplot(121),imshow(im,[]); title('原始图像')
subplot(122),imshow(im1,[]); title('带阻滤波图像')
```

运行程序输出图形如图 3-3 所示。

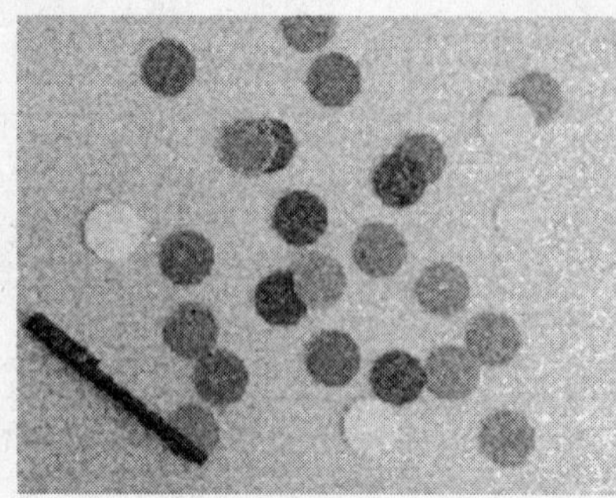

(a) 原始图像

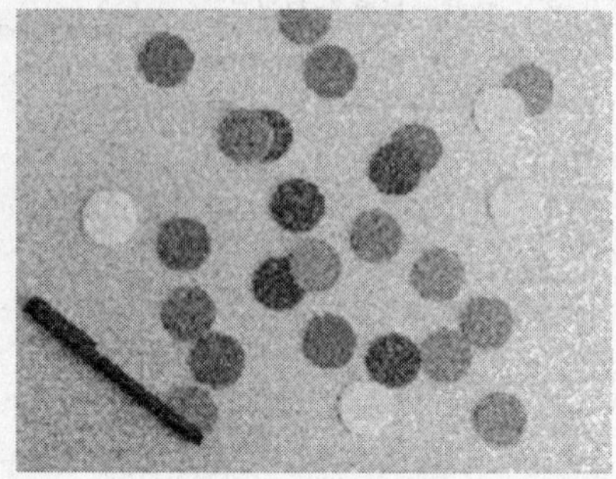

(b) 带阻滤波图像

图 3-3　理想带阻滤波

3.3　理想低通滤波

3.3.1　算法原理

理想低通滤波器为频域滤波器，二维理想低通滤波器的传递函数是一个分段函数。它的表达式如下：

$$H(u,v)=\begin{cases}1, & D(u,v)\leqslant D_0\\0, & D(u,v)>D_0\end{cases}$$

其中，D_0 为截止频率，$D(u,v)$ 为频率点 (u,v) 与中心的距离，$D(u,v)$ 为距离函数，即 $D(u,v)=(u2+v2)/2$。

由理想低通滤波器的表达式可知，在半径为 D_0 的圆内，所有频率成分都可以没有衰减地通过滤波器；而在此半径的圆之外的所有频率成分都完全被衰减掉，所以此理想低通滤波器有平滑图像的作用，但是理想低通滤波器产生的振铃现象比较严重。

理想低通滤波器形状编程如下：

```
clc,clear,close all   % 清理命令区、清理工作区、关闭显示图形
warning off           % 消除警告
feature jit off       % 加速代码运行
D0 = 30;              % 截止频率
x = 0:.5:80;
y = 0:.5:80;
[X,Y] = meshgrid(x,y);   % 网格化
for i = 1:size(X,1)
    for j = 1:size(X,2)
```

```
        if sqrt( (X(i,j) - 40).^2 + (Y(i,j) - 40).^2) <D0
            Z(i,j) = 1;
        elseif sqrt( (X(i,j) - 40).^2 + (Y(i,j) - 40).^2)> = D0
            Z(i,j) = 0;
        end
    end
end
figure('color',[1,1,1])
mesh(X,Y,Z)
```

运行程序输出图形如图 3-4 所示。

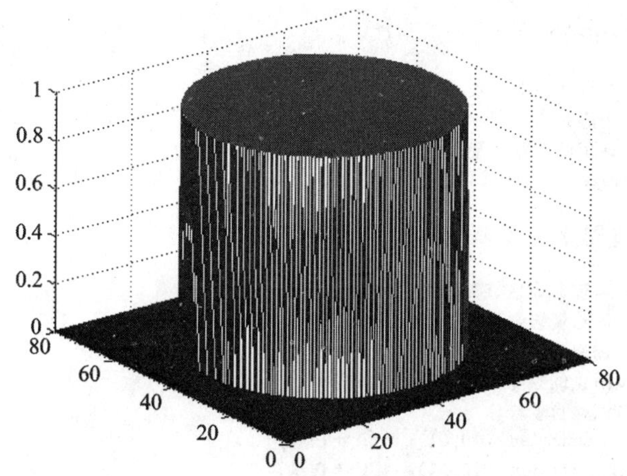

图 3-4　理想低通滤波器形状

3.3.2　算法仿真与 MATLAB 实现

编写理想低通滤波器的函数如下：

```
function im5 = freqfilter_ideal_lp(im,D0)
      if ~isa(im,'double')
        im1 = double(im)/255;
      end
im2 = fft2(im1);        % 傅里叶变换
im3 = fftshift(im2);    % 中心化
[N1, N2] = size(im3);
for i = 1:N1
    for j = 2:N2
        if(im3(i,j) < D0)                    % 进行理想低通滤波滤波器
            result(i,j) = 0;
        else
            result(i,j) = im3(i,j);
        end
    end
end
result = ifftshift(result);           % 反中心化
im4 = ifft2(result);                  % 反变换
```

```
   im5 = im2uint8(real(im4));

   end
```

频域滤波过程函数如下：

```
function Z = fftfilt2(X,H)
  % 频域滤波
  % 函数输入：
  %        X:输入的空域图像矩阵,double 类型
  %        H,频域滤波器,一般为图像 X 的 2 倍时较好
  % 函数输出：
  %        Z:输出的空域图像矩阵,数据类型为 double 类型
  % 二维傅里叶变换
  F = fft2(X,size(H,1),size(H,2));
  % 傅里叶反变换
  Z = H. * F;          % 频域滤波器点乘
  Z = ifftshift(Z);  % 中心化
  Z = abs(ifft2(Z)); % 傅里叶反变换绝对值
  Z = Z(1:size(X,1),1:size(X,2)); % 滤波图像
```

使用理想低通滤波器来消除噪声,实现的代码如下：

```
clc,clear,close all    % 清理命令区、清理工作区、关闭显示图形
  warning off          % 消除警告
  feature jit off      % 加速代码运行
  D0 = 2;              % 阻止的频率点与频域中心的距离
  im = imread('coloredChips.png');                 % 原图像
  R = imnoise(im(:,:,1),'gaussian',0,0.01); % R + 白噪声
  G = imnoise(im(:,:,2),'gaussian',0,0.01); % G + 白噪声
  B = imnoise(im(:,:,3),'gaussian',0,0.01); % B + 白噪声
  im = cat(3,R,G,B);                               % 原图像 + 白噪声
  R1 = freqfilter_ideal_lp(R,D0);       % 理想低通滤波器
  G1 = freqfilter_ideal_lp(G,D0);       % 理想低通滤波器
  B1 = freqfilter_ideal_lp(B,D0);       % 理想低通滤波器
  im1 = cat(3,R1,G1,B1);
  figure('color',[1,1,1])
  subplot(121),imshow(im,[]); title('原始图像')
  subplot(122),imshow(im1,[]); title('理想低通滤波图像');
```

运行程序输出图形如图 3-5 所示。

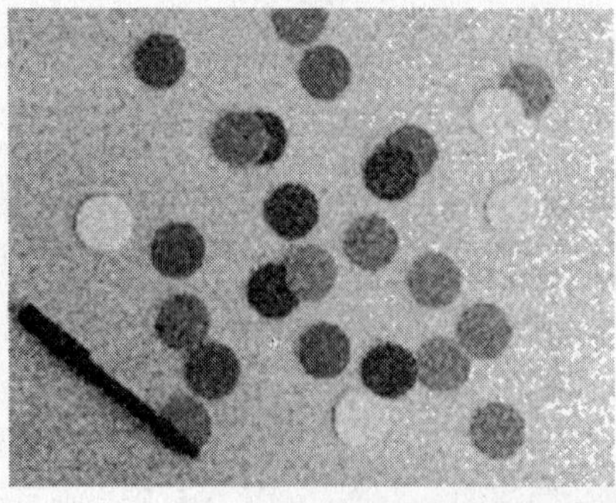
(a) 原始图像

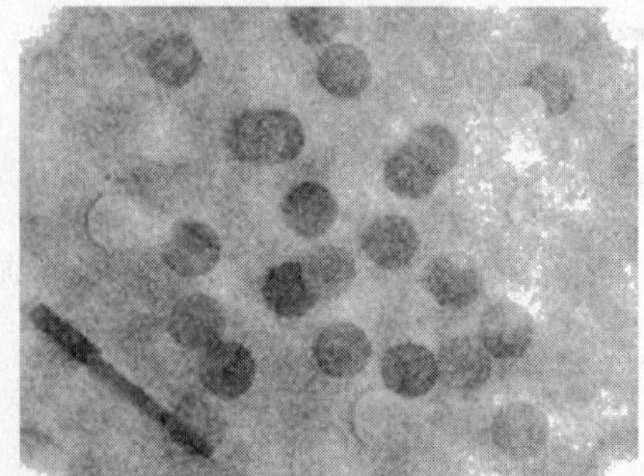
(b) 理想低通滤波图像

图 3-5　理想低通滤波器

3.4　理想高通滤波

3.4.1　算法原理

理想高通滤波器的产生公式为：

$$H(u,v)=\begin{cases}0, & D(u,v)\leqslant D_0\\1, & D(u,v)>D_0\end{cases}$$

其中，$D(u,v)$为频率点(u,v)与中心的距离，D_0 为截止频率与频域中心的距离。

理想高通滤波器与理想低通滤波器相反。在半径为 D_0 的圆内，所有频率成分都完全被衰减掉，而在此半径的圆之外的所有频率成分都完全地通过滤波器。因此理想高通滤波器具有抑制频域图像中心区域所代表的低频成分，保留高频成分等特点。然而图像的边缘多为高频成分，因此理想高通滤波器常用来提取图像的边缘部分，类似于锐化滤波器。

理想高通滤波器形状编程如下：

```
clc,clear,close all   % 清理命令区、清理工作区、关闭显示图形
 warning off          % 消除警告
 feature jit off      % 加速代码运行
 D0 = 30;             % 阻止的频率点与频域中心的距离
 x = 0:.5:80;
 y = 0:.5:80;
 [X,Y] = meshgrid(x,y);
 for i = 1:size(X,1)
     for j = 1:size(X,2)
         if sqrt( (X(i,j) - 40).^2 + (Y(i,j) - 40).^2) <D0
             Z(i,j) = 0;
         elseif sqrt( (X(i,j) - 40).^2 + (Y(i,j) - 40).^2)> = D0
             Z(i,j) = 1;
         end
     end
 end
 figure('color',[1,1,1])
 mesh(X,Y,Z)
```

运行程序输出图形如图 3-6 所示。

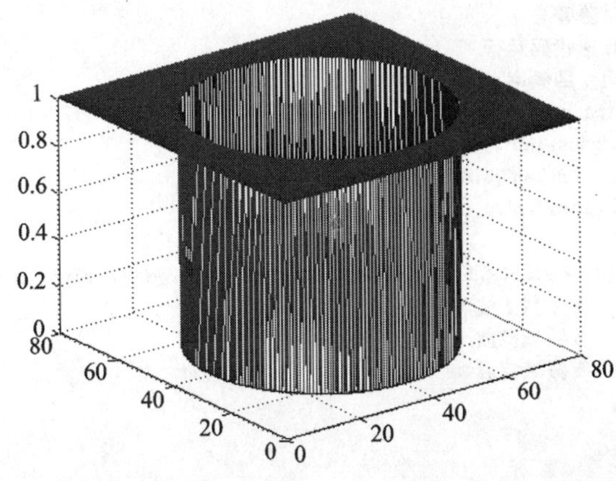

图 3-6　理想高通滤波器形状

若您对此书内容有任何疑问，可以凭在线交流卡登录MATLAB中文论坛与作者交流。

3.4.2 算法仿真与MATLAB实现

编写理想高通滤波器的函数如下：

```
function H = freqfilter_ideal_Hp(M,N,D0)
%理想高通滤波器
% input:
%      M,N:频域滤波器的尺寸
%      D0:带阻滤波器的截止频率
% output:
%        H:M x N阶的矩阵,表示频域滤波器矩阵,数据类型为double,
u = -M/2:M/2-1;
v = -N/2:N/2-1;
[U,V] = meshgrid(u,v);
D = sqrt(U.^2+V.^2);
H = double(D>=D0);
end
```

频域滤波过程函数如下：

```
function Z = fftfilt2(X,H)
%频域滤波
%函数输入:
%        X:输入的空域图像矩阵,double类型
%        H,频域滤波器,一般为图像X的2倍时较好
%函数输出:
%        Z:输出的空域图像矩阵,数据类型为double类型
%二维傅里叶变换
F = fft2(X,size(H,1),size(H,2));
%傅里叶反变换
Z = H.*F;          %频域滤波器点乘
Z = ifftshift(Z); %中心化
Z = abs(ifft2(Z)); %傅里叶反变换绝对值
Z = Z(1:size(X,1),1:size(X,2)); %滤波图像
```

使用理想高通滤波器来消除噪声,实现的代码如下：

```
clc,clear,close all  %清理命令区、清理工作区、关闭显示图形
warning off          %消除警告
feature jit off      %加速代码运行
D0 = 64;             %阻止的频率点与频域中心的距离
im = imread('coloredChips.png');              %原图像
R = imnoise(im(:,:,1),'gaussian',0,0.01);  % R + 白噪声
G = imnoise(im(:,:,2),'gaussian',0,0.01);  % G + 白噪声
B = imnoise(im(:,:,3),'gaussian',0,0.01);  % B + 白噪声
im = cat(3,R,G,B);                            %原图像 + 白噪声
H = freqfilter_ideal_Hp(2*size(R,1),2*size(R,2),D0);     %理想高通滤波器
R1 = fftfilt2(R,H);     %频域滤波
G1 = fftfilt2(G,H);     %频域滤波
B1 = fftfilt2(B,H);     %频域滤波
im1 = cat(3,R1,G1,B1);
im1 = uint8(im1);
figure('color',[1,1,1])
subplot(121),imshow(im,[]); title('原始图像')
subplot(122),imshow(im1,[]); title('理想高通滤波图像');
```

运行程序输出图形如图 3-7 所示。

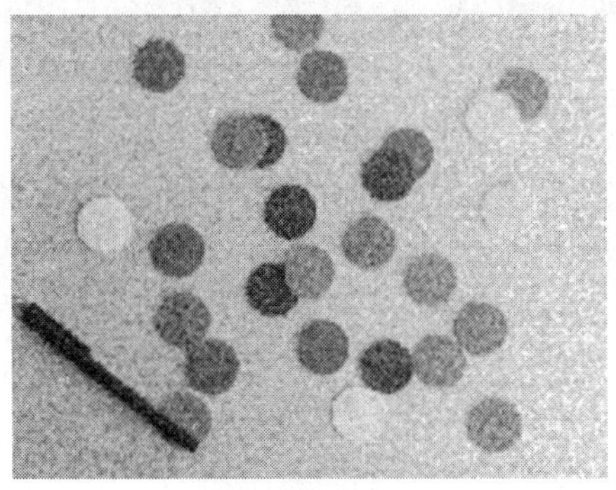
(a) 原始图像

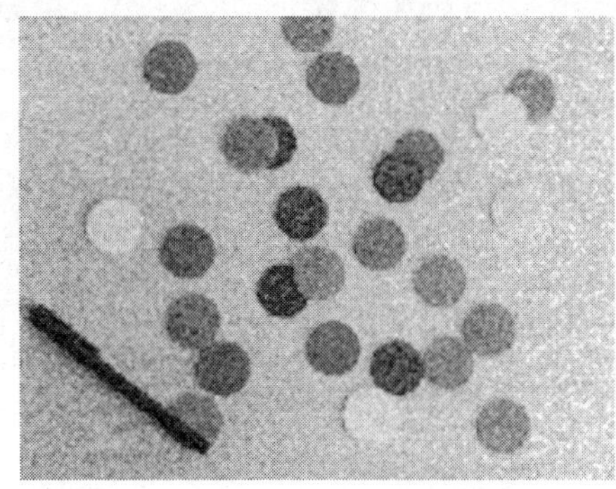
(b) 理想高通滤波图像

图 3-7 理想高通滤波

3.5 理想陷波滤波

3.5.1 算法原理

理想陷波滤波器与理想带阻滤波器的区别是，理想陷波滤波器只抑制某个频率点周围的频率区域(当然这个频率点可以任意选取，可以为一个频点，也可以为多个频点)；而理想带阻滤波器可以抑制整个圆环的频率区域。由于频率的对称性，所以会出现两个对称的需要抑制的频率点，分别为$(-u_0,-v_0)$和(u_0,v_0)。正由于理想陷波滤波器有很强的频率针对性，所以当周期噪声的频点较少或比较分散时，非常适合利用陷波滤波器来予以消除噪声成分。

理想陷波滤波器中频率点(u,v)与$(-u_0,-v_0)$和(u_0,v_0)的距离表达式分别如下：

$$D_1(u,v)=\left[\left(u-\frac{M}{2}-u_0\right)^2+\left(v-\frac{N}{2}-v_0\right)^2\right]^{\frac{1}{2}}$$

$$D_2(u,v)=\left[\left(u-\frac{M}{2}+u_0\right)^2+\left(v-\frac{N}{2}+v_0\right)^2\right]^{\frac{1}{2}}$$

理想陷波滤波器的产生公式为：

$$H(u,v)=\begin{cases}0, & D_1(u,v)\leqslant D_0 \text{ 或 } D_2(u,v)\leqslant D_0\\ 1, & \text{其他}\end{cases}$$

其中，D_0为截止频率。

理想陷波滤波器的形状编程如下：

```
clc,clear,close all  % 清理命令区、清理工作区、关闭显示图形
warning off          % 消除警告
feature jit off      % 加速代码运行
D0 = 10;             % 阻止的频率点与频域中心的距离
x = 0:.5:80;
y = 0:.5:80;
[X,Y] = meshgrid(x,y);
u0 = 20;
v0 = 50;
```

```
for i = 1:size(X,1)
    for j = 1:size(X,2)
        if sqrt( (X(i,j) - u0).^2 + (Y(i,j) - v0).^2) <= D0 || sqrt( (X(i,j) - v0).^2 + (Y(i,j) - u0).^2) <= D0
            Z(i,j) = 0;
        else
            Z(i,j) = 1;
        end
    end
end
figure('color',[1,1,1])
mesh(X,Y,Z)
```

运行程序输出图形如图 3-8 所示。

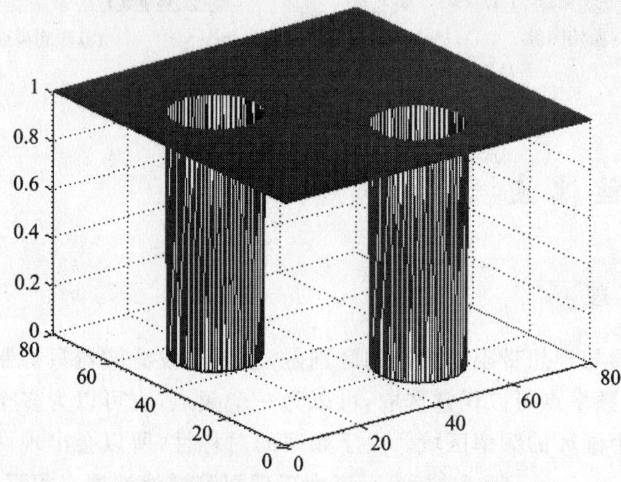

图 3-8　理想陷波滤波器形状

3.5.2　算法仿真与 MATLAB 实现

编写理想陷波滤波器的函数如下：

```
function H = freqfilter_ideal_sink(M,N,u0,v0,D0)
 %理想陷波滤波器
 % input:
 %      M,N:频域滤波器的尺寸
 %      u0,v0:频率阻止点
 %      D0:带阻滤波器的截止频率
 % output:
 %       H:M×N阶的矩阵,表示频域滤波器矩阵,数据类型为double,
 u =  - M/2:M/2 - 1;
 v =  - N/2:N/2 - 1;
 [U,V] = meshgrid(u,v);
 D = sqrt(U.^2 + V.^2);
 D1 = sqrt( (U - u0).^2 + (V - v0).^2 );   % D1
 D2 = sqrt( (U + u0).^2 + (V + v0).^2 );  % D2
     Mask1 = D1 <= D0;
     Mask2 = D2 <= D0;
     Mask = or(Mask1,Mask2);  % 或运算
 H = ones(M,N);
 H(Mask) = 0;

 end
```

频域滤波过程函数如下：

```
function Z = fftfilt2(X,H)
 %频域滤波
 %函数输入：
 %        X:输入的空域图像矩阵,double 类型
 %        H,频域滤波器,一般为图像 X 的 2 倍时较好
 %函数输出：
 %        Z:输出的空域图像矩阵,数据类型为 double 类型
 %二维傅里叶变换
 F = fft2(X,size(H,1),size(H,2));
 %傅里叶反变换
 Z = H. * F;          %频域滤波器点乘
 Z = ifftshift(Z);  %中心化
 Z = abs(ifft2(Z)); %傅里叶反变换绝对值
 Z = Z(1:size(X,1),1:size(X,2)); %滤波图像
```

使用理想陷波滤波器消除噪声,实现的代码如下：

```
clc,clear,close all    %清理命令区、清理工作区、关闭显示图形
 warning off            %消除警告
 feature jit off        %加速代码运行
 D0 = 4;                %阻止的频率点与频域中心的距离
 u0 = 50;
 v0 = 3;
 im = imread('coloredChips.png');                 %原图像
 R = imnoise(im(:,:,1),'gaussian',0,0.01);        % R + 白噪声
 G = imnoise(im(:,:,2),'gaussian',0,0.01);        % G + 白噪声
 B = imnoise(im(:,:,3),'gaussian',0,0.01);        % B + 白噪声
 im = cat(3,R,G,B);                               %原图像 + 白噪声
 H = freqfilter_ideal_sink(2 * size(R,1),2 * size(R,2),u0,v0,D0);      %理想陷波滤波器
 R1 = fftfilt2(R,H);          %频域滤波
 G1 = fftfilt2(G,H);          %频域滤波
 B1 = fftfilt2(B,H);          %频域滤波
 im1 = cat(3,R1,G1,B1);
 im1 = uint8(im1);
 figure('color',[1,1,1])
 subplot(121),imshow(im,[]); title('原始图像')
 subplot(122),imshow(im1,[]); title('理想陷波滤波图像');
```

运行程序输出图形如图 3-9 所示。

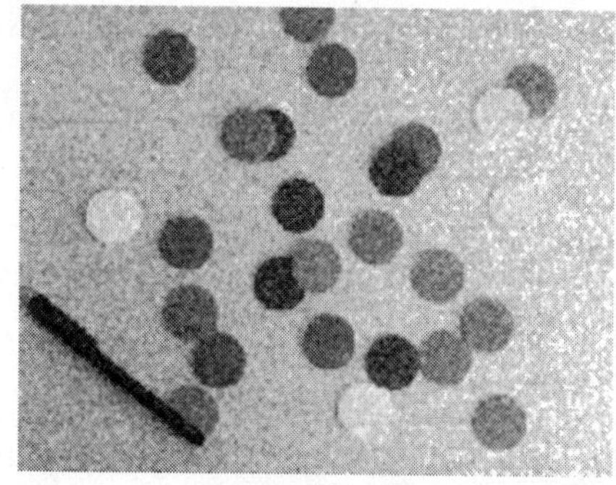

(a) 原始图像

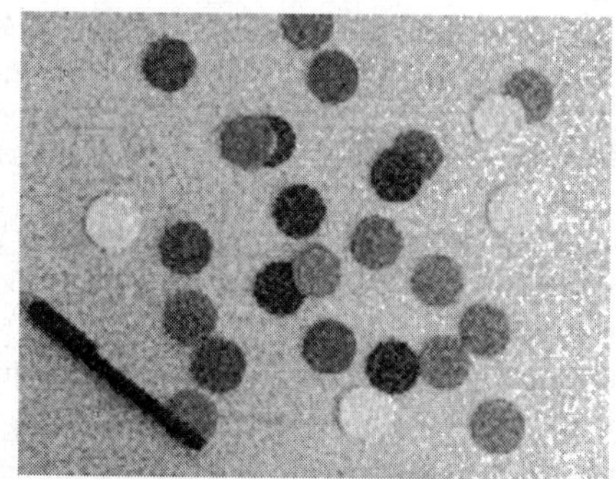

(b) 理想陷波滤波图像

图 3-9　理想陷波滤波

第 4 章

巴特沃斯滤波器设计与 MATLAB 实现

频域滤波器大致有三种基本形式：理想滤波器、巴特沃斯滤波器和高斯滤波器。第 3 章介绍了理想滤波器模型，本章将着重讲解巴特沃斯图像滤波器的使用，具体涉及巴特沃斯带阻滤波、巴特沃斯低通滤波、巴特沃斯高通滤波、巴特沃斯陷波滤波等。通过对巴特沃斯滤波器算法原理的讲解和算法仿真，让读者朋友真正掌握巴特沃斯滤波器的使用。

4.1 巴特沃斯滤波算法原理

在抑制或选择频率分量时，根据滤波器边缘的陡峭程度，频域滤波器大致有三种基本形式：理想滤波器、巴特沃斯滤波器和高斯滤波器。

频域滤波往往会特意抑制某些频率或保留某些频率。如果频域滤波器抑制的是图像的低频分量，则保留的是图像的高频部分，即图像的边缘成分，该高通滤波器可用来提取图像的边缘细节；如果频域滤波抑制频率图像的高频分量，则保留的是图像的低频部分，因为噪声成分为高频成分，这样的低通滤波器可以用来平滑图像；如果频域滤波抑制频率图像的某些特定范围的频率，则这样的滤波器为带通滤波器，带通滤波器可以用来消除图像某种特定范围频率的周期噪声。

4.2 巴特沃斯带阻滤波

4.2.1 算法原理

巴特沃斯带阻滤波器的产生公式为：

$$H(u,v)=\frac{1}{1+\left[\frac{D(u,v)W}{D^2(u,v)-D_0^2}\right]^{2n}}$$

其中，D_0 为截止频率与频域中心的距离；W 为带阻滤波器的带宽；n 为巴特沃斯滤波器的阶数，它用来控制陡峭程度。

编写巴特沃斯带阻滤波器的形状 3D 视图，程序如下：

```
clc,clear,close all   % 清理命令区、清理工作区、关闭显示图形
warning off           % 消除警告
featurejit off        % 加速代码运行
D0 = 20;              % 阻止的频率点与频域中心的距离
W = 20;               % 带宽
n = 2;                % 阶次
x = 0:.5:80;
y = 0:.5:80;
[X,Y] = meshgrid(x,y);
fori = 1:size(X,1)
```

```
    for j = 1:size(X,2)
        D = sqrt( (X(i,j) - 35).^2 + (Y(i,j) - 35).^2  );
        Z(i,j) = 1./(1 + (D * W./(D.^2 - D0^2)).^(2 * n));
    end
end
figure('color',[1,1,1])
mesh(X,Y,Z)
```

运行程序输出图形如图 4 - 1 所示。

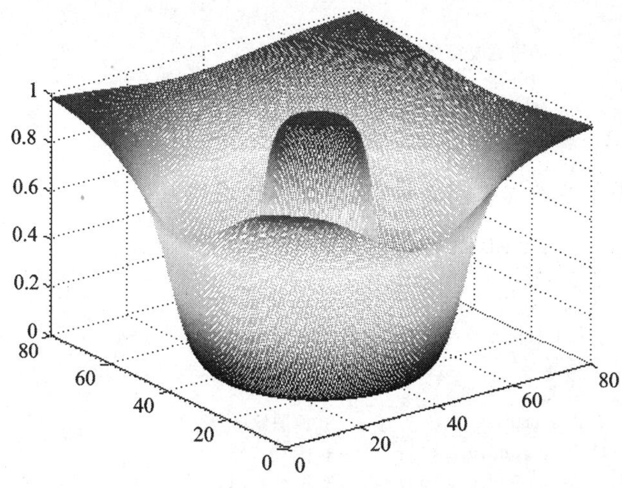

图 4 - 1　巴特沃斯带阻滤波器形状

4.2.2　算法仿真与 MATLAB 实现

编写巴特沃斯带阻滤波器的函数如下：

```
function H = freqfilter_btw(M,N,D0,W,n)
%巴特沃斯带阻滤波器
% input:
%      滤波器的类型,'btw'
%      M,N:频域滤波器的尺寸
%      D0:带阻滤波器的截止频率
%      n:巴特沃斯滤波器的阶数
% output:
%         H:M×N 阶的矩阵,表示频域滤波器矩阵,数据类型为 double,
ifnargin = = 5
    n = 1;
end
u =  - M/2:M/2 - 1;
v =  - N/2:N/2 - 1;
[U,V] = meshgrid(u,v);
D = sqrt(U.^2 + V.^2);

    H = 1./(1 + (D * W./(D.^2 - D0^2)).^(2 * n));
end
```

频域滤波过程函数如下：

```
function Z = fftfilt2(X,H)
  %频域滤波
  %函数输入：
  %        X:输入的空域图像矩阵,double类型
  %        H,频域滤波器,一般为图像X的2倍时较好
  %函数输出：
  %        Z:输出的空域图像矩阵,数据类型为double类型
  %二维傅里叶变换
 F = fft2(X,size(H,1),size(H,2));
  %傅里叶反变换
  Z = H.*F;                  %频域滤波器点乘
  Z = ifftshift(Z);          % 中心化
  Z = abs(ifft2(Z));         %傅里叶反变换绝对值
  Z = Z(1:size(X,1),1:size(X,2));      %滤波图像
```

使用巴特沃斯带阻滤波器来消除噪声,实现的代码如下：

```
clc,clear,close all   % 清理命令区、清理工作区、关闭显示图形
  warning off           %消除警告
  featurejit off        % 加速代码运行
  D0 = 50;              %阻止的频率点与频域中心的距离
  W = 3;                %带宽
  n = 2;                %阶次
  im = imread('coloredChips.png');                   % 原图像
  R = imnoise(im(:,:,1),'gaussian',0,0.01);          % R + 白噪声
  G = imnoise(im(:,:,2),'gaussian',0,0.01);          % G + 白噪声
  B = imnoise(im(:,:,3),'gaussian',0,0.01);          % B + 白噪声
  im = cat(3,R,G,B);                                 % 原图像 + 白噪声
  H = freqfilter_btw(2*size(R,1),2*size(R,2),D0,W,n);
  R1 = fftfilt2(R,H);
  G1 = fftfilt2(G,H);
  B1 = fftfilt2(B,H);
  im1 = cat(3,R1,G1,B1);
  im1 = uint8(im1);
  figure('color',[1,1,1])
  subplot(121),imshow(im,[]); title('原始图像')
  subplot(122),imshow(im1,[]); title('巴特沃斯带阻滤波图像')
```

运行程序输出图形如图4-2所示。

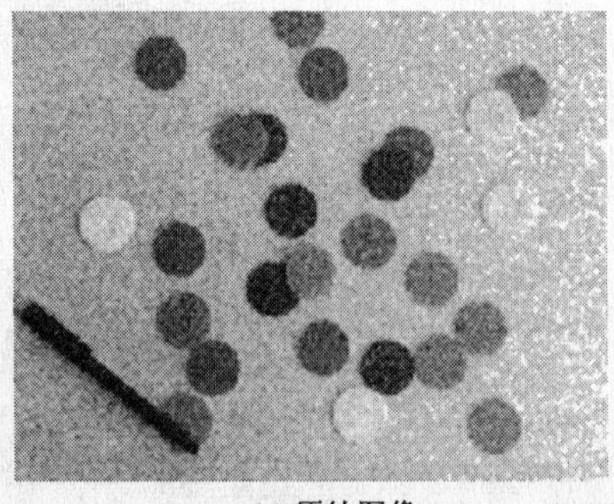

(a) 原始图像

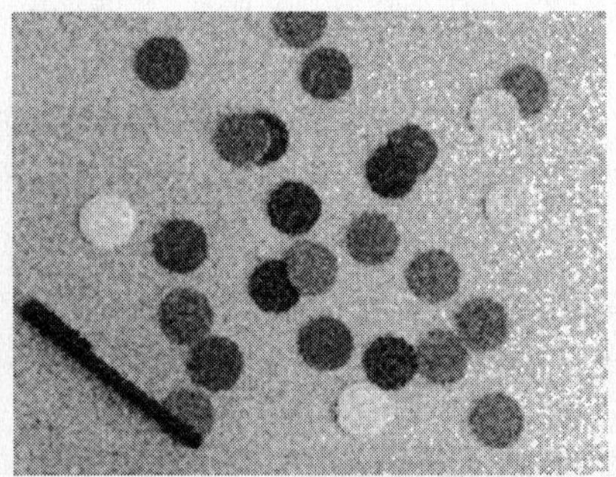

(b) 巴特沃斯带阻滤波图像

图4-2　巴特沃斯带阻滤波

4.3 巴特沃斯低通滤波

4.3.1 算法原理

截止频率为 D_0(与原点距离)的 n 阶巴特沃斯低通滤波器的传递函数如下：

$$H(u,v)=\frac{1}{1+[D(u,v)/D_0]^{2n}}$$

其中，D_0 为截止频率与频域中心的距离；参数 n 为巴特沃斯滤波器的阶数，它用来控制陡峭程度，n 越大，则滤波器形状越陡峭。

编写巴特沃斯低通滤波器的形状 3D 视图，程序如下：

```
clc,clear,close all  % 清理命令区、清理工作区、关闭显示图形
warning off          % 消除警告
featurejit off       % 加速代码运行
D0 = 10;             % 阻止的频率点与频域中心的距离
n = 2;               % 阶次
x = 0:.5:80;
y = 0:.5:80;
[X,Y] = meshgrid(x,y);
fori = 1:size(X,1)
    for j = 1:size(X,2)
        D = sqrt( (X(i,j) - 35).^2 + (Y(i,j) - 35).^2  );
        Z(i,j) = 1./(1 + (D/D0).^(2 * n));
    end
end
figure('color',[1,1,1])
mesh(X,Y,Z)
```

运行程序输出图形如图 4-3 所示。

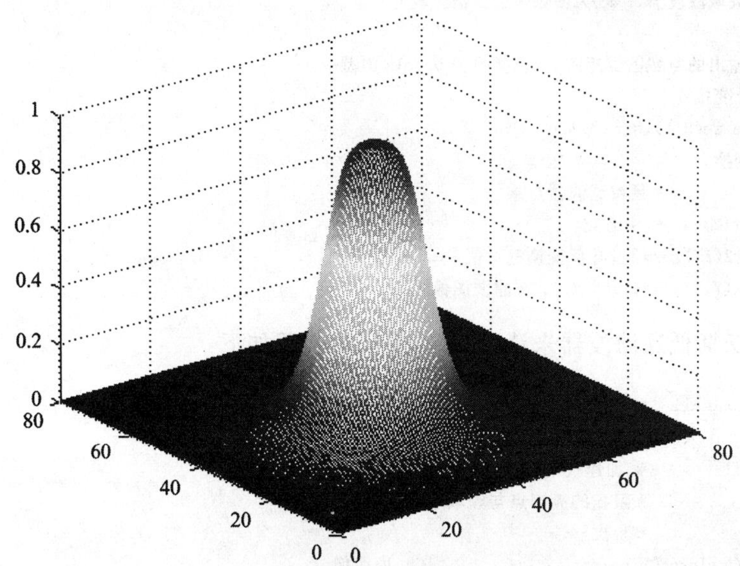

图 4-3　巴特沃斯低通滤波器形状

若您对此书内容有任何疑问，可以凭在线交流卡登录MATLAB中文论坛与作者交流。

4.3.2 算法仿真与MATLAB实现

编写巴特沃斯低通滤波器的函数如下：

```
function im5 = freqfilter_btw_lp(im,D0,n)
      if ~isa(im,'double')
        im1 = double(im)/255;
      end
im2 = fft2(im1);        %傅里叶变换
im3 = fftshift(im2);    % 中心化

[N1, N2] = size(im3);
n1 = fix(N1 / 2);
n2 = fix(N2 / 2);
fori = 1:N1
    for j = 2:N2
        d = sqrt((i - n1)^2 + (j - n2)^2);
        h = 1/(1 + 0.414 * (d / D0)^(2 * n));   %巴特沃斯低通滤波器
        result(i,j) = h * im3(i,j);
    end
end
result = ifftshift(result);       % 反中心化
im4 = ifft2(result);              % 反变换
im5 = im2uint8(real(im4));        % 滤波图像

end
```

频域滤波过程函数如下：

```
function Z = fftfilt2(X,H)
%频域滤波
%函数输入:
%       X:输入的空域图像矩阵,double类型
%       H,频域滤波器,一般为图像X的2倍时较好
%函数输出:
%       Z:输出的空域图像矩阵,数据类型为double类型
%二维傅里叶变换
F = fft2(X,size(H,1),size(H,2));
%傅里叶反变换
Z = H. * F;          %频域滤波器点乘
Z = ifftshift(Z);  % 中心化
Z = abs(ifft2(Z)); %傅里叶反变换绝对值
Z = Z(1:size(X,1),1:size(X,2)); %滤波图像
```

使用巴特沃斯低通滤波器来消除噪声，实现的代码如下：

```
clc,clear,close all  % 清理命令区、清理工作区、关闭显示图形
warning off          %消除警告
featurejit off       % 加速代码运行
D0 = 20;             %阻止的频率点与频域中心的距离
n = 2;               %阶次
im = imread('coloredChips.png');              % 原图像
R = imnoise(im(:,:,1),'gaussian',0,0.01);     % R + 白噪声
G = imnoise(im(:,:,2),'gaussian',0,0.01);     % G + 白噪声
```

```
B = imnoise(im(:,:,3),'gaussian',0,0.01); % B + 白噪声
im = cat(3,R,G,B);                         % 原图像 + 白噪声
R1 = freqfilter_btw_lp(R,D0,n);            % 巴特沃斯低通滤波器
G1 = freqfilter_btw_lp(G,D0,n);            % 巴特沃斯低通滤波器
B1 = freqfilter_btw_lp(B,D0,n);            % 巴特沃斯低通滤波器
im1 = cat(3,R1,G1,B1);
figure('color',[1,1,1])
subplot(121),imshow(im,[]); title('原始图像')
subplot(122),imshow(im1,[]); title('巴特沃斯低通滤波图像');
```

运行程序输出图形如图 4-4 所示。

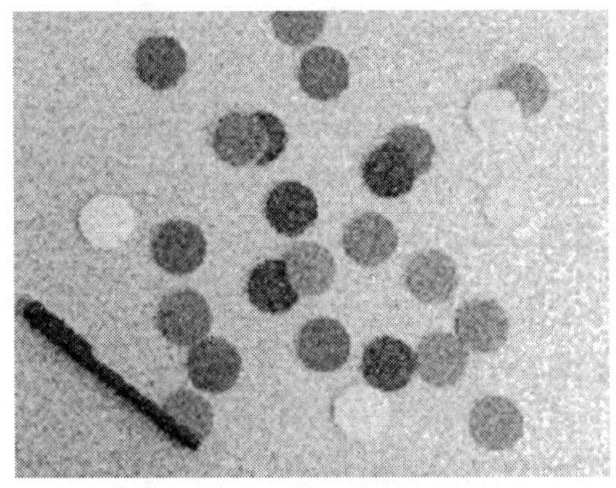
(a) 原始图像

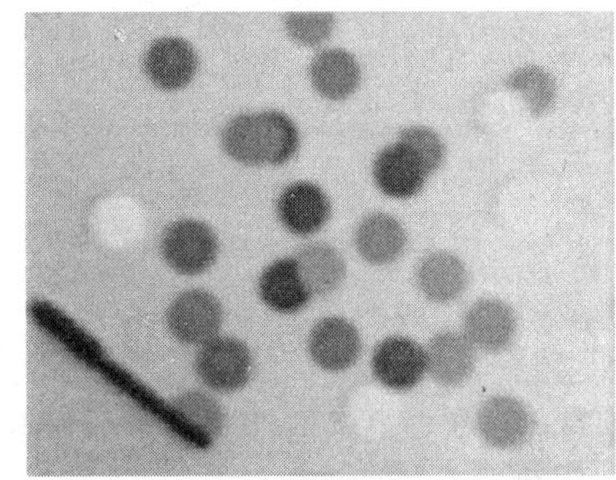
(b) 巴特沃斯低通滤波图像

图 4-4　巴特沃斯低通滤波

4.4　巴特沃斯高通滤波

4.4.1　算法原理

一个截止频率为 D_0 的 n 阶巴特沃斯高通滤波器的传递函数为：

$$H(u,v)=\frac{1}{1+[D_0/D(u,v)]^{2n}}$$

其中，D_0 为截止频率与频域中心的距离；n 为巴特沃斯滤波器的阶数，它用来控制陡峭程度。

编写巴特沃斯高通滤波器的形状 3D 视图，程序如下：

```
clc,clear,close all   % 清理命令区、清理工作区、关闭显示图形
warning off           % 消除警告
featurejit off        % 加速代码运行
D0 = 10;              % 阻止的频率点与频域中心的距离
n = 2;                % 阶次
x = 0:.5:80;
y = 0:.5:80;
[X,Y] = meshgrid(x,y);
fori = 1:size(X,1)
    for j = 1:size(X,2)
        D = sqrt( (X(i,j) - 35).^2 + (Y(i,j) - 35).^2  );
        Z(i,j) = 1./(1 + (D0./D).^(2 * n));
    end
end
figure('color',[1,1,1])
mesh(X,Y,Z)
```

运行程序输出图形如图 4 - 5 所示。

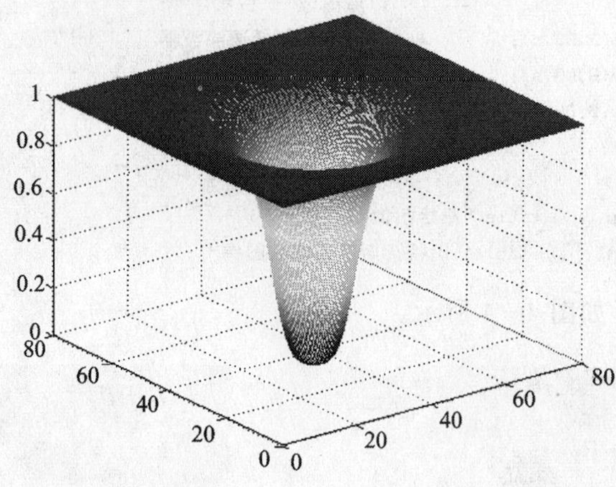

图 4-5 巴特沃斯高通滤波器形状

4.4.2 算法仿真与 MATLAB 实现

编写巴特沃斯高通滤波器的函数如下：

```
function im5 = freqfilter_btw_Hp(im,D0,n)
%巴特沃斯高通滤波器
% input:
%     M,N:频域滤波器的尺寸
%     D0:带阻滤波器的截止频率
%     n:阶次
% output:
%       H:M×N阶的矩阵,表示频域滤波器矩阵,数据类型为double,
    if ~isa(im,'double')
        im1 = double(im)/255;
    end
im2 = fft2(im1);       %傅里叶变换
im3 = fftshift(im2);   % 中心化

[N1, N2] = size(im3);
n1 = fix(N1 / 2);
n2 = fix(N2 / 2);
fori = 1:N1
    for j = 2:N2
        d = sqrt((i - n1)^2 + (j - n2)^2);
        if d = = 0
            h = 0;
        else
            h = 1/(1 + 0.414 * (D0 / d)^(2 * n));  %巴特沃斯高通滤波器
        end
        result(i,j) = h * im3(i,j);
    end
end
result = ifftshift(result);             % 反中心化
im4 = ifft2(result);                    % 反变换
im5 = im2uint8(real(im4));              % 滤波图像
end
```

频域滤波过程函数如下：

```
function Z = fftfilt2(X,H)
%频域滤波
%函数输入:
%         X:输入的空域图像矩阵,double 类型
%         H,频域滤波器,一般为图像 X 的 2 倍时较好
%函数输出:
%         Z:输出的空域图像矩阵,数据类型为 double 类型
%二维傅里叶变换
F = fft2(X,size(H,1),size(H,2));
%傅里叶反变换
Z = H.*F;                % 频域滤波器点乘
Z = ifftshift(Z);        % 中心化
Z = abs(ifft2(Z));       % 傅里叶反变换绝对值
Z = Z(1:size(X,1),1:size(X,2)); %滤波图像
```

使用巴特沃斯高通滤波器来消除噪声,实现的代码如下：

```
clc,clear,close all   % 清理命令区、清理工作区、关闭显示图形
warning off           %消除警告
featurejit off        % 加速代码运行
D0 = 4;               %阻止的频率点与频域中心的距离
n = 2;                %阶次
im = imread('coloredChips.png');                 % 原图像
R = imnoise(im(:,:,1),'gaussian',0,0.01);        % R + 白噪声
G = imnoise(im(:,:,2),'gaussian',0,0.01);        % G + 白噪声
B = imnoise(im(:,:,3),'gaussian',0,0.01);        % B + 白噪声
im = cat(3,R,G,B);                               % 原图像 + 白噪声
R1 = freqfilter_btw_Hp(R,D0,n);          % 巴特沃斯高通滤波器
G1 = freqfilter_btw_Hp(G,D0,n);          % 巴特沃斯高通滤波器
B1 = freqfilter_btw_Hp(B,D0,n);          % 巴特沃斯高通滤波器
im1 = cat(3,R1,G1,B1);
im1 = uint8(im1);
figure('color',[1,1,1])
subplot(121),imshow(im,[]); title('原始图像')
subplot(122),imshow(im1,[]); title('巴特沃斯高通滤波图像');
```

运行程序输出图形如图 4－6 所示。

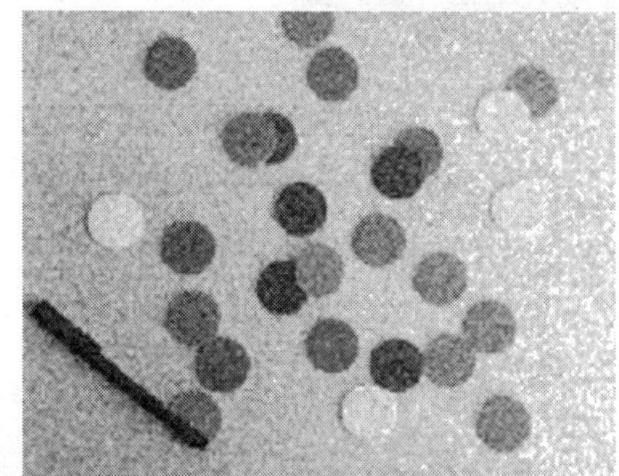

(a) 原始图像

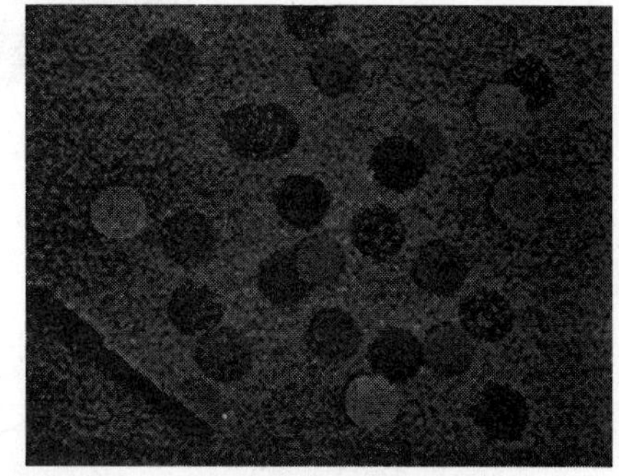

(b) 巴特沃斯高通滤波图像

图 4－6　巴特沃斯高通滤波

4.5 巴特沃斯陷波滤波

4.5.1 算法原理

巴特沃斯陷波滤波器的定义为：

$$H(u,v)=\frac{1}{1+\left[\frac{D_0^2}{D_1(u,v)D_2(u,v)}\right]^n}$$

其中，D_0 为截止频率；n 为巴特沃斯陷波滤波器的阶数，它用来控制陡峭程度。

编写巴特沃斯陷波滤波器的形状 3D 视图，程序如下：

```
clc,clear,close all     % 清理命令区、清理工作区、关闭显示图形
warning off             % 消除警告
featurejit off          % 加速代码运行
D0 = 10;                % 阻止的频率点与频域中心的距离
n = 2;                  % 阶次
x = 0:.5:80;
y = 0:.5:80;
[X,Y] = meshgrid(x,y);
u0 = 20;
v0 = 50;
fori = 1:size(X,1)
    for j = 1:size(X,2)
        D1 = sqrt( (X(i,j) - u0).^2 + (Y(i,j) - v0).^2);
        D2 = sqrt( (X(i,j) - v0).^2 + (Y(i,j) - u0).^2);
        Z(i,j) = 1./( 1 + (D0^2./D1./D2).^n);
    end
end
figure('color',[1,1,1])
mesh(X,Y,Z)
```

运行程序输出图形如图 4-7 所示。

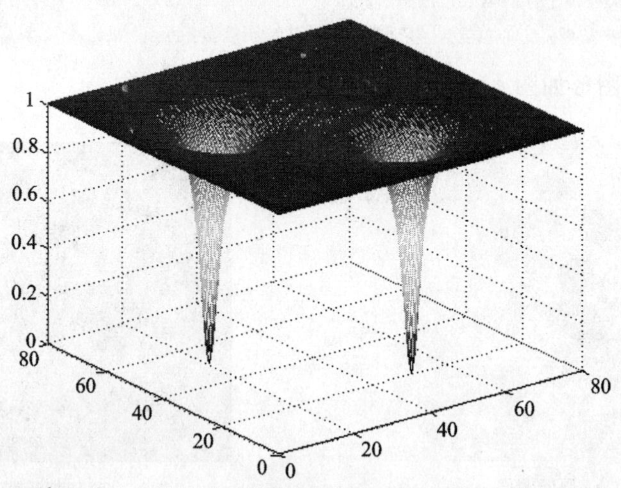

图 4-7 巴特沃斯陷波滤波器形状

4.5.2 算法仿真与 MATLAB 实现

编写巴特沃斯陷波滤波器的函数如下：

```
function H = freqfilter_btw_sink(M,N,u0,v0,D0,n)
%巴特沃斯陷波滤波器
% input:
%     M,N:频域滤波器的尺寸
%     u0,v0:频率阻止点
%     D0:带阻滤波器的截止频率
% output:
%       H:M×N 阶的矩阵,表示频域滤波器矩阵,数据类型为 double,
u = -M/2:M/2-1;
v = -N/2:N/2-1;
[U,V] = meshgrid(u,v);
D = sqrt(U.^2+V.^2);
D1 = sqrt( (U-u0).^2 + (V-v0).^2 );
D2 = sqrt( (U+u0).^2 + (V+v0).^2 );

H = 1./(1+ (D0^2./(D1.*D2)).^n );

end
```

频域滤波过程函数如下：

```
function Z = fftfilt2(X,H)
%频域滤波
%函数输入:
%        X:输入的空域图像矩阵,double 类型
%        H,频域滤波器,一般为图像 X 的 2 倍时较好
%函数输出:
%        Z:输出的空域图像矩阵,数据类型为 double 类型
%二维傅里叶变换
F = fft2(X,size(H,1),size(H,2));
%傅里叶反变换
Z = H.*F;           %频域滤波器点乘
Z = ifftshift(Z);  % 中心化
Z = abs(ifft2(Z)); %傅里叶反变换绝对值
Z = Z(1:size(X,1),1:size(X,2)); %滤波图像
```

使用巴特沃斯陷波滤波器来消除噪声，实现的代码如下：

```
clc,clear,close all   % 清理命令区、清理工作区、关闭显示图形
warning off           %消除警告
featurejit off        % 加速代码运行
D0 = 4;               %阻止的频率点与频域中心的距离
n = 2;                %阶次
u0 = 50;
v0 = 3;
im = imread('coloredChips.png');                 % 原图像
R = imnoise(im(:,:,1),'gaussian',0,0.01);        % R + 白噪声
G = imnoise(im(:,:,2),'gaussian',0,0.01);        % G + 白噪声
B = imnoise(im(:,:,3),'gaussian',0,0.01);        % B + 白噪声
im = cat(3,R,G,B);                               % 原图像 + 白噪声
```

```
H = freqfilter_btw_sink(2 * size(R,1),2 * size(R,2),u0,v0,D0,n);      % 巴特沃斯陷波滤波器
R1 = fftfilt2(R,H);         % 频域滤波
G1 = fftfilt2(G,H);         % 频域滤波
B1 = fftfilt2(B,H);         % 频域滤波
im1 = cat(3,R1,G1,B1);
im1 = uint8(im1);
figure('color',[1,1,1])
subplot(121),imshow(im,[]); title('原始图像')
subplot(122),imshow(im1,[]); title('巴特沃斯陷波滤波图像');
```

运行程序输出图形如图 4-8 所示。

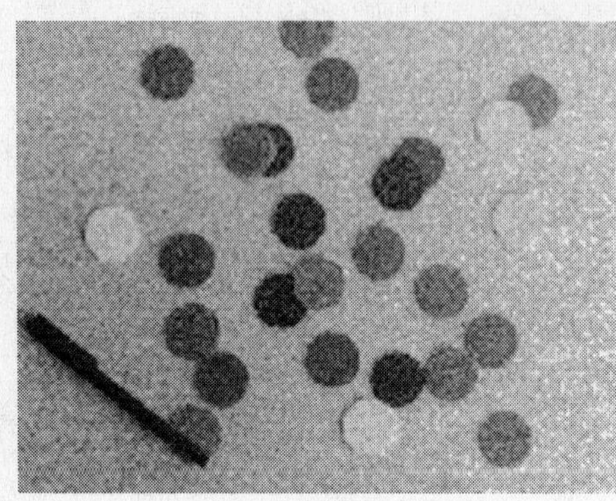
(a) 原始图像

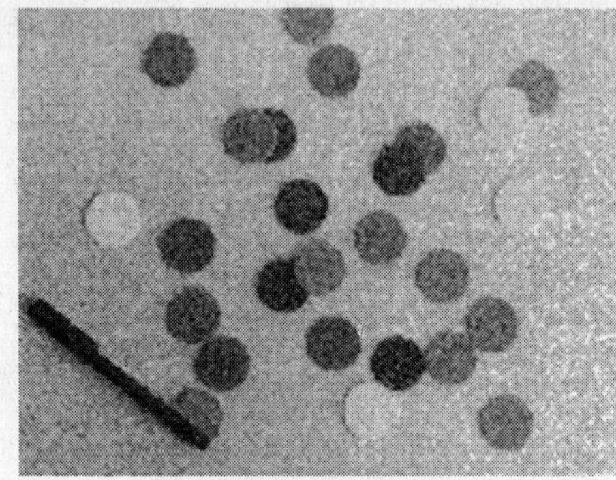
(b) 巴特沃斯陷波滤波图像

图 4-8 巴特沃斯陷波滤波

第 5 章

高斯滤波器设计与 MATLAB 实现

频域滤波器大致有三种基本形式:理想滤波器、巴特沃思滤波器和高斯滤波器。第 3、4 章分别介绍了理想滤波器和巴特沃思滤波器,本章将着重讲解高斯图像滤波器的使用,具体涉及高斯带阻滤波、高斯低通滤波、高斯高通滤波、高斯陷波滤波等,通过高斯滤波器算法原理讲解和算法仿真,让读者朋友真正掌握高斯滤波器的使用。

5.1 高斯滤波算法原理

图像大多数噪声均属于高斯噪声,因此高斯滤波器应用也较广泛。高斯滤波是一种线性平滑滤波,适用于消除高斯噪声,广泛应用于图像去噪。

可以简单地理解为,高斯滤波去噪就是对整幅图像像素值进行加权平均,针对每一个像素点的值,都由其本身值和邻域内的其他像素值经过加权平均后得到。

高斯滤波的具体操作是:用一个用户指定的模板(或称卷积、掩膜)去扫描图像中的每一个像素,用模板确定的邻域内像素的加权平均灰度值去替代模板中心像素点的值。

5.2 高斯带阻滤波

5.2.1 算法原理

高斯带阻滤波器的产生公式为:

$$H(u,v) = 1 - \mathrm{e}^{-\frac{1}{2}\left[\frac{D^2(u,v)-D_0^2}{D(u,v)W}\right]^2}$$

其中,D_0 为希望阻止的频率点与频域中心的距离,W 为带阻滤波器的带宽。

编写高斯带阻滤波器的形状 3D 视图,程序如下:

```
clc,clear,close all   % 清理命令区、清理工作区、关闭显示图形
 warning off          % 消除警告
 featurejit off       % 加速代码运行
 D0 = 10;             % 阻止的频率点与频域中心的距离
 W = 10;              % 带宽
 n = 2;               % 阶次
 x = 0:.5:80;
 y = 0:.5:80;
 [X,Y] = meshgrid(x,y);
 fori = 1:size(X,1)
     for j = 1:size(X,2)
         D = sqrt( (X(i,j) - 35).^2 + (Y(i,j) - 35).^2  );
         Z(i,j) = 1 - exp( - (1/2). * ((D.^2 - D0^2)./(D * W)).^2);
     end
 end
 figure('color',[1,1,1])
 mesh(X,Y,Z)
```

运行程序输出图形如图 5-1 所示。

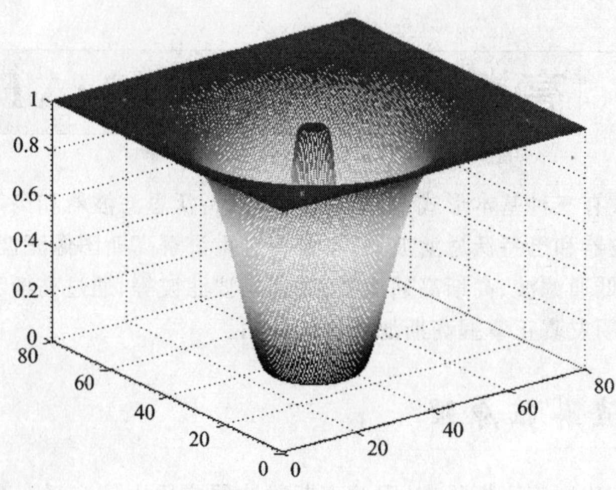

图 5-1　高斯带阻滤波器形状

5.2.2　算法仿真与 MATLAB 实现

编写高斯带阻滤波器的函数如下：

```
function H = freqfilter_gaussian(M,N,D0,W)
%高斯带阻滤波器
% input:
%       指定滤波器的类型'gaussian'
%       M,N:频域滤波器的尺寸
%       D0:带阻滤波器的截止频率
% output:
%       H:M x N阶的矩阵,表示频域滤波器矩阵,数据类型为 double,

u = -M/2:M/2-1;
v = -N/2:N/2-1;
[U,V] = meshgrid(u,v);
D = sqrt(U.^2 + V.^2);
H = 1 - exp( - (1/2).*((D.^2 - D0^2)./(D.*W)).^2);
end
```

频域滤波过程函数如下：

```
function Z = fftfilt2(X,H)
%频域滤波
%函数输入:
%         X:输入的空域图像矩阵,double类型
%         H,频域滤波器,一般为图像 X 的 2 倍时较好
%函数输出:
%         Z:输出的空域图像矩阵,数据类型为 double 类型
%二维傅里叶变换
F = fft2(X,size(H,1),size(H,2));
%傅里叶反变换
```

若您对此书内容有任何疑问，可以凭在线交流卡登录MATLAB中文论坛与作者交流。

```
Z = H. * F;          % 频域滤波器点乘
Z = ifftshift(Z);  % 中心化
Z = abs(ifft2(Z)); % 傅里叶反变换绝对值
Z = Z(1:size(X,1),1:size(X,2)); % 滤波图像
```

使用高斯带阻滤波器来消除噪声,实现的代码如下:

```
clc,clear,close all     % 清理命令区、清理工作区、关闭显示图形
warning off             % 消除警告
featurejit off          % 加速代码运行
D0 = 10;                % 阻止的频率点与频域中心的距离
W = 10;                 % 带宽
im = imread('coloredChips.png');                 % 原图像
R = imnoise(im(:,:,1),'gaussian',0,0.01);    % R + 白噪声
G = imnoise(im(:,:,2),'gaussian',0,0.01);    % G + 白噪声
B = imnoise(im(:,:,3),'gaussian',0,0.01);    % B + 白噪声
im = cat(3,R,G,B);                               % 原图像 + 白噪声
H = freqfilter_gaussian(2 * size(R,1),2 * size(R,2),D0,W);
R1 = fftfilt2(R,H);
G1 = fftfilt2(G,H);
B1 = fftfilt2(B,H);
im1 = cat(3,R1,G1,B1);
im1 = uint8(im1);
figure('color',[1,1,1])
subplot(121),imshow(im,[]); title('原始图像')
subplot(122),imshow(im1,[]); title('高斯带阻滤波图像')
```

运行程序输出图形如图 5-2 所示。

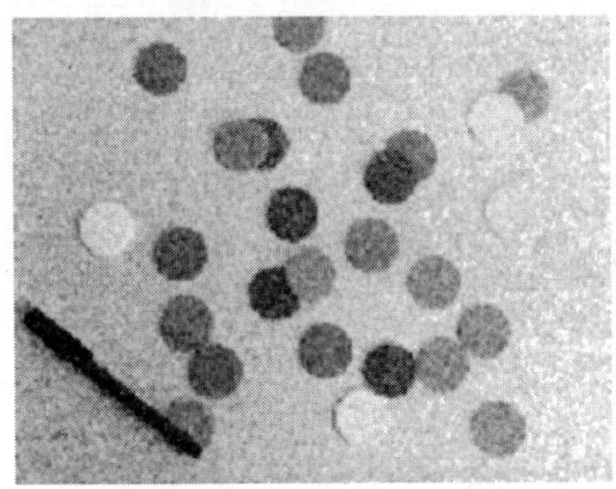

(a) 原始图像

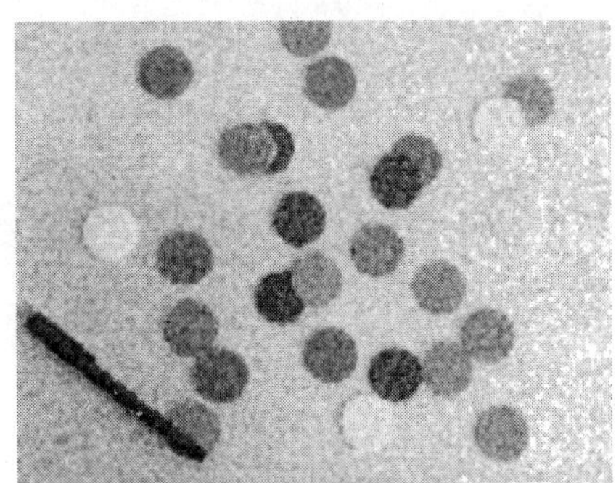

(b) 高斯带阻滤波图像

图 5-2　高斯带阻滤波

5.3　高斯低通滤波

5.3.1　算法原理

高斯低通滤波器的产生公式为:

$$H(u,v)=\mathrm{e}^{-\frac{D^2(u,v)}{2D_0^2}}$$

其中，D_0 为截止频率与频域中心的距离。

编写高斯低通滤波器的形状3D视图，程序如下：

```
clc,clear,close all     % 清理命令区、清理工作区、关闭显示图形
warning off             % 消除警告
featurejit off          % 加速代码运行
D0 = 10;                % 阻止的频率点与频域中心的距离
n = 2;                  % 阶次
x = 0:.5:80;
y = 0:.5:80;
[X,Y] = meshgrid(x,y);
fori = 1:size(X,1)
    for j = 1:size(X,2)
        D = sqrt( (X(i,j) - 35).^2 + (Y(i,j) - 35).^2  );
        Z(i,j) = exp( - D.^2/2/D0/D0);
    end
end
figure('color',[1,1,1])
mesh(X,Y,Z)
```

运行程序输出图形如图5-3所示。

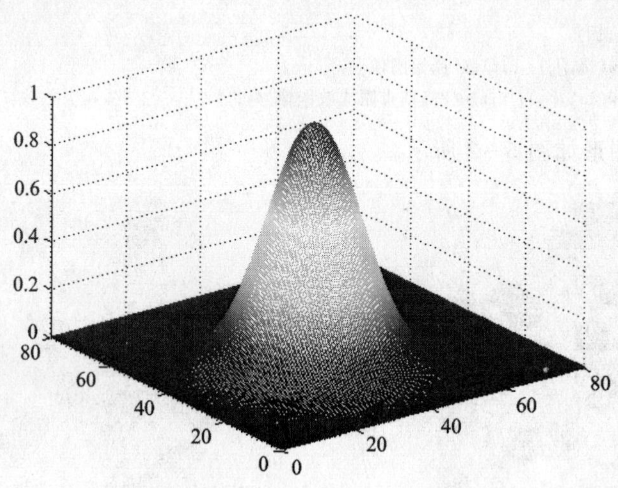

图5-3　高斯低通滤波器形状

5.3.2　算法仿真与MATLAB实现

编写高斯低通滤波器的函数如下：

```
function im5 = freqfilter_gaussian_lp(im,D0)
      if ~isa(im,'double')
        im1 = double(im)/255;
      end
im2 = fft2(im1);        %傅里叶变换
im3 = fftshift(im2);    % 中心化

[N1, N2] = size(im3);
```

```
n1 = fix(N1 / 2);
 n2 = fix(N2 / 2);
 fori = 1:N1
     for j = 2:N2
         D = sqrt((i - n1)^2 + (j - n2)^2);
         h = exp( - D.^2/2/D0/D0);  % 高斯低通滤波器
         result(i,j) = h * im3(i,j);
     end
 end
 result = ifftshift(result);        % 反中心化
 im4 = ifft2(result);               %反变换
 im5 = im2uint8(real(im4));         %滤波图像

 end
```

频域滤波过程函数如下:

```
function Z = fftfilt2(X,H)
 %频域滤波
 %函数输入:
 %        X:输入的空域图像矩阵,double 类型
 %        H,频域滤波器,一般为图像 X 的 2 倍时较好
 %函数输出:
 %        Z:输出的空域图像矩阵,数据类型为 double 类型
 %二维傅里叶变换
 F = fft2(X,size(H,1),size(H,2));
 %傅里叶反变换
 Z = H. * F;         %频域滤波器点乘
 Z = ifftshift(Z);   % 中心化
 Z = abs(ifft2(Z)); %傅里叶反变换绝对值
 Z = Z(1:size(X,1),1:size(X,2)); %滤波图像
```

使用高斯低通滤波器来消除噪声,实现的代码如下:

```
clc,clear,close all  % 清理命令区、清理工作区、关闭显示图形
warning off          %消除警告
featurejit off       % 加速代码运行
D0 = 20;             %阻止的频率点与频域中心的距离
im = imread('coloredChips.png');              % 原图像
R = imnoise(im(:,:,1),'gaussian',0,0.01);    % R + 白噪声
G = imnoise(im(:,:,2),'gaussian',0,0.01);    % G + 白噪声
B = imnoise(im(:,:,3),'gaussian',0,0.01);    % B + 白噪声
im = cat(3,R,G,B);                            % 原图像 + 白噪声
R1 = freqfilter_gaussian_lp(R,D0);            % 高斯低通滤波器
G1 = freqfilter_gaussian_lp(G,D0);            % 高斯低通滤波器
B1 = freqfilter_gaussian_lp(B,D0);            % 高斯低通滤波器
im1 = cat(3,R1,G1,B1);
figure('color',[1,1,1])
subplot(121),imshow(im,[]); title(' 原始图像 ')
subplot(122),imshow(im1,[]); title(' 高斯低通滤波图像 ');
```

运行程序输出图形如图 5-4 所示。

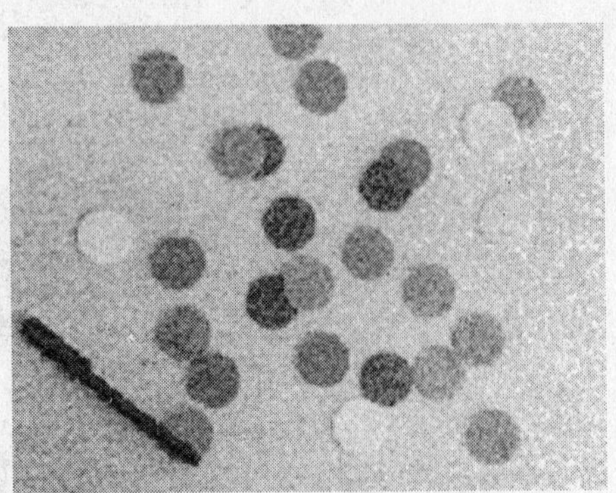
(a) 原始图像

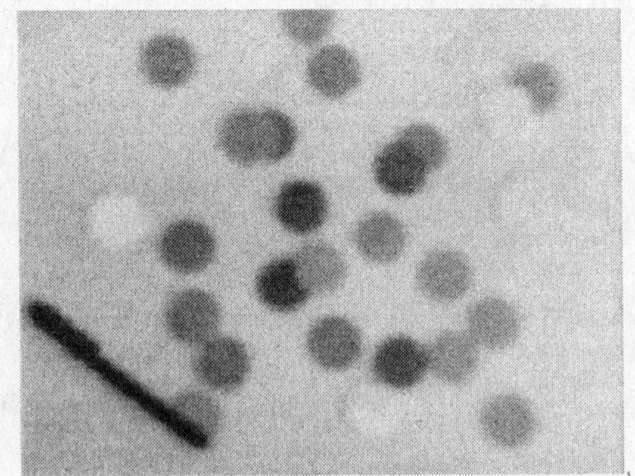
(b) 高斯低通滤波图像

图 5-4　高斯低通滤波

5.4　高斯高通滤波

5.4.1　算法原理

高斯高通滤波器的产生公式为：

$$H(u,v)=1-e^{-\frac{D^2(u,v)}{2D_0^2}}$$

其中，D_0 为截止频率与频域中心的距离。

编写高斯高通滤波器的形状 3D 视图，程序如下：

```
clc,clear,close all    % 清理命令区、清理工作区、关闭显示图形
warning off            % 消除警告
featurejit off         % 加速代码运行
D0 = 10;               % 阻止的频率点与频域中心的距离
n = 2;                 % 阶次
x = 0:.5:80;
y = 0:.5:80;
[X,Y] = meshgrid(x,y);
fori = 1:size(X,1)
    for j = 1:size(X,2)
        D = sqrt( (X(i,j) - 35).^2 + (Y(i,j) - 35).^2  );
        Z(i,j) = 1 - exp( - D.^2./2./D0./D0);
    end
end
figure('color',[1,1,1])
mesh(X,Y,Z)
```

运行程序输出图形如图 5-5 所示。

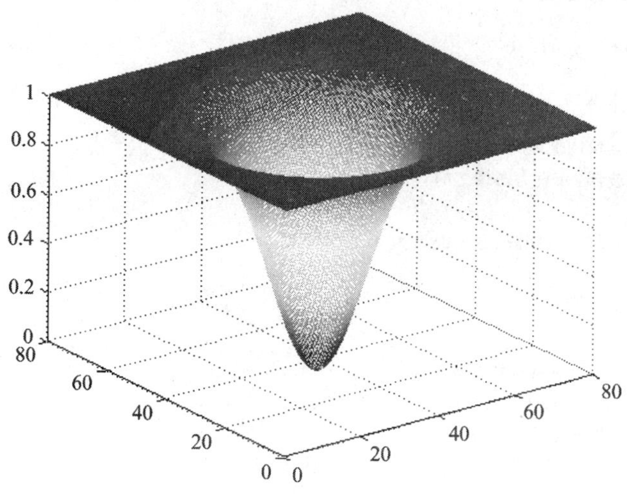

图 5-5　高斯高通滤波器形状

5.4.2　算法仿真与 MATLAB 实现

编写高斯高通滤波器的函数如下：

```
function im5 = freqfilter_gaussian_Hp(im,D0)
% 高斯高通滤波器 gaussian
% input:
%     M,N:频域滤波器的尺寸
%     D0:带阻滤波器的截止频率
%     n:阶次
% output:
%       H:M×N 阶的矩阵,表示频域滤波器矩阵,数据类型为 double,
   if ~isa(im,'double')
       im1 = double(im)/255;
   end
im2 = fft2(im1);        % 傅里叶变换
im3 = fftshift(im2);    % 中心化

[N1, N2] = size(im3);
n1 = fix(N1 / 2);
n2 = fix(N2 / 2);
fori = 1:N1
    for j = 2:N2
        D = sqrt((i - n1)^2 + (j - n2)^2);
        h = 1 - exp( - D.^2./2./D0./D0);   % 高斯高通滤波器
        result(i,j) = h * im3(i,j);
    end
end
result = ifftshift(result);         % 反中心化
im4 = ifft2(result);                % 反变换
im5 = im2uint8(real(im4));          % 滤波图像
end
```

若您对此书内容有任何疑问，可以凭在线交流卡登录MATLAB中文论坛与作者交流。

频域滤波过程函数如下：

```
function Z = fftfilt2(X,H)
% 频域滤波
% 函数输入：
%         X:输入的空域图像矩阵,double 类型
%         H,频域滤波器,一般为图像 X 的 2 倍时较好
% 函数输出：
%         Z:输出的空域图像矩阵,数据类型为 double 类型
% 二维傅里叶变换
F = fft2(X,size(H,1),size(H,2));
% 傅里叶反变换
Z = H. * F;          % 频域滤波器点乘
Z = ifftshift(Z);  % 中心化
Z = abs(ifft2(Z)); % 傅里叶反变换绝对值
Z = Z(1:size(X,1),1:size(X,2)); % 滤波图像
```

使用高斯高通滤波器来消除噪声,实现的代码如下：

```
clc,clear,close all  % 清理命令区、清理工作区、关闭显示图形
warning off          % 消除警告
featurejit off       % 加速代码运行
D0 = 4;              % 阻止的频率点与频域中心的距离
im = imread('coloredChips.png');                  % 原图像
R = imnoise(im(:,:,1),'gaussian',0,0.01);   % R + 白噪声
G = imnoise(im(:,:,2),'gaussian',0,0.01);   % G + 白噪声
B = imnoise(im(:,:,3),'gaussian',0,0.01);   % B + 白噪声
im = cat(3,R,G,B);                          % 原图像 + 白噪声
R1 = freqfilter_gaussian_Hp(R,D0);          % 高斯高通滤波器
G1 = freqfilter_gaussian_Hp(G,D0);          % 高斯高通滤波器
B1 = freqfilter_gaussian_Hp(B,D0);          % 高斯高通滤波器
im1 = cat(3,R1,G1,B1);
im1 = uint8(im1);
figure('color',[1,1,1])
subplot(121),imshow(im,[]); title('原始图像')
subplot(122),imshow(im1,[]); title('高斯高通滤波图像');
```

运行程序输出图形如图 5-6 所示。

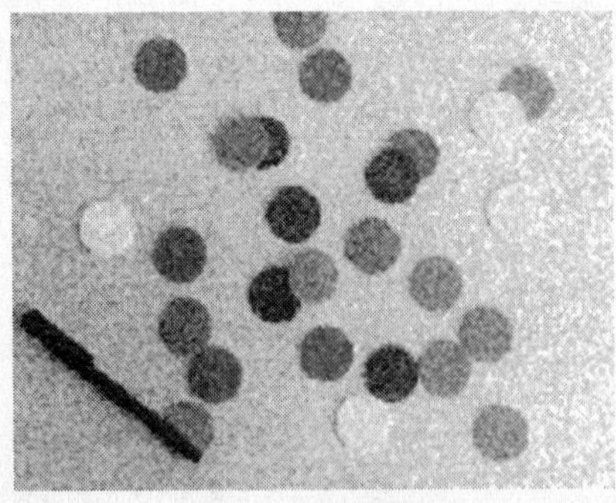

(a) 原始图像

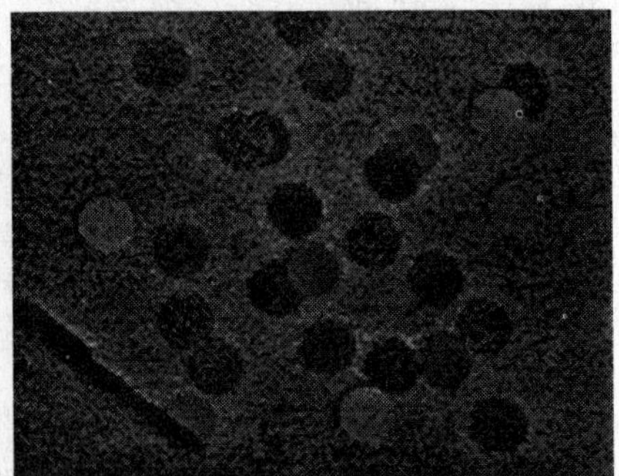

(b) 高斯高通滤波图像

图 5-6　高斯高通滤波

5.5 高斯陷波滤波

5.5.1 算法原理

高斯陷波滤波器的产生公式为：

$$H(u,v)=1-\mathrm{e}^{-\frac{1}{2}\left[\frac{D_1(u,v)D_2(u,v)}{D_0^2}\right]}$$

其中，D_0 为截止频率。

编写高斯陷波滤波器的形状 3D 视图，程序如下：

```
clc,clear,close all    % 清理命令区、清理工作区、关闭显示图形
warning off            %消除警告
featurejit off         % 加速代码运行
D0 = 10;               %阻止的频率点与频域中心的距离
n = 2;                 %阶次
x = 0:.5:80;
y = 0:.5:80;
[X,Y] = meshgrid(x,y);
u0 = 20;
v0 = 50;
fori = 1:size(X,1)
    for j = 1:size(X,2)
        D1 = sqrt( (X(i,j) - u0).^2 + (Y(i,j) - v0).^2);
        D2 = sqrt( (X(i,j) - v0).^2 + (Y(i,j) - u0).^2);
        Z(i,j) = 1 - exp( - (1/2) * (D1. * D2./D0^2) ) ;
    end
end
figure('color',[1,1,1])
mesh(X,Y,Z)
```

运行程序输出图形如图 5－7 所示。

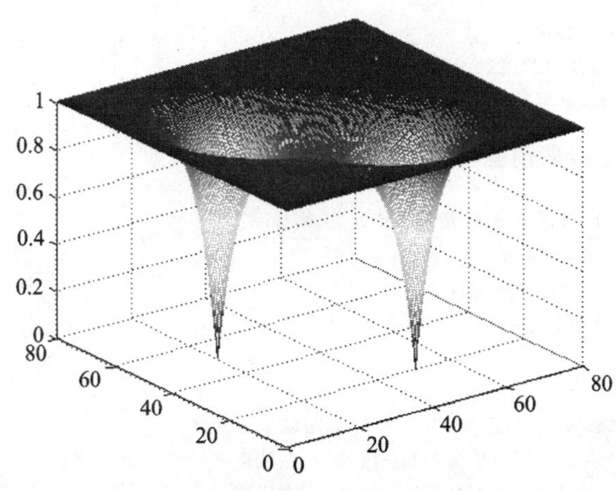

图 5－7 高斯陷波滤波器形状

5.5.2 算法仿真与MATLAB实现

编写高斯陷波滤波器的函数如下：

```
function H = freqfilter_gaussian_sink(M,N,u0,v0,D0)
%高斯陷波滤波器
% input:
%     M,N:频域滤波器的尺寸
%     u0,v0:频率阻止点
%     D0:带阻滤波器的截止频率
% output:
%       H:M×N阶的矩阵,表示频域滤波器矩阵,数据类型为double,
u = -M/2:M/2-1;
v = -N/2:N/2-1;
[U,V] = meshgrid(u,v);
D = sqrt(U.^2+V.^2);
D1 = sqrt( (U-u0).^2 + (V-v0).^2 );
D2 = sqrt( (U+u0).^2 + (V+v0).^2 );

H = 1-exp( -(1/2)*(D1.*D2./D0^2) ) ;
end
```

频域滤波过程函数如下：

```
function Z = fftfilt2(X,H)
%频域滤波
%函数输入:
%       X:输入的空域图像矩阵,double类型
%       H,频域滤波器,一般为图像X的2倍时较好
%函数输出:
%       Z:输出的空域图像矩阵,数据类型为double类型
%二维傅里叶变换
F = fft2(X,size(H,1),size(H,2));
%傅里叶反变换
Z = H.*F;          %频域滤波器点乘
Z = ifftshift(Z);  % 中心化
Z = abs(ifft2(Z)); %傅里叶反变换绝对值
Z = Z(1:size(X,1),1:size(X,2)); %滤波图像
```

使用高斯陷波滤波器来消除噪声，实现的代码如下：

```
clc,clear,close all   % 清理命令区、清理工作区、关闭显示图形
warning off           %消除警告
featurejit off        % 加速代码运行
D0 = 4;               %阻止的频率点与频域中心的距离
u0 = 50;
v0 = 3;
im = imread('coloredChips.png');                  % 原图像
R = imnoise(im(:,:,1),'gaussian',0,0.01);   % R + 白噪声
G = imnoise(im(:,:,2),'gaussian',0,0.01);   % G + 白噪声
B = imnoise(im(:,:,3),'gaussian',0,0.01);   % B + 白噪声
im = cat(3,R,G,B);                                % 原图像 + 白噪声
H = freqfilter_gaussian_sink(2*size(R,1),2*size(R,2),u0,v0,D0);      % 高斯陷波滤波器
```

```
R1 = fftfilt2(R,H);      % 频域滤波
G1 = fftfilt2(G,H);      % 频域滤波
B1 = fftfilt2(B,H);      % 频域滤波
im1 = cat(3,R1,G1,B1);
im1 = uint8(im1);
figure('color',[1,1,1])
subplot(121),imshow(im,[]); title('原始图像')
subplot(122),imshow(im1,[]); title('高斯陷波滤波图像');
```

运行程序输出图形如图 5-8 所示。

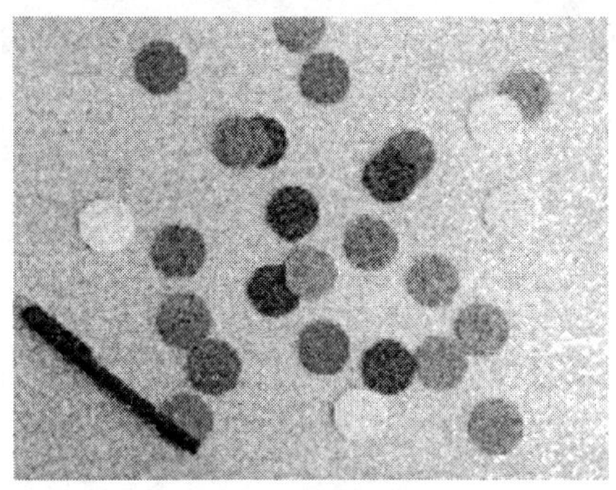

(a) 原始图像

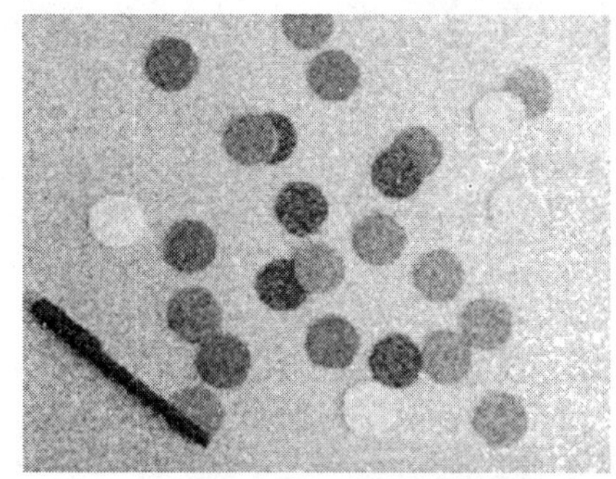

(b) 高斯陷波滤波图像

图 5-8　高斯陷波滤波

第 6 章 线性滤波器设计与 MATLAB 实现

线性滤波器是使用较多的一种简单滤波器，如均值滤波器等。线性滤波器包括线性平滑滤波器、双线性插值滤波器。线性平滑滤波器也称为均值滤波器，采用一个 $N \times N$ 阶的方阵作为滤波掩膜，逐行逐列对图像块进行平滑滤波操作；双线性插值滤波则是对某一像素点进行双线性插值的过程，然后利用它周围的 4 个像素点的灰度值乘以距离权重，再求和得到滤波值。

6.1 线性平滑滤波

6.1.1 算法原理

线性平滑滤波器，是一种低通滤波器，也称为均值滤波器。

线性平滑滤波采用滤波掩膜（$N \times N$ 阶方阵）确定的邻域内像素的平均灰度值代替图像中每个像素点的值，这种处理一定程度上模糊了图像边缘，减小了图像灰度的突变。

线性平滑滤波的所有系数都是正数，例如对 3×3 的模板来说，最简单的、最常用的就是取所有系数为 1（均值滤波器）。为了保持输出图像仍然在原来图像的灰度值范围，模板与像素邻域的乘积都要除以 9。具体模板如下：

$$\frac{1}{9}\begin{bmatrix}1 & 1 & 1\\1 & 1 & 1\\1 & 1 & 1\end{bmatrix}$$

同理，对于 4×4 的模板来说，具体模板如下：

$$\frac{1}{16}\begin{bmatrix}1 & 1 & 1 & 1\\1 & 1 & 1 & 1\\1 & 1 & 1 & 1\end{bmatrix}$$

我们注意到：线性平滑滤波采用滤波掩膜矩阵为方阵。

MATLAB 图像处理工具箱提供了 fspecial() 函数用于生成滤波时所用的模板，并提供 filter2() 函数用指定的滤波器模板对图像进行运算。

(1) fspecial() 函数

fspecial() 函数的调用格式如下：

$$h = \text{fspecial(type)}$$

$$h = \text{fspecial(type, parameters)}$$

参数说明：

① type 指定算子的类型，如表 6-1 所列；

② parameters 指定相应的参数，如表 6-1 所列；

③ h 是返回的模板。

表 6-1 type 的类型

type	parameters	说 明
average	hsize	均值滤波,参数 hsize 为代表模板尺寸,默认值为 3×3
disk	radius	圆盘滤波,半径为 radius 的圆形区域,默认值为 5
gaussian	hsize, sigma	高斯滤波,hsize 表示模板尺寸,默认值为[3 3], sigma 为滤波器的标准差值,默认值为 0.5
laplacian	alpha	拉普拉斯滤波器,参数 alpha 用于控制算子形状, 取值范围为[0,1],默认值为 0.2
log	hsize, sigma	拉普拉斯高斯算子,hsize 表示模板尺寸,默认值为[3 3], sigma 为滤波器的标准差值,默认值为 0.5
motion	theta, len	运动模糊算子,表示摄像物体逆时针方向以 theta 角度运动了 len 个像素, len 的默认值为 9,theta 的默认值为 0
prewitt	无	prewitt 锐化滤波器,用于边缘增强
sobel	无	sobel 锐化滤波器,近似计算垂直梯度的水平边缘强调算子
unsharp	alpha	对比度增强滤波器。参数 alpha 用于控制滤波器的形状,范围为[0,1],默认值为 0.2

具体的函数使用如下:

```
clc,clear,close all          % 清理命令区、清理工作区、关闭显示图形
warning off                  % 消除警告
featurejit off               % 加速代码运行
h1 = fspecial('average')     % h = fspecial(type)
h2 = fspecial('average',5)   % h = fspecial(type,parameters)
```

运行程序输出结果如下:

```
h1 =

    0.1111    0.1111    0.1111
    0.1111    0.1111    0.1111
    0.1111    0.1111    0.1111


h2 =

    0.0400    0.0400    0.0400    0.0400    0.0400
    0.0400    0.0400    0.0400    0.0400    0.0400
    0.0400    0.0400    0.0400    0.0400    0.0400
    0.0400    0.0400    0.0400    0.0400    0.0400
    0.0400    0.0400    0.0400    0.0400    0.0400
```

(2) filter2()函数

filter2()函数的调用格式如下:

$$Y = \text{filter2}(A, I)$$

$$Y = \text{filter2}(A, I, '\text{shape}')$$

参数说明:

① 对于 $Y = \text{filter2}(A, I)$,filter2()函数使用矩阵 **A** 中的二维 FIR 滤波器对二维图像数

据 I 进行滤波，滤波图像矩阵 $\boldsymbol{Y}$ 是通过二维互相关(corrcoef())计算出来的，其大小与 I 一样；

② 对于 Y = filter2(A, I,'shape')，filter2()函数返回的滤波图像矩阵 $\boldsymbol{Y}$ 是通过二维互相关(corrcoef())计算出来的，其大小由参数 shape 确定，其取值如下：

- 'full' 返回二维相关(corrcoef())的全部结果；
- 'same' 返回二维互相关(corrcoef())结果的中间部分，滤波图像矩阵 $\boldsymbol{Y}$ 与原始图像 I 大小相同；
- 'valid' 返回在二维互相关(corrcoef())过程中，未使用边缘补 0。

具体的函数使用如下：

```
clc,clear,close all  % 清理命令区、清理工作区、关闭显示图形
 warning off          % 消除警告
 featurejit off       % 加速代码运行
 im = imread('coloredChips.png');              % 原图像
 R = imnoise(im(:,:,1),'gaussian',0,0.01);   % R + 白噪声

 h1 = fspecial('average');        % 3 x 3 模板
 h2 = fspecial('average',5);      % 5 x 5 模板

 Y1 = filter2(h1,R);              % Y = filter2(B,X)
 Y2 = filter2(h2,R);              % Y = filter2(B,X)
 Y3 = filter2(h2,R,'full');       % Y = filter2(B,X,'full')
 Y4 = filter2(h2,R,'same');       % Y = filter2(B,X,'same')
 Y5 = filter2(h2,R,'valid');      % Y = filter2(B,X,'valid')
 figure('color',[1,1,1])
 subplot(231),imshow(R,[]),title('original image')
 subplot(232),imshow(Y1,[]),title('Y = filter2(B,X)')
 subplot(233),imshow(Y2,[]),title('Y = filter2(B,X)')
 subplot(234),imshow(Y3,[]),title('Y = filter2(B,X,'full')')
 subplot(235),imshow(Y3,[]),title('Y = filter2(B,X,'same')')
 subplot(236),imshow(Y3,[]),title('Y = filter2(B,X,'valid')')
```

运行程序输出结果如图 6-1 所示。

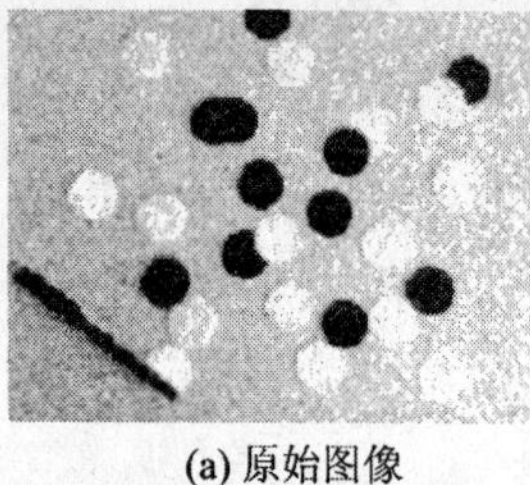

(a) 原始图像

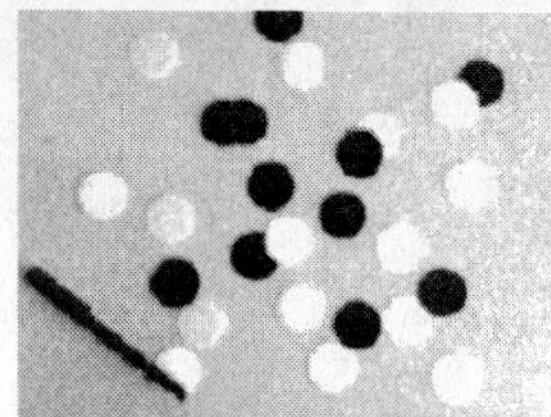

(b) Y=filter2(B,X)

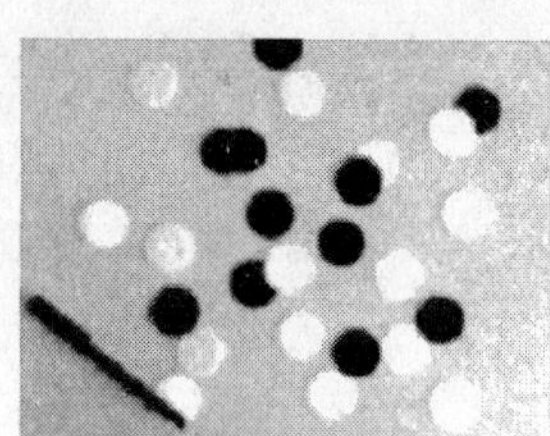

(c) Y=filter2(B,X)

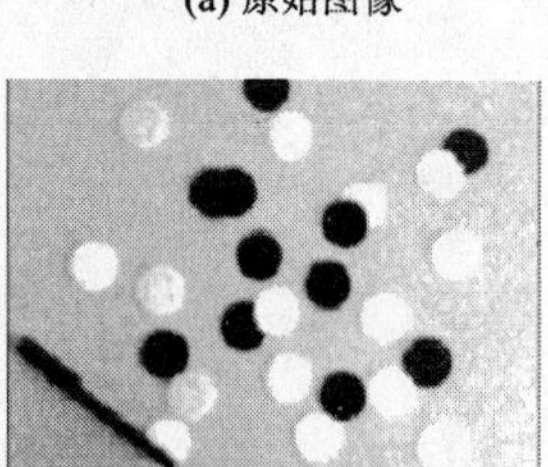

(d) Y=filter2(B,X,'full')

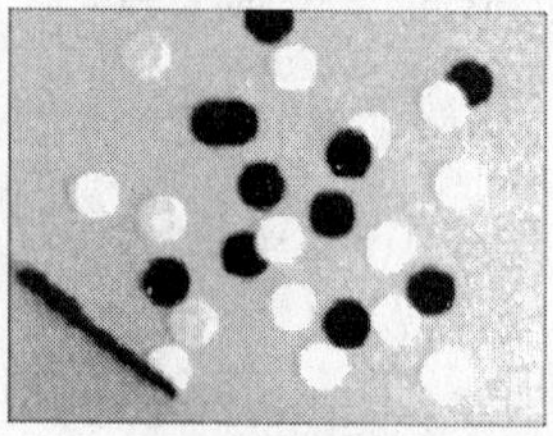

(e) Y=filter2(B,X,'same')

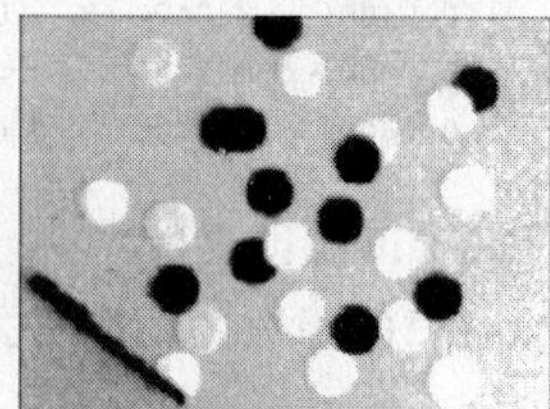

(f) Y=filter2(B,X,'valid')

图 6-1 filter2()函数使用

6.1.2　算法仿真与 MATLAB 实现

编写几何均值滤波模板和圆盘滤波模板掩膜，程序如下：

```
function h = fspecial(type,p2)

ifnargin<2
    switch type
    case 'average'
        p2 = [3 3];     % siz
    case 'disk'
        p2 = 5;         % rad
    end
end

switch type
  case 'average'                    % 几何均值平滑滤波
siz = p2;
h   = ones(siz)/prod(siz);          % 方阵掩膜

  case 'disk'                       % 圆盘滤波
     rad   = p2;
     crad  = ceil(rad - 0.5);                        % 求整
     [x,y] = meshgrid( - crad:crad, - crad:crad);    % 栅格化
     maxxy = max(abs(x),abs(y));                     % 最大值
     minxy = min(abs(x),abs(y));                     % 最小值
     m1 = (rad^2 <  (maxxy + 0.5).^2 + (minxy - 0.5).^2). * (minxy - 0.5) + ...
          (rad^2 >= (maxxy + 0.5).^2 + (minxy - 0.5).^2). * ...
            sqrt(rad^2 - (maxxy + 0.5).^2);
     m2 = (rad^2 >  (maxxy - 0.5).^2 + (minxy + 0.5).^2). * (minxy + 0.5) + ...
          (rad^2 <= (maxxy - 0.5).^2 + (minxy + 0.5).^2). * ...
            sqrt(rad^2 - (maxxy - 0.5).^2);
sgrid = (rad^2 * (0.5 * (asin(m2/rad) - asin(m1/rad)) + ...
          0.25 * (sin(2 * asin(m2/rad)) - sin(2 * asin(m1/rad)))) - ...
          (maxxy - 0.5). * (m2 - m1) + (m1 - minxy + 0.5)) ...
          . * ((((rad^2 < (maxxy + 0.5).^2 + (minxy + 0.5).^2) & ...
          (rad^2 > (maxxy - 0.5).^2 + (minxy - 0.5).^2)) | ...
          ((minxy = = 0)&(maxxy - 0.5 < rad)&(maxxy + 0.5> = rad))));
sgrid = sgrid + ((maxxy + 0.5).^2 + (minxy + 0.5).^2 < rad^2);
sgrid(crad + 1,crad + 1) = min(pi * rad^2,pi/2);
if ((crad>0) && (rad > crad - 0.5) && (rad^2 < (crad - 0.5)^2 + 0.25))
     m1   = sqrt(rad^2 - (crad - 0.5).^2);
        m1n = m1/rad;
        sg0 = 2 * (rad^2 * (0.5 * asin(m1n) + 0.25 * sin(2 * asin(m1n))) - m1 * (crad - 0.5));
        sgrid(2 * crad + 1,crad + 1) = sg0;
        sgrid(crad + 1,2 * crad + 1) = sg0;
        sgrid(crad + 1,1)            = sg0;
        sgrid(1,crad + 1)            = sg0;
        sgrid(2 * crad,crad + 1)     = sgrid(2 * crad,crad + 1) - sg0;
        sgrid(crad + 1,2 * crad)     = sgrid(crad + 1,2 * crad) - sg0;
        sgrid(crad + 1,2)            = sgrid(crad + 1,2)        - sg0;
        sgrid(2,crad + 1)            = sgrid(2,crad + 1)        - sg0;
```

```
    end
    sgrid(crad+1,crad+1) = min(sgrid(crad+1,crad+1),1);
    h = sgrid/sum(sgrid(:));                  % 圆形掩膜

end


end
```

频域滤波过程函数如下：

```
function Z = fftfilt2(X,H)
% 频域滤波
% 函数输入：
%       X:输入的空域图像矩阵,double 类型
%       H,频域滤波器,一般为图像 X 的 2 倍时较好
% 函数输出：
%       Z:输出的空域图像矩阵,数据类型为 double 类型
% 二维傅里叶变换
F = fft2(X,size(H,1),size(H,2));
% 傅里叶反变换
Z = H.*F;           % 频域滤波器点乘
Z = ifftshift(Z);  % 中心化
Z = abs(ifft2(Z)); % 傅里叶反变换绝对值
Z = Z(1:size(X,1),1:size(X,2)); % 滤波图像
```

使用线性滤波器来消除噪声,实现的代码如下：

```
clc,clear,close all  % 清理命令区、清理工作区、关闭显示图形
warning off          % 消除警告
featurejit off       % 加速代码运行
im = imread('coloredChips.png');             % 原图像
R = imnoise(im(:,:,1),'gaussian',0,0.01);  % R + 白噪声
G = imnoise(im(:,:,2),'gaussian',0,0.01);  % G + 白噪声
B = imnoise(im(:,:,3),'gaussian',0,0.01);  % B + 白噪声
im = cat(3,R,G,B);                           % 原图像 + 白噪声

h1 = fspecial('average');
h2 = fspecial('average',[5,5]);
h3 = fspecial('disk',5);

R1 = filter2(h1,R);
G1 = filter2(h1,G);
B1 = filter2(h1,B);
im1 = cat(3,R1,G1,B1);  % 3x3 均值滤波

R2 = filter2(h2,R);
G2 = filter2(h2,G);
B2 = filter2(h2,B);
im2 = cat(3,R2,G2,B2);  % 5x5 均值滤波

R3 = filter2(h3,R);
G3 = filter2(h3,G);
B3 = filter2(h3,B);
im3 = cat(3,R3,G3,B3);  % 半径为 5 的圆盘滤波
```

```
figure('color',[1,1,1])
subplot(221),imshow(im,[]),title('加白噪声的图像')
subplot(222),imshow(uint8(im1),[]),title('3x3 均值滤波')
subplot(223),imshow(uint8(im2),[]),title('5x5 均值滤波')
subplot(224),imshow(uint8(im3),[]),title('圆盘滤波')
```

运行程序输出图形如图 6－2 所示。

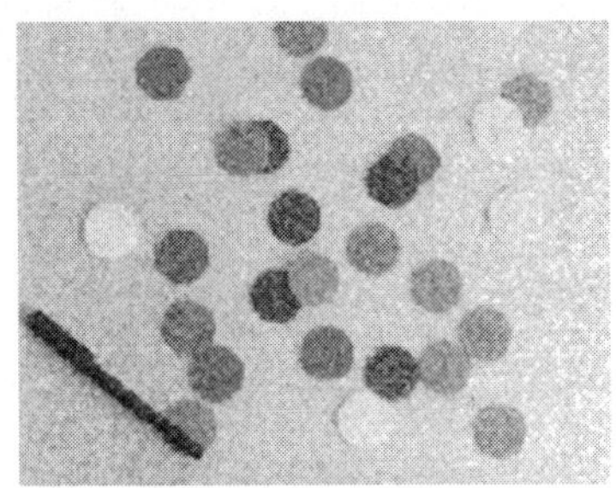

(a) 加白噪声的图像

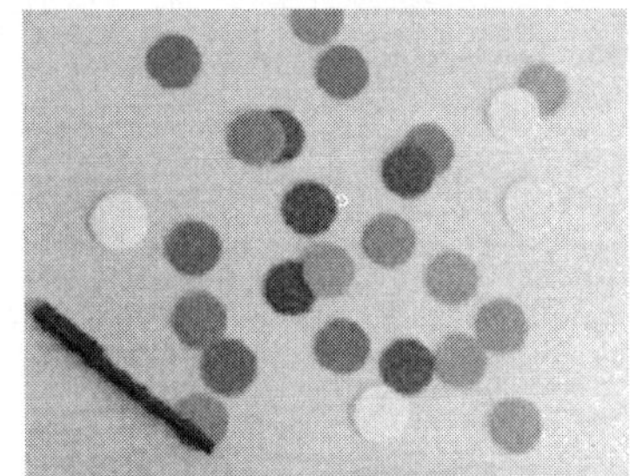

(b) 3×3均值滤波

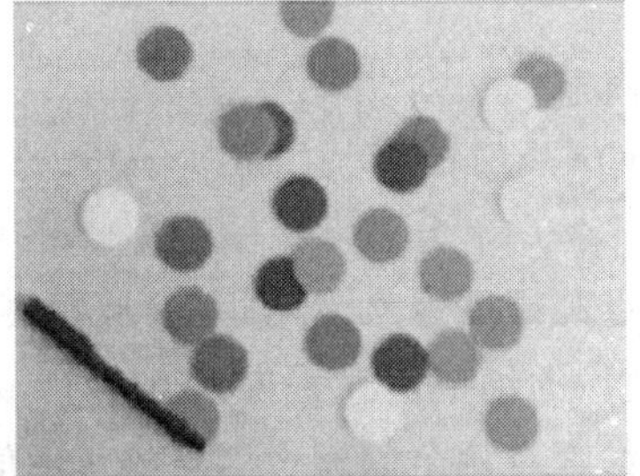

(c) 5×5均值滤波

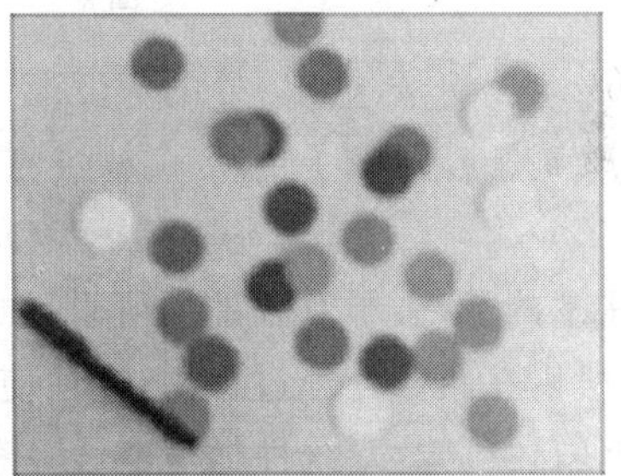

(d) 圆盘滤波

图 6－2　线性滤波

6.2　双线性插值滤波

6.2.1　算法原理

本节主要讲述基于双线性插值滤波的图像滤波算法。

传统的图像像素点插值方式有最近邻点插值 nearest、线性插值 linear、双三次插值 cubic 等。这些传统方法均能实现图像的放大功能，但不能很好地凸显图像的边缘，也没有考虑到图像的边缘信息与纹理方向，使得插值后的图像边缘模糊，有明显的锯齿现象，影响视觉效果。

为了得到较好的边缘信息和纹理特性，有学者提出以边缘为方向(New Edge-Directed Interpolation，NEDI)，利用领域统计和边界信息进行插值；还有学者提出一种基于双线性插值误差补偿(Edge-Amended Sharp Edge，EASE)的图像放大方法。双线性插值误差补偿 EASE 算法具有各向异性、边缘自适应性，利用插值点周围多点像素点计算高分辨图像的像素点，对双线性插值进行误差补偿，使得双线性插值误差补偿 EASE 算法具有较好保护边缘信息等特点。

双线性插值(bilinear interpolation)又称为一阶插值。通俗地说，双线性插值滤波就是对某一像素点进行双线性插值的过程，然后利用它周围的 4 个像素点的灰度值加距离权重求和得到滤波值。

图 6-3 为双线性插值示意图。

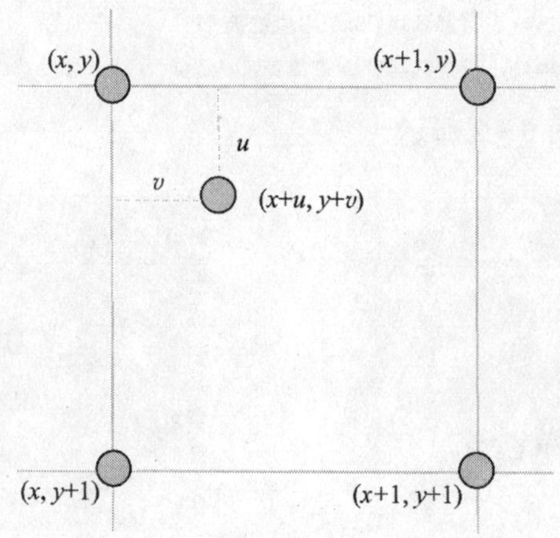

图 6-3　双线性插值示意图

由图 6-3，$(x+u,y+v)$处的灰度值计算公式为：

$$f(x+u,y+v)=(1-u)(1-v)f(x,y)+u(1-v)f(x+1,y)+\cdots+ v(1-u)f(x,y+1)+uvf(x+1,y+1)$$

值得注意的是，由于双线性插值采用当前像素点和周围像素点的距离，从而决定的像素点权重系数，所以在图像处理过程中，往往使被处理图像的细节信息丢失。

由以上叙述可知，双线性插值滤波是利用待插像素点四个邻近像素点的灰度值，在水平和垂直方向上作线性内插，从而得到滤波值，基本上克服了最近邻插值算法中灰度不连续的缺点，整体视觉效果较好。然而，双线性插值滤波算法计算量比最近邻插值大，且双线性插值滤波算法插值后的图像边缘有一定的模糊，细节不够突出，这也是应该注意的。

6.2.2　算法仿真与 MATLAB 实现

编写双线性滤波插值函数，程序如下：

```
functionA_inter = Bilinear_Filter_interp(A, filter_coef)
%双线性插值滤波
% Input：    A:输入图像
%            filter_coef： 滤波器系数
% Output:
%            A_inter：   双线性插值滤波图像

if (length(size(A)) = = 3)
%如果输入图像为3D数组,则重复插值滤波 3 次
    for i = 1:3
        A_inter(:,:,i) = Bilinear_Filter_interp(A(:,:,i),filter_coef);
    end

else
    [m,n] = size(A);          % 求行列
```

```
    A_ = [];A_inter = []; % 初始化
    %列插值
    A_col = filter2(filter_coef,A);        % 滤波
    fori = 1:n
        A_ = [A_ A(:,i) A_col(:,i)];
    end
    A_(:,end) = [];     %去边缘
    %行插值
    A_rows = filter2(filter_coef,A_')';  % 滤波
    fori = 1:m
    A_inter = [A_inter; A_(i,:); A_rows(i,:)];
    end
    A_inter(end,:) = []; % 去边缘

end
```

使用双线性插值滤波器来消除噪声,实现的代码如下:

```
clc,clear,close all   % 清理命令区、清理工作区、关闭显示图形
warning off           %消除警告
featurejit off        % 加速代码运行
im = imread('coloredChips.png');                % 原图像
R = imnoise(im(:,:,1),'gaussian',0,0.01);   % R + 白噪声
G = imnoise(im(:,:,2),'gaussian',0,0.01);   % G + 白噪声
B = imnoise(im(:,:,3),'gaussian',0,0.01);   % B + 白噪声
im = cat(3,R,G,B);                              % 原图像 + 白噪声

filter_coef = [1 1]/2 ;   % (Bilinear Filter)
im_inter = Bilinear_Filter_interp(im, filter_coef);
figure('color',[1,1,1])
subplot(121),imshow(im);title('原始图像')
subplot(122),imshow(im_inter);title('双线性滤波插值图像')
```

运行程序输出图形如图 6-4 所示。

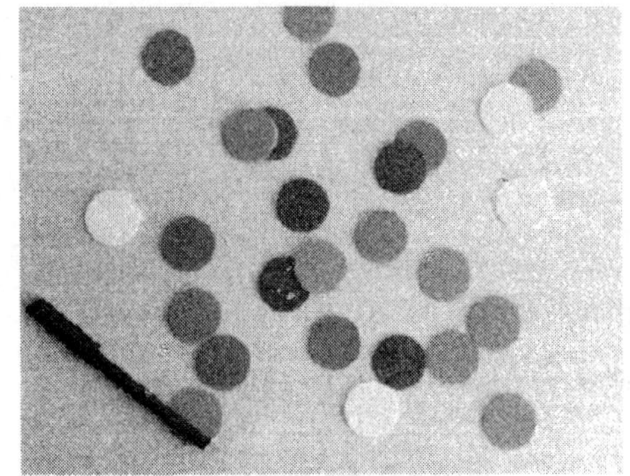
(a) 原始图像

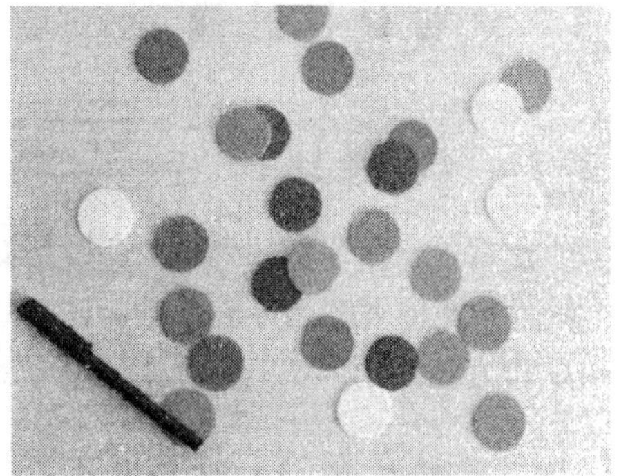
(b) 双线性滤波插值图像

图 6-4　双线性插值滤波

第7章 锐化滤波器设计与 MATLAB 实现

平滑滤波器主要用于平滑图像，即尽量滤除图像凸起、边缘部分等，使得图像看起来更加平滑；然而实际应用中，我们也更多地希望得到边缘部分，凸显边缘部分。例如，用户获取拍摄图像中的汽车，汽车在图像中比较明显，与背景信息差别比较大，这时候用户更加关心的是如何提取汽车这个特征，因此需要采用一种滤波器，滤除噪声的同时，保持图像边缘信息不变，或者是增强边缘信息等。本章将着重介绍锐化滤波器的设计，具体包括线性锐化滤波、Sobel 滤波、Canny 滤波、Prewitt 滤波、Roberts 滤波、Laplacian 滤波、kirsch 滤波等。

7.1 图像锐化处理

图像平滑处理往往使图像中的边界、轮廓变得模糊。为了减少这种不利效果的影响，需要利用图像锐化技术，增强图像的边缘或灰度突变的部分，使图像变得纹理分明，从而符合人们的视觉习惯。

图像锐化的实质是增强原图像的高频分量。图像锐化滤波器为高通滤波器，边缘和轮廓一般位于灰度突变的地方，因此可以使用灰度差分提取图像边缘和轮廓。由于边缘和轮廓在一幅图中常常具有任意方向，而差分运算是有方向性的，如果差分运算的方向选取不合适，则和差分方向不一致的边缘和轮廓就检测不出来，因而图像锐化处理便应运而生，它们对任意方向的边缘和轮廓都有检测能力。具有这钟性质的锐化算子有 Roberts 算子、Prewitt 算子、Sobel 算子、Laplacian 算子等微分算子。

数字图像的锐化可分为线性锐化滤波和非线性锐化滤波。如果输出像素是输入像素邻域像素的线性组合，则称为线性滤波；否则，称为非线性滤波。

7.2 线性锐化滤波

7.2.1 算法原理

线性高通滤波器是最常用的线性锐化滤波器。

线性锐化滤波器的中心系数为正数，其他系数为负数，所有的系数之和为0。例如，对于3×3的模板来说，典型的系数取值如图7-1所示。

-1	-1	-1
-1	8	-1
-1	-1	-1

图7-1 滤波器掩膜

7.2.2 算法仿真与 MATLAB 实现

编写线性锐化滤波器函数如下：

```
function im3 = linear_sharpen_filter(im,w)
%线性锐化滤波器
% input:
```

```
%       im:原始图像,待滤波图像
%       D0:带阻滤波器的截止频率
%       n:阶次
% output:
%         H:M×N 阶的矩阵,表示频域滤波器矩阵,数据类型为 double,
    if ~isa(im,'double')
        im1 = double(im)/255;
    end
im2 = imfilter(im1,w,'replicate');          % 线性锐化处理
im3 = im1 - im2;                             % im3 为锐化后图像
end
```

利用线性锐化滤波器消除噪声,编程如下:

```
%线性锐化滤波器
clc,clear,close all  % 清理命令区、清理工作区、关闭显示图形
warning off          %消除警告
featurejit off       % 加速代码运行
im = imread('coloredChips.png');                 % 原图像
R = imnoise(im(:,:,1),'gaussian',0,0.01);        % R + 白噪声
G = imnoise(im(:,:,2),'gaussian',0,0.01);        % G + 白噪声
B = imnoise(im(:,:,3),'gaussian',0,0.01);        % B + 白噪声
im = cat(3,R,G,B);                               % 原图像 + 白噪声

w =[-1 -1 -1;    %掩膜 mask
    -1 8 -1;
    -1 -1 -1];
im1 = linear_sharpen_filter(im,w);
figure('color',[1,1,1])
subplot(121),imshow(im,[]),title('original image')
subplot(122),imshow(im1,[]),title('线性锐化滤波器')
```

运行程序输出图形如图 7-2 所示。

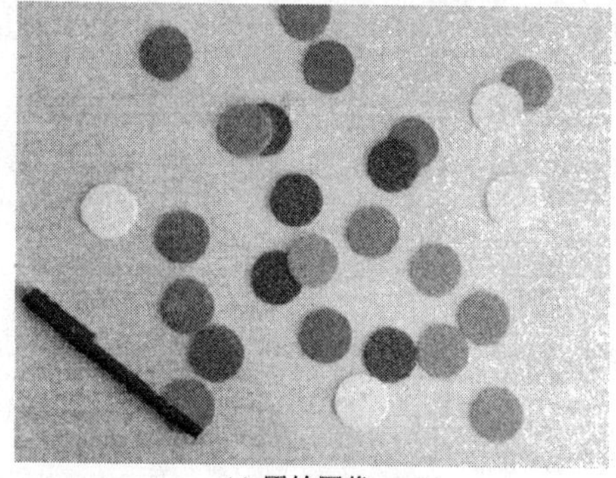
(a) 原始图像

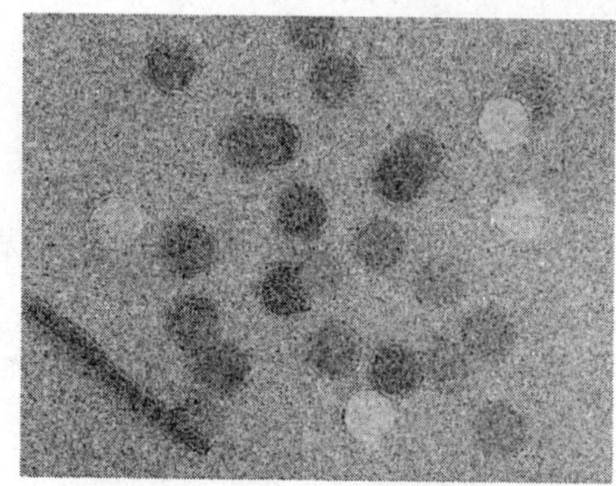
(b) 线性锐化滤波器

图 7-2　线性锐化滤波图像

7.3 Sobel 滤波

7.3.1 算法原理

Sobel 算子是把图像中的每个像素的上下左右四领域的灰度值加权差，在边缘处达到极值从而检测边缘。其定义为：

$$S_x = [f(x+1,y-1)+2f(x+1,y)+f(x+1,y+1)] - [f(x-1,y-1)+2f(x-1,y)+f(x-1,y+1)]$$

$$S_y = [f(x-1,y+1)+2f(x,y+1)+f(x+1,y+1)] - [f(x-1,y-1)+2f(x,y-1)+f(x+1,y-1)]$$

Sobel 算子卷积模板为：

$$\begin{bmatrix} -1 & -2 & -1 \\ 0 & 0 & 0 \\ 1 & 2 & 1 \end{bmatrix}, \begin{bmatrix} -1 & 0 & 1 \\ -2 & 0 & 2 \\ -1 & 0 & 1 \end{bmatrix}$$

图像中每个像素点都与 Sobel 两个核作卷积，一个核对垂直边缘影响最大，而另一个核对水平边缘影响最大，两个卷积的最大值作为这个像素点的输出值。

Sobel 算法不但产生较好的检测效果，而且对噪声具有平滑抑制作用，得到的边缘较粗，且可能出现伪边缘。

7.3.2 算法仿真与 MATLAB 实现

编写 Sobel 锐化滤波器函数如下：

```
function h = sobel_fspecial(type)
    if nargin < 1
        type = 'sobel';
    end
   switch type
      case 'sobel'   % Sobel filter
        h = [1 2 1;
             0 0 0;
             -1 -2 -1];
    end
end
```

利用 Sobel 锐化滤波器消除噪声，编程如下：

```
%sobel 锐化滤波器
clc,clear,close all   % 清理命令区、清理工作区、关闭显示图形
warning off           %消除警告
featurejit off        % 加速代码运行
im = imread('coloredChips.png');                       % 原图像
R = imnoise(im(:,:,1),'gaussian',0,0.01);    % R + 白噪声
G = imnoise(im(:,:,2),'gaussian',0,0.01);    % G + 白噪声
B = imnoise(im(:,:,3),'gaussian',0,0.01);    % B + 白噪声
im = cat(3,R,G,B);                                     % 原图像 + 白噪声
```

```
h = sobel_fspecial('sobel');    % 应用 sobel 算子锐化图像
R1 = filter2(h,R);              % sobel 算子滤波锐化
G1 = filter2(h,G);              % sobel 算子滤波锐化
B1 = filter2(h,B);              % sobel 算子滤波锐化
im1 = cat(3,R1,G1,B1);          % sobel 算子滤波锐化图像
figure('color',[1,1,1])
subplot(121),imshow(im,[]),title('original image')
subplot(122),imshow(im1,[]),title('sobel 锐化滤波器')
```

运行程序输出图形如图 7-3 所示。

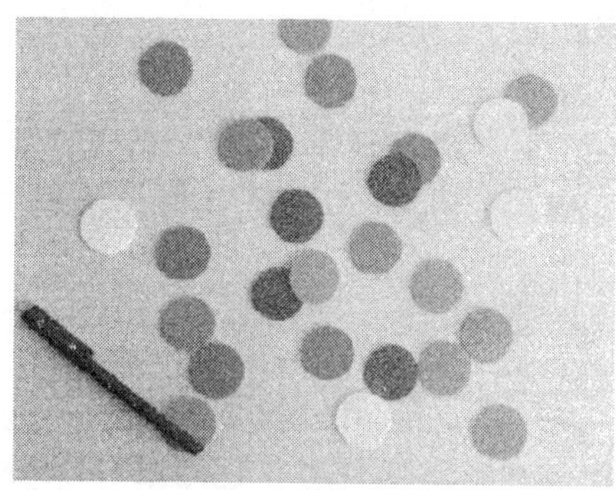

(a) 原始图像

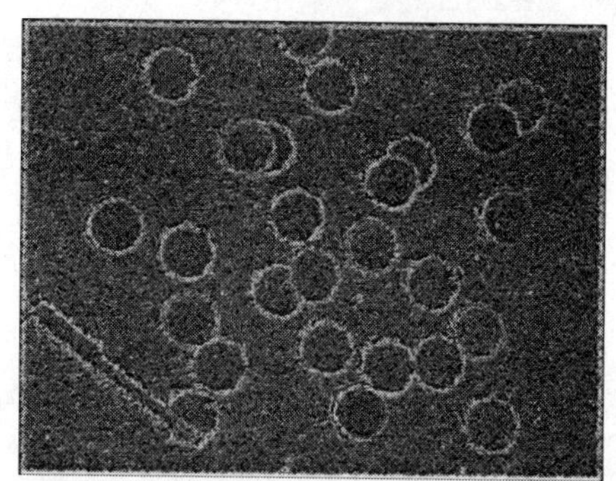

(b) Sobel锐化滤波器

图 7-3　Sobel 锐化滤波

7.4　Canny 滤波

7.4.1　算法原理

Canny 边缘检测算法是高斯函数的一阶导数，是对信噪比与定位精度之乘积的最优化逼近算子。Canny 算法首先用二维高斯函数的一阶导数，对图像进行平滑，设二维高斯函数为：

$$G(x,y)=\frac{1}{2\pi\sigma}\left(-\frac{x^2+y^2}{2\sigma}\right)$$

其梯度矢量为：

$$\nabla G=\begin{bmatrix}\dfrac{\partial G}{\partial x}\\[2mm]\dfrac{\partial G}{\partial y}\end{bmatrix}$$

其中，σ 为高斯滤波器参数，它控制着平滑程度。对于 σ 小的滤波器，虽然定位精度高，但信噪比低；σ 大的情况则相反，因此要根据需要适当选取高斯滤波器的参数 σ。

传统的 Canny 算法采用 2×2 邻域一阶偏导的有限差分来计算平滑后的数据阵列 $I(x,y)$ 的梯度幅值和梯度方向。其中，x 和 y 方向偏导数的两个阵列 $P_x(i,j)$ 和 $P_y(i,j)$ 分别为：

$$P_x(i,j)=[I(i,j+1)-I(i,j)+I(i+1,j+1)-I(i+1,j)]/2$$

$$P_y(i,j)=[I(i,j)-I(i+1,j)+I(i,j+1)-I(i+1,j+1)]/2$$

像素的梯度幅值和梯度方向用直角坐标到极坐标的坐标转化公式来计算。用二阶范数来

计算梯度幅值为：

$$M(i,j)=\sqrt{P_x(i,j)^2+P_y(i,j)^2}$$

梯度方向为：

$$\theta[i,j]=\arctan[P_y(i,j)/P_{xj}(i,j)]$$

7.4.2 算法仿真与MATLAB实现

编写Canny锐化滤波器函数如下：

```
functionnmx = canny_fspecial(im,type)
    ifnargin < 2
        type = 'canny';
    end
    if ~isa(im,'double')
        im = double(im)/255;
    end
  switch type
      case 'canny'   % canny 滤波

    r = im(:,:,1);g = im(:,:,2);b = im(:,:,3);
     %平滑滤波器
    filter = [2 4 5 4 2;
              4 9 12 9 4;
              5 12 15 12 5;
              4 9 12 9 4;
              2 4 5 4 2];
    filter = filter/115;
     %N维卷积运算
    smim = convn(im,filter);                    % 平滑滤波后图像

     %计算梯度
    gradXfilt = [-1 0 1;                        % 卷积模板 convolution mask
                 -2 0 2;
                 -1 0 1];
    gradYfilt = [1  2  1;                       % 卷积模板 convolution mask
                 0  0  0;
                -1  -2  -1];
 GradX = convn(smim,gradXfilt);                 % 卷积
 GradY = convn(smim,gradYfilt);                 % 卷积
 absgrad = abs(GradX) + abs(GradY);             % 卷积和
  %计算梯度角
 [a,b] = size(GradX);
 theta = zeros([a b]);
 fori = 1:a
     for j = 1:b
               if(GradX(i,j) = = 0)
                  theta(i,j) = atan(GradY(i,j)/0.000000000001);
               else
                    theta(i,j) = atan(GradY(i,j)/GradX(i,j));
               end
          end
    end
```

若您对此书内容有任何疑问，可以凭在线交流卡登录MATLAB中文论坛与作者交流。

```
    theta = theta * (180/3.14);
    fori = 1:a
        for j = 1:b
            if(theta(i,j)<0)
                theta(i,j) = theta(i,j) - 90;
                theta(i,j) = abs(theta(i,j));
            end
        end
   end
    fori = 1:a
        for j = 1:b
            if ((0<theta(i,j))&&(theta(i,j)<22.5))||((157.5<theta(i,j))&&(theta(i,j)<181))
                theta(i,j) = 0;
            elseif (22.5<theta(i,j))&&(theta(i,j)<67.5)
                 theta(i,j) = 45;
            elseif (67.5<theta(i,j))&&(theta(i,j)<112.5)
                  theta(i,j) = 90;
            elseif (112.5<theta(i,j))&&(theta(i,j)<157.5)
                  theta(i,j) = 135;
            end
        end
    end

   %非极大值抑制
   nmx = padarray(absgrad, [1 1]);
   [a,b] = size(theta);
   fori = 2:a-2
       for j = 2:b-2
            if (theta(i,j) = =135)
                if ((nmx(i-1,j+1)>nmx(i,j))||(nmx(i+1,j-1)>nmx(i,j)))
                    nmx(i,j) = 0;
                end
             elseif (theta(i,j) = =45)
                if ((nmx(i+1,j+1)>nmx(i,j))||(nmx(i-1,j-1)>nmx(i,j)))
                    nmx(i,j) = 0;
                end
             elseif (theta(i,j) = =90)
                if ((nmx(i,j+1)>nmx(i,j))||(nmx(i,j-1)>nmx(i,j)))
                    nmx(i,j) = 0;
                end
             elseif (theta(i,j) = =0)
                if ((nmx(i+1,j)>nmx(i,j))||(nmx(i-1,j)>nmx(i,j)))
                    nmx(i,j) = 0;
                end
            end
       end
   end

  end
end
```

利用 Canny 锐化滤波器消除噪声,编程如下:

```
% canny锐化滤波器
clc,clear,close all   % 清理命令区、清理工作区、关闭显示图形
warning off           % 消除警告
featurejit off        % 加速代码运行
im = imread('coloredChips.png');                 % 原图像
R = imnoise(im(:,:,1),'gaussian',0,0.01);    % R + 白噪声
G = imnoise(im(:,:,2),'gaussian',0,0.01);    % G + 白噪声
B = imnoise(im(:,:,3),'gaussian',0,0.01);    % B + 白噪声
im = cat(3,R,G,B);                               % 原图像 + 白噪声
im1 = canny_fspecial(im,'canny');   % 应用canny算子锐化图像
figure('color',[1,1,1])
subplot(121),imshow(im,[]),title('original image')
subplot(122),imshow(im1,[]),title('canny锐化滤波器')
```

运行程序输出图形如图 7-4 所示。

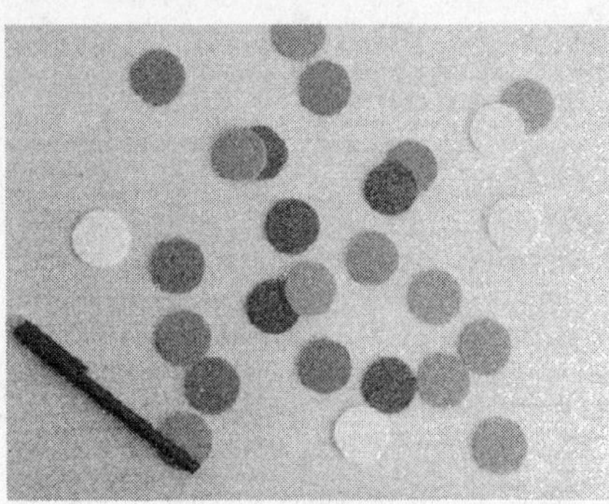

(a) 原始图像

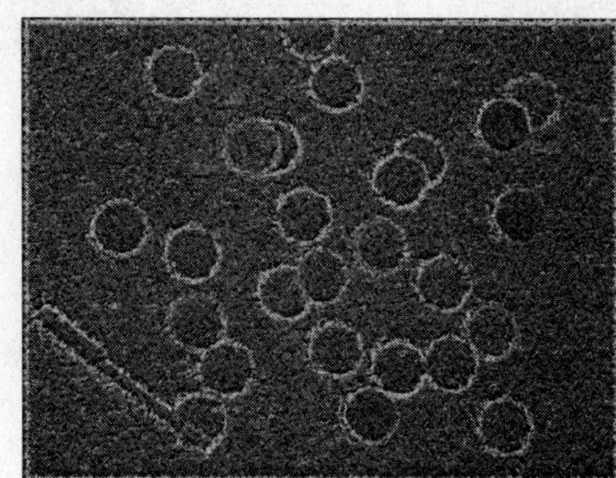

(b) Canny锐化滤波器

图 7-4　Canny 锐化滤波

7.5　Prewitt 滤波

7.5.1　算法原理

Prewitt 算子将边缘检测算子模板的大小从 2×2 扩大到 3×3,进行差分算子的计算,将方向差分运算与局部平均相结合,从而在检测图像边缘的同时减小噪声的影响。其表达式如下:

$$f_x(x,y)=[f(x-1,y+1)+f(x,y+1)+f(x+1,y+1)]-[f(x-1,y-1)-f(x,y-1)-f(x+1,y-1)]$$

$$f_y(x,y)=[f(x+1,y-1)+f(x+1,y)+f(x+1,y+1)]-[f(x-1,y-1)-f(x-1,y)-f(x-1,y+1)]$$

Prewitt 算子卷积模板为:$G(i,j)=|P_x|+|P_y|$。

式中:
$$\boldsymbol{P}_x=\begin{bmatrix}-1&0&1\\-1&0&1\\-1&0&1\end{bmatrix},\quad \boldsymbol{P}_y=\begin{bmatrix}1&1&1\\0&0&0\\-1&-1&-1\end{bmatrix}$$

$\boldsymbol{P}_x$ 是水平模板,$\boldsymbol{P}_y$ 是垂直模板。对图像中每个像素点都用这两个模板进行卷积,取最大

值作为输出,最终产生边缘图像。

7.5.2　算法仿真与 MATLAB 实现

编写 Prewitt 锐化滤波器函数如下:

```
function h = prewitt_fspecial(type)
   if nargin < 1
     type = 'prewitt';
   end
  switch type
    case 'prewitt'   % prewitt filter
     h = [1 1 1;
         0 0 0;
         -1 -1 -1];
  end
end
```

利用 Prewitt 锐化滤波器消除噪声,编程如下:

```
%prewitt 锐化滤波器
clc,clear,close all   % 清理命令区、清理工作区、关闭显示图形
warning off           % 消除警告
featurejit off        % 加速代码运行
im = imread('coloredChips.png');                % 原图像
R = imnoise(im(:,:,1),'gaussian',0,0.01);   % R + 白噪声
G = imnoise(im(:,:,2),'gaussian',0,0.01);   % G + 白噪声
B = imnoise(im(:,:,3),'gaussian',0,0.01);   % B + 白噪声
im = cat(3,R,G,B);                              % 原图像 + 白噪声

h = prewitt_fspecial('prewitt');   % 应用 prewitt 算子锐化图像
R1 = filter2(h,R);                 % prewitt 算子滤波锐化
G1 = filter2(h,G);                 % prewitt 算子滤波锐化
B1 = filter2(h,B);                 % prewitt 算子滤波锐化
im1 = cat(3,R1,G1,B1);             %prewitt 算子滤波锐化图像
figure('color',[1,1,1])
subplot(121),imshow(im,[]),title('original image')
subplot(122),imshow(im1,[]),title('prewitt 锐化滤波器 ')
```

运行程序输出图形如图 7-5 所示。

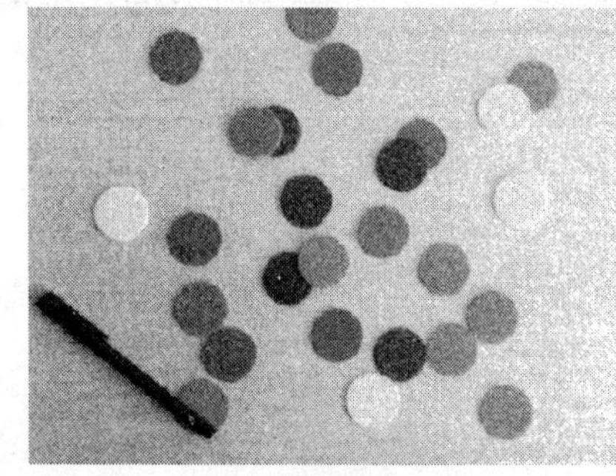
(a) 原始图像

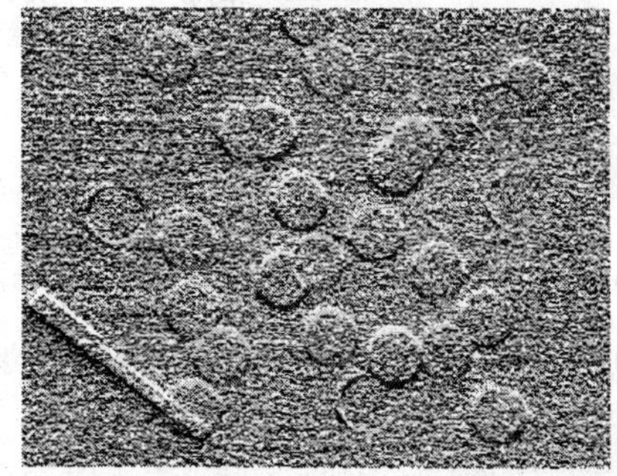
(b) Prewitt锐化滤波器

图 7-5　Prewitt 锐化滤波

7.6 Roberts 滤波

7.6.1 算法原理

图像处理中最常用的微分是利用图 y 像沿某个方向上的灰度变化率，即原图像函数的梯度。

Roberts 算子梯度定义如下：

$$\nabla_x f = f(x,y) - f(x+1,y)$$
$$\nabla_y f = f(x,y) - f(x,y+1)$$

① 梯度模的表达式如下：

$$|\nabla f| = |\nabla_x f| + |\nabla_y f|$$

② Roberts 算法又称交叉微分算法，其计算公式如下：

$$g(i,j) = |f(i+1,j+1) - f(i,j)| + |f(i+1,j) - f(i,j+1)|$$

③ 其特点是算法简单。

7.6.2 算法仿真与 MATLAB 实现

编写 Roberts 锐化滤波器函数如下：

```
function im1 = Roberts_fspecial(im,type)
    ifnargin < 2
      type = 'Roberts';
    end
    if ~isa(im,'double')
      im = double(im)/255;
    end
    [a, b] = size(im(:,:,1));   %行\列
    im1(:,:,1) = zeros(a,b);   % R1
   switch type
    case 'Roberts'   % Roberts filter
       fori = 1:size(im,3)      % 矩阵的维数,3D(RGB图像) 或者 2D(灰度图像)
           for j = 1:a - 1        % 行数
               for k = 1:b - 1   % 列数
                  im1(j,k,i) = abs( im(j + 1,k + 1,i) - im(j,k,i) ) + abs( im(j + 1,k,i) - im(j,k + 1,
i) );
               end
           end
       end
   end
end
```

利用 Roberts 锐化滤波器消除噪声，编程如下：

```
% Roberts 锐化滤波器
clc,clear,close all   % 清理命令区、清理工作区、关闭显示图形
warning off           %消除警告
featurejit off        % 加速代码运行
```

若您对此书内容有任何疑问，可以凭在线交流卡登录MATLAB中文论坛与作者交流。

```
im = imread('coloredChips.png');              % 原图像
R = imnoise(im(:,:,1),'gaussian',0,0.01);     % R + 白噪声
G = imnoise(im(:,:,2),'gaussian',0,0.01);     % G + 白噪声
B = imnoise(im(:,:,3),'gaussian',0,0.01);     % B + 白噪声
im = cat(3,R,G,B);                            % 原图像 + 白噪声

im1 = Roberts_fspecial(im,'Roberts');   % 应用 Roberts 算子锐化图像
figure('color',[1,1,1])
subplot(121),imshow(im,[]),title('original image')
subplot(122),imshow(im1,[]),title('Roberts 锐化滤波器 ')
```

运行程序输出图形如图 7-6 所示。

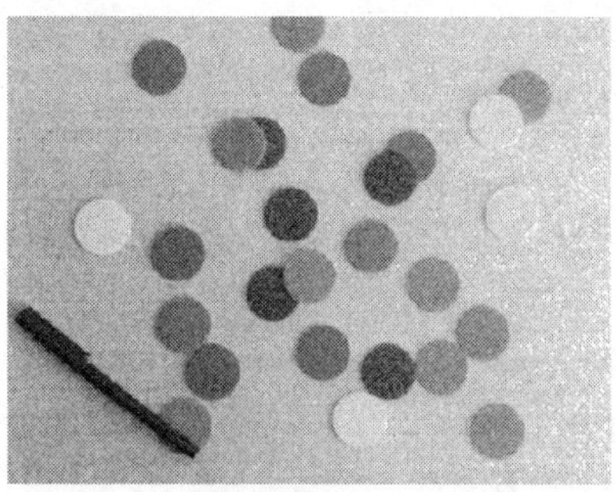

(a) 原始图像

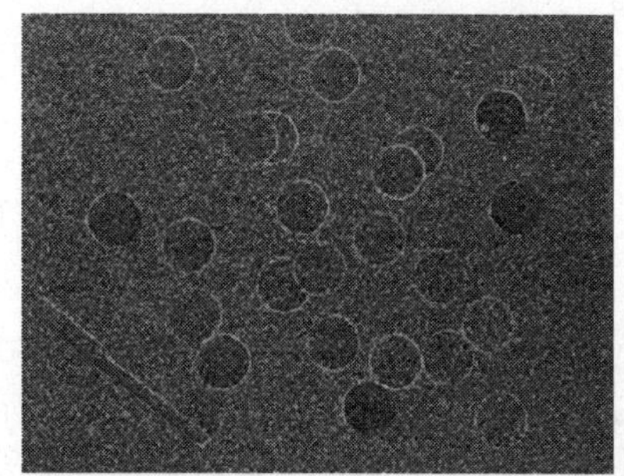

(b) Roberts锐化滤波器

图 7-6　Roberts 锐化滤波

7.7　拉普拉斯滤波

7.7.1　算法原理

拉普拉斯(Laplacian)算子是最简单的各向同性微分算子，具有旋转不变性，比较适用于改善因为光线的漫反射造成的图像模板。拉普拉斯算子的原理是，在摄像记录图像的过程中，光点将光漫反射到其周围区域，这个过程满足扩散方程：

$$\frac{\partial f}{\partial t} = k\,\nabla^2 f$$

经学者研究发现，当图像的模糊是由光的漫反射造成时，不模糊图像等于模糊图像减去它的拉普拉斯变换的常数倍。另外，人们还发现，即使模糊不是由于光的漫反射造成的，对图像进行拉普拉斯变换也可以使图像更清晰。

拉普拉斯锐化的一维处理表达式是：

$$g(x) = f(x) - \frac{\mathrm{d}^2 f(x)}{\mathrm{d}x^2}$$

在二维情况下，对于不同方向的轮廓，拉普拉斯算子能够在垂直的方向上，具有类似于一维处理的锐化效应，其表达式为：

$$\nabla^2 f = \frac{\partial^2 f}{\partial x^2} + \frac{\partial^2 f}{\partial y^2}$$

对于离散函数 $f(i,j)$，拉氏算子定义为：

$$\nabla^2 f(i,j) = \nabla_x{}^2 f(i,j) + \nabla_y{}^2 f(i,j)$$

其中

$$\begin{aligned}
&\nabla_x{}^2 f(i,j) = \\
&\nabla_x[\nabla_x f(i,j)] = \\
&\nabla_x[f(i+1,j) - f(i-1,j)] = \\
&\nabla_x f(i+1,j) - \nabla_x f(i,j) = \\
&f(i+1,j) - f(i,j) - f(i,j) + f(i-1,j) = \\
&f(i+1,j) + f(i-1,j) - 2f(i,j)
\end{aligned}$$

$$\nabla_y f(i,j) = f(i,j) - f(i,j-1)$$

类似的有

$$\nabla_y{}^2 f(i,j) = f(i,j+1) + f(i,j-1) - 2f(i,j)$$

所以有

$$\nabla^2 f(i,j) = f(i+1,j) + f(i-1,j) + f(i,j+1) + f(i,j-1) - 4f(i,j) \tag{7.1}$$

式(7.1)可用如下模板来实现：

$$\begin{bmatrix} 0 & 1 & 0 \\ 1 & -4 & 1 \\ 0 & 1 & 0 \end{bmatrix}$$

它给出了 90°同性的结果。这里再使用不同的系数将对角线方向加入到离散拉普拉斯算子定义中，可以定义另外几种拉氏算子：

$$\begin{bmatrix} 1 & 0 & 1 \\ 0 & -4 & 0 \\ 1 & 0 & 1 \end{bmatrix}, \begin{bmatrix} 1 & 1 & 1 \\ 1 & -8 & 1 \\ 1 & 1 & 1 \end{bmatrix}$$

由于拉普拉斯是一种微分算子，主要作用是凸显图像中灰度的边缘和轮廓部分，即降低灰度缓慢变化的区域。然而将原始图像和拉普拉斯图像叠加在一起的方法可以保护拉普拉斯锐化处理的效果，同时又能复原背景信息。

如果所使用的定义具有负的中心系数，那么就必须将原始图像减去经拉普拉斯变换后的图像，从而得到锐化的结果；反之，如果拉普拉斯定义的中心系数为正，则原始图像要加上经拉普拉斯变换后的图像。故使用拉普拉斯算子对图像增强的基本方法可以表示为下式：

$$G(i,j) = \begin{cases} f(i,j) + \nabla^2 f(i,j), & M > 0 \\ f(i,j) - \nabla^2 f(i,j), & M < 0 \end{cases}$$

其中 M 表示拉普拉斯算子矩阵中心值，$G(i,j)$也叫锐化掩膜。

7.7.2 算法仿真与 MATLAB 实现

编写 Laplacian 锐化滤波器函数如下：

```
function h = laplacian_fspecial(type,p2)
    if nargin<2
        type = 'laplacian';
        p2 = 1/5;    % alpha
    end
    switch type
```

```
    case 'laplacian'   % laplacian filter
        alpha = p2;
        alpha = max(0,min(alpha,1));
        h1     = alpha/(alpha + 1);
        h2 = (1 - alpha)/(alpha + 1);
        h      = [h1 h2 h1;
            h2  - 4/(alpha + 1) h2;
            h1 h2 h1];
  end
end
```

利用 Laplacian 锐化滤波器消除噪声，编程如下：

```
 % laplacian 锐化滤波器
clc,clear,close all   % 清理命令区、清理工作区、关闭显示图形
warning off           % 消除警告
featurejit off        % 加速代码运行
im = imread('coloredChips.png');                  % 原图像
R = imnoise(im(:,:,1),'gaussian',0,0.01);   % R + 白噪声
G = imnoise(im(:,:,2),'gaussian',0,0.01);   % G + 白噪声
B = imnoise(im(:,:,3),'gaussian',0,0.01);   % B + 白噪声
im = cat(3,R,G,B);                                % 原图像 + 白噪声

h = laplacian_fspecial('prewitt');   % 应用 laplacian 算子锐化图像
R1 = filter2(h,R);                   % laplacian 算子滤波锐化
G1 = filter2(h,G);                   % laplacian 算子滤波锐化
B1 = filter2(h,B);                   % laplacian 算子滤波锐化
im1 = cat(3,R1,G1,B1);               % laplacian 算子滤波锐化图像
figure('color',[1,1,1])
subplot(121),imshow(im,[]),title('original image')
subplot(122),imshow(im1,[]),title('laplacian 锐化滤波器 ')
```

运行程序输出图形如图 7 - 7 所示。

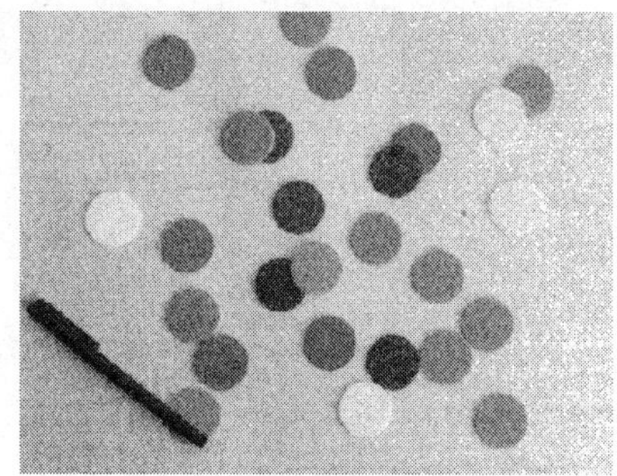

(a) 原始图像

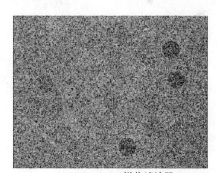

(b) Laplacian锐化滤波器

图 7 - 7　Laplacian 锐化滤波

7.8　Kirsch 滤波

7.8.1　算法原理

Roberts 算子、Prewitt 算子、Sobel 算子都只包含两个方向的模板，每种模板只对相应的

方向敏感，对该方向上的变化有明显的输出，而对其他方向的变化响应不大。为了检测各个方向的边缘，需要有各个方向的微分模板。

8 个方向的 kirsch 模板较为常用。这 8 个方向依次成 45°夹角，其 3×3 的模板为：

$$\begin{bmatrix}-5 & 3 & 3\\-5 & 0 & 3\\-5 & 3 & 3\end{bmatrix},\begin{bmatrix}3 & 3 & 3\\-5 & 0 & 3\\-5 & -5 & 3\end{bmatrix},\begin{bmatrix}3 & 3 & 3\\3 & 0 & 3\\-5 & -5 & -5\end{bmatrix},\begin{bmatrix}3 & 3 & 3\\3 & 0 & -5\\3 & -5 & -5\end{bmatrix}$$

$$\begin{bmatrix}3 & 3 & -5\\3 & 0 & -5\\3 & -5 & -5\end{bmatrix},\begin{bmatrix}3 & -5 & -5\\3 & 0 & -5\\3 & 3 & 3\end{bmatrix},\begin{bmatrix}-5 & -5 & -5\\3 & 0 & 3\\3 & 3 & 3\end{bmatrix},\begin{bmatrix}-5 & -5 & 3\\-5 & 0 & 3\\3 & 3 & 3\end{bmatrix}$$

7.8.2 算法仿真与 MATLAB 实现

编写 Kirsch 锐化滤波器函数如下：

```
function im1 = kirsch_fspecial(im,type)
    ifnargin < 2
        type = 'kirsch';
    end
    if ~isa(im,'double')
         im = double(im)/255;
    end
  switch type
      case 'kirsch'   % kirsch filter
       for dim = 1:size(im,3)   % 维数,RGB或者灰度图像
            a = im(:,:,dim);
            b = [-5 3 3;       % 模板 1
                -5 0 3;
                -5 3 3]/1512;
            c = [3 3 3;        % 模板 2
                -5 0 3;
                -5 -5 3]/1512;
            d = [3 3 3;        % 模板 3
                3 0 3;
                -5 -5 -5]/1512;
            e = [3 3 3;        % 模板 4
                3 0 -5;
                3 -5 -5]/1512;
            f = [3 3 -5;       % 模板 5
                3 0 -5;
                3 3 -5]/1512;
            g = [3 -5 -5;      % 模板 6
                3 0 -5;
                3 3 3]/1512;
            h = [-5 -5 -5;     % 模板 7
                3 0 3;
                3 3 3]/1512;
            i = [-5 -5 3;      % 模板 8
                -5 0 3;
                3 3 3]/1512;
```

```
            b = conv2(a,b,'same'); b = abs(b);     % 卷积后求绝对值
            c = conv2(a,c,'same'); c = abs(c);     % 卷积后求绝对值
            d = conv2(a,d,'same'); d = abs(d);     % 卷积后求绝对值
            e = conv2(a,e,'same'); e = abs(e);     % 卷积后求绝对值
            f = conv2(a,f,'same'); f = abs(f);     % 卷积后求绝对值
            g = conv2(a,g,'same'); g = abs(g);     % 卷积后求绝对值
            h = conv2(a,h,'same'); h = abs(h);     % 卷积后求绝对值
            i = conv2(a,i,'same');   i = abs(i);   % 卷积后求绝对值
            p = max(b,c);   % 取大值
            p = max(d,p);   % 取大值
            p = max(e,p);   % 取大值
            p = max(f,p);   % 取大值
            p = max(g,p);   % 取大值
            p = max(h,p);   % 取大值
            p = max(i,p);   % 取大值
            im1(:,:,dim) = double(p).*255;
        end
    end
end
```

利用 Kirsch 锐化滤波器消除噪声，编程如下：

```
% kirsch 锐化滤波器
clc,clear,close all   % 清理命令区、清理工作区、关闭显示图形
warning off           % 消除警告
featurejit off        % 加速代码运行
im = imread('coloredChips.png');                 % 原图像
R = imnoise(im(:,:,1),'gaussian',0,0.01);        % R + 白噪声
G = imnoise(im(:,:,2),'gaussian',0,0.01);        % G + 白噪声
B = imnoise(im(:,:,3),'gaussian',0,0.01);        % B + 白噪声
im = cat(3,R,G,B);                               % 原图像 + 白噪声

im1 = kirsch_fspecial(im,'kirsch');   % 应用 kirsch 算子锐化图像
figure('color',[1,1,1])
subplot(121),imshow(im,[]),title('original image')
subplot(122),imshow(im1,[]),title('kirsch 锐化滤波器 ')
```

运行程序输出图形如图 7－8 所示。

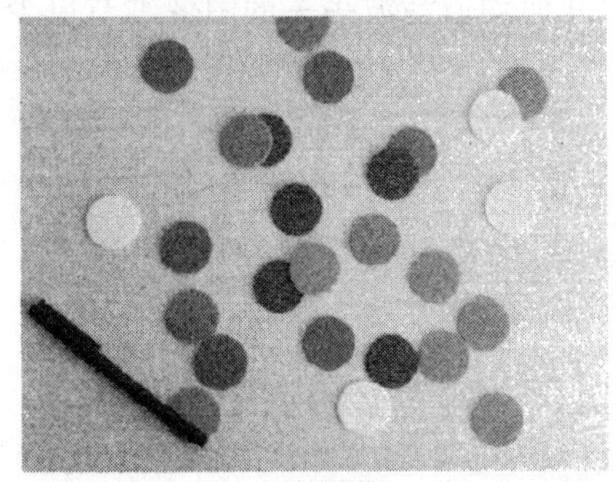

(a) 原始图像

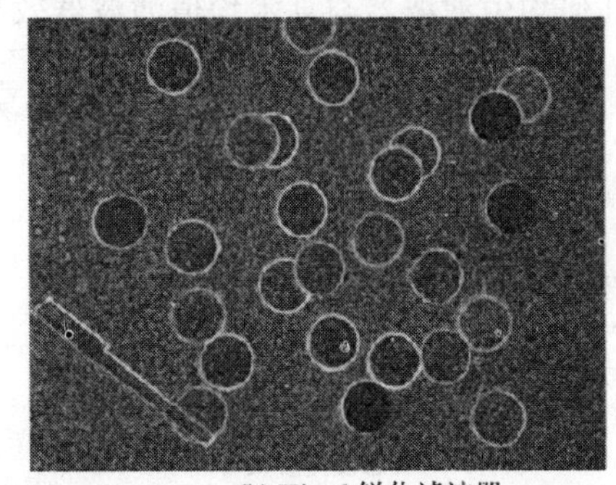

(b) Kirsch锐化滤波器

图 7－8　Kirsch 锐化滤波

第 8 章

常用平滑滤波器设计与 MATLAB 实现

第 7 章介绍了常用锐化滤波器设计。锐化滤波器主要是凸显图像边缘信息，使得用户感兴趣的特征更加明显地区别于背景特征。本章将全面而系统地讲解平滑滤波器的设计应用，即平滑边缘信息，对于滤除图像中的白点噪声等有很强的针对性。具体的平滑滤波器设计包括几何均值滤波、排序滤波、中值滤波、自适应平滑滤波、自适应中值滤波、超限邻域滤波等。

8.1 平滑滤波算法原理

平滑滤波是低频增强的空域滤波方法。图像平滑滤波的目的有两类：一类是模糊，另一类是消除噪声。空域平滑滤波一般采用简单平均法进行，即求邻近像素点的平均亮度值进行平滑滤波。邻域的大小与平滑的效果直接相关：邻域越大，平滑的效果越好；但邻域过大，平滑会使边缘信息损失得越大，从而使得输出的滤波图像变得模糊。因此在实际应用中，应该合理选择邻域大小。

8.2 几何均值滤波

8.2.1 算法原理

几何均值滤波的表达式为：

$$G'(x,y)=\left[\prod_{(i,j)\in S_{x,y}} G(i,j)\right]^{\frac{1}{m\times n}}$$

其中，$S_{x,y}$ 指的是图像邻域，m 和 n 为邻域的大小尺寸，$\boldsymbol{G}(i,j)$ 为滤波前二维图像矩阵，$\boldsymbol{G}'(x,y)$ 为滤波后二维图像矩阵。

几何均值滤波器与算术均值滤波器效果相当，但几何均值滤波丢失的图像细节更少。

8.2.2 算法仿真与 MATLAB 实现

编写几何均值滤波器函数如下：

```
function im2 = geometry_fspecial(im,m,n)
%函数对输入图像进行几何均值滤波
%函数输入：
%          x:输入二维图像矩阵
%          m,n:滤波掩膜尺寸
%函数输出
%          im2:输出图像矩阵,数据类型与输入相同

    if ~isa(im,'double')
```

```
        im1 = double(im)/255;
    end
    im2 = exp( imfilter(log(im1),ones(m,n),'replicate') ).^(1/m/n);    % 几何均值滤波
    im2 = im2uint8(im2);    % 数据类型转换
end
```

采用几何均值滤波器实现图像降噪操作，主函数程序如下：

```
% 几何均值滤波
clc,clear,close all    % 清理命令区、清理工作区、关闭显示图形
warning off            % 消除警告
featurejit off         % 加速代码运行
im = imread('brain.bmp');                   % 原图像
im = imnoise(im,'gaussian',0,1e-3);         % 原图像 + 白噪声

im1 = geometry_fspecial(im,3,3);            % 应用几何均值滤波
figure('color',[1,1,1])
subplot(121),imshow(im,[]),title('original image')
colormap(jet)     % 颜色
shading interp    % 消隐
subplot(122),imshow(im1,[]),title('几何均值滤波')
colormap(jet)     % 颜色
shading interp    % 消隐
```

运行程序输出图形如图 8-1 所示。

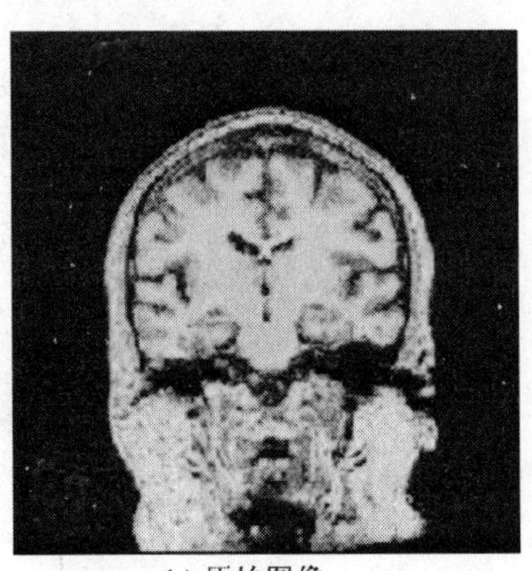

(a) 原始图像

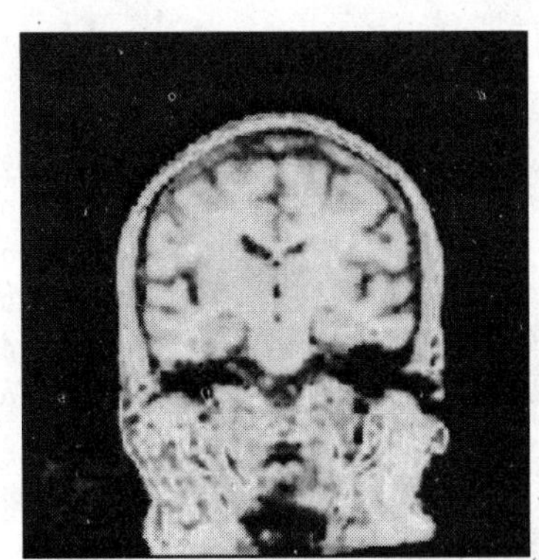

(b) 几何均值滤波

图 8-1　几何均值滤波

8.3　排序滤波

8.3.1　算法原理

排序滤波是一种非线性平滑滤波器，排序滤波能够保护图像边缘，并且也能很好地实现滤波功能。MATLAB 自带的图像工具箱提供了排序滤波函数 ordfilt2()，方便了用户的调用。

排序滤波的定义：把像素点周围邻域内的所有像素值按从大到小的顺序排列，然后选择某一特定位置的像素值作为滤波像素值。中值滤波就是一种典型的排序滤波，它将中间值作为

像素点的灰度值(若邻域窗口中有偶数个像素点,则取两个中间值的平均值作为滤波值)。

排序滤波方法能够较好地去除脉冲噪声、椒盐噪声,且能很好地保留图像边缘细节,主要是因为排序滤波方法不依赖邻域内突变很大的像素值;但是对于线、尖顶等细节多的图像,则不宜采用排序滤波。

8.3.2 算法仿真与 MATLAB 实现

使用排序滤波可以对图像进行平滑处理,编写排序滤波器函数如下:

```
function A = ord_filt2(im,order,domain)

if ~isa(im,'double')    % 是否为 double 类型
    A = double(im)/255;
end

domainSize = size(domain);   % 维数
center = floor((domainSize + 1) / 2);
[r,c] = find(domain);
r = r - center(1);    %以中心分开
c = c - center(2);    %以中心分开
padSize = max(max(abs(r)), max(abs(c)));    % 求距离中心点最大长度
A = padarray(A, padSize * [1 1], 0, 'both');   % 周围全部用 0 填充,向左右增 2 列 0,上下增 2 行 0
% A =
%       1     3     4
%       2     3     4
%       3     4     5
% B = padarray(A, 2 * [1 1], 0, 'both')
%       0     0     0     0     0     0     0
%       0     0     0     0     0     0     0
%       0     0     1     3     4     0     0
%       0     0     2     3     4     0     0
%       0     0     3     4     5     0     0
%       0     0     0     0     0     0     0
%       0     0     0     0     0     0     0

Ma = size(A,1);  %行
offsets = c * Ma + r;
%确保 offsets 有效
if ~isreal(offsets) || any(floor(offsets) ~= offsets) || any(~isfinite(offsets))
    error(message('offsets 无效 '))
end

%排序
  B = ord_filt2(A, order, offsets);
end
```

采用排序滤波器实现图像降噪操作,主函数程序如下:

```
%排序滤波
clc,clear,close all   % 清理命令区、清理工作区、关闭显示图形
warning off           %消除警告
featurejit off        % 加速代码运行
```

```
im = imread('brain.bmp');                    % 原图像
im = imnoise(im,'gaussian',0,1e-3);          % 原图像 + 白噪声

im1 = ordfilt2(im, 1, true(5));              % 应用排序滤波
figure('color',[1,1,1])
subplot(121),imshow(im,[]),title('original image')
colormap(jet)          % 颜色
shading interp         % 消隐
subplot(122),imshow(im1,[]),title(' 排序滤波 ')
colormap(jet)          % 颜色
shading interp         % 消隐
```

运行程序输出图形如图 8-2 所示。

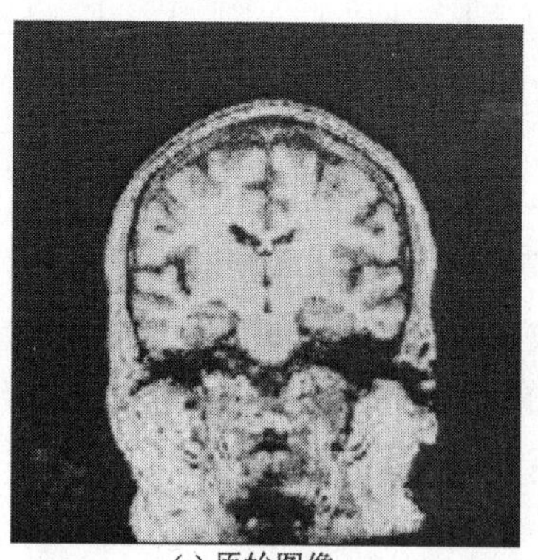
(a) 原始图像

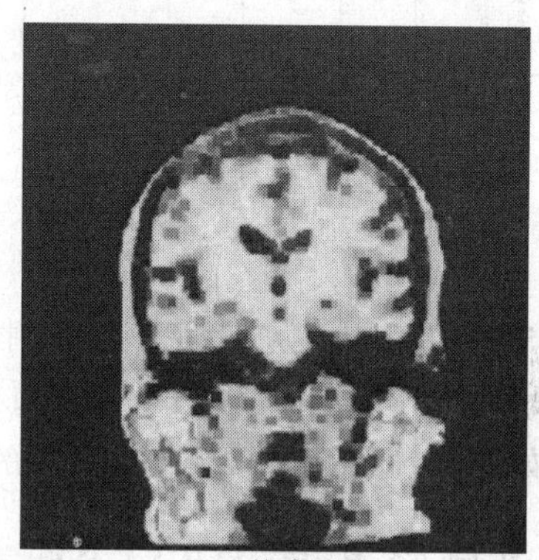
(b) 排序滤波

图 8-2　排序滤波

8.4　中值滤波

8.4.1　算法原理

中值滤波是由 Tukey 首先提出的一种简单易用的非线性滤波方法。由于它较好地消除了脉冲干扰并保持了信号边缘，故在图像滤波去噪中应用广泛。

中值滤波进行图像去噪时，模板大小的选取很关键。一般来说，模板越大，去噪能力越强；但同时也会使图像变得模糊，因此用户应该合理选取滤波模板窗口大小。

对于二维图像信号，中值滤波定义：

$$g(x,y)=\mathrm{median}\{f(x-i,y-j)\},\qquad (x,y)\in S$$

其中，$g(x,y)$、$f(x,y)$ 为像素灰度值，S 为模板窗口。

二维图像的中值滤波就是选择一定形式的窗口，使其在图像上的各点移动，用窗内的像素灰度值的中值代替窗口中心处的像素灰度值。

中值滤波算法的实现过程为：

① 选择一个 $(2n+1)\times(2n+1)$ 的窗口(通常采用的是 3×3 或 5×5)，使其沿图像的行或列方向逐像素滑动；

② 每次滑动后，对窗内的像素值进行排序，用排序所得中值代替窗口中心位置像素的灰度值。

中值滤波的简单滤波示意如图 8-3 所示。

0	0	0	0	0	0	0
0	0	0	0	0	0	0
0	0	1	1	1	0	0
0	0	1	23	1	0	0
0	0	1	1	1	0	0
0	0	0	0	0	0	0
0	0	0	0	0	0	0

(a) 原图灰度值

0	0	0	0	0	0	0
0	0	0	0	0	0	0
0	0	1	1	1	0	0
0	0	1	1	1	0	0
0	0	1	1	1	0	0
0	0	0	0	0	0	0
0	0	0	0	0	0	0

(b) 处理后的图像灰度值

图 8-3　中值滤波

图 8-3 中，数字代表灰度值。图(a)中间的灰度值 23 和周围的灰度相差很大，此处很可能是一个噪声点。经过 3×3 窗口(即窗口中 9 个像素取中间值)的中值滤波，得到处理后的图像灰度值，如图(b)所示。可以看出，图中的噪声点滤去了。

8.4.2　算法仿真与 MATLAB 实现

编写中值滤波器函数如下：

```
function b = med_filt2(a,mn)
%中值滤波
%输入：
%        a:输入二维图像矩阵
%        mn:为[m,n]滤波模板
%输出：
%        b:中值滤波图像

domain = ones(mn);              % 模板
if (rem(prod(mn), 2) = = 1)
    order = (prod(mn) + 1)/2; % 中值
    b = ordfilt2(a, order, domain, 'zeros');        %排序滤波
else
    order1 = prod(mn)/2;
    order2 = order1 + 1;
    b = ordfilt2(a, order1, domain, 'zeros');       %排序滤波
    b2 = ordfilt2(a, order2, domain, 'zeros');      %排序滤波
    if islogical(b)       % 逻辑运算
        b = b | b2;       % 或运算
    else
        b = imlincomb(0.5, b, 0.5, b2); % 0.5 * b + 0.5 * b2
    end
end
```

采用中值滤波器实现图像降噪操作，主函数程序如下：

```
%中值滤波
clc,clear,close all   % 清理命令区、清理工作区、关闭显示图形
warning off           % 消除警告
featurejit off        % 加速代码运行
[filename ,pathname] = ...
      uigetfile({'*.bmp';'*.jpg';},'选择图片');        % 选择图片路径
str = [pathname filename];                             % 合成路径 + 文件名
im = imread(str);                                      % 原图像
im = imnoise(im,'gaussian',0,1e-3);                    % 原图像 + 白噪声

im1 = med_filt2(im, 3 );   % 应用中值滤波
figure('color',[1,1,1])
subplot(121),imshow(im,[]),title('original image')
colormap(jet)        % 颜色
shading interp       % 消隐
subplot(122),imshow(im1,[]),title('中值滤波')
colormap(jet)        % 颜色
shading interp       % 消隐
```

运行程序输出图形如图 8-4 所示。

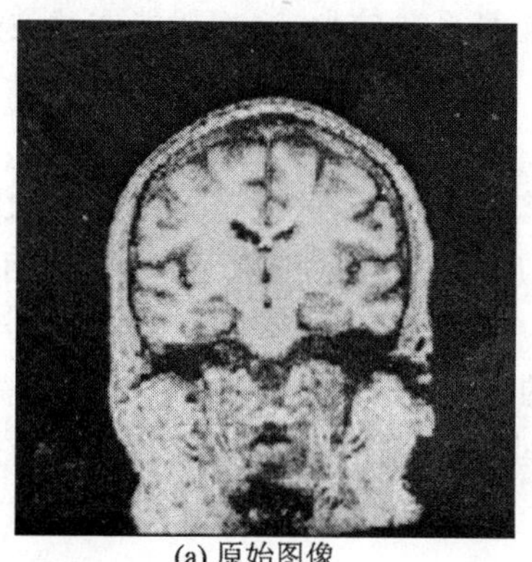

(a) 原始图像

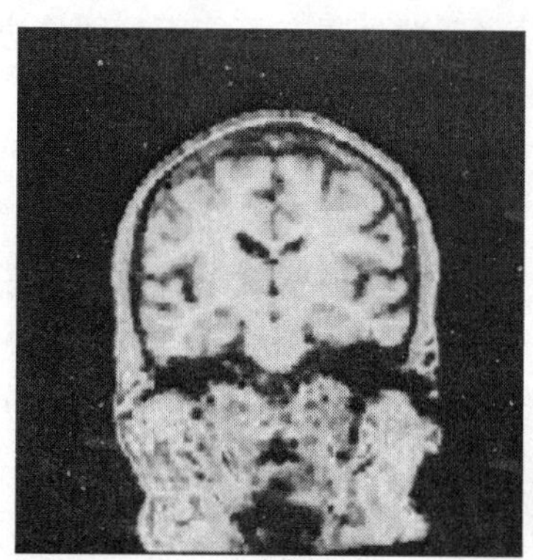

(b) 中值滤波

图 8-4　中值滤波

8.5　自适应平滑滤波

8.5.1　算法原理

在线性空间滤波中，所有掩膜矩阵的系数都是固定的用户给定值。由于固定的掩膜矩阵系数不一定能够适应复杂的图像，也就是说，固定的掩膜矩阵，不一定具有泛化能力。鉴于此，有很多学者提出采用自适应掩膜算子，其掩膜算子尺寸、系数根据图像像素值进行自适应变化。

假设用 $h(x,y)$来表示自适应掩膜矩阵 $\boldsymbol{H}$ 中的系数，$g(x,y)$表示图像像素，则有：

$$h(x,y)=f(g(x,y))$$

对于简单的平滑滤波而言，通常在去除噪声的同时，也将图像的某些边缘或者突变部分作

为高频成分平滑处理掉了,因而导致图像的某些边、线、点等丢失。而自适应平滑滤波则在一定程度上,既可以消除图像噪声,又能保留图像细节等特征信息。

对于自适应平滑滤波器而言,掩膜系数 $h(x,y)$ 通常会根据图像像素值的不连续性而改变。

一种自适应平滑掩膜如下:

$$h(x,y)=\mathrm{e}^{-\frac{d(x,y)}{2}}$$

其中,

$$d(x,y)=\sqrt{G_x(x,y)^2+G_y(x,y)^2}=$$

$$\sqrt{\left\{\frac{1}{2}[g(x+1,y)-g(x-1,y)]\right\}^2+\left\{\frac{1}{2}[g(x,y+1)-g(x,y-1)]\right\}^2}$$

该方法在使用 $h(x,y)$ 进行滤波时,每一次的卷积结果都需要用 $N(x,y)$ 进行归一化。其中:

$$N(x,y)=\frac{\sum(h\times X)}{\sum h}$$

自适应平滑方法的原理其实就是根据图像在某点处的梯度来调整滤波掩膜的系数。如果某处梯度较大,说明此处很有可能是图像边缘,至少是图像突变部分,则掩膜系数较小;如果某处梯度较小,说明此处很有可能不是图像边缘,则掩膜系数较大,这样就能在滤波过程中对图像边缘进行一定的保留。

自适应平滑掩膜变化的目的有两个:

① 对于图像边缘进行了锐化增强,保留了图像细节部分,同时也对图像中的弱边缘进行了一定程度的增强,有时候这个弱边缘的锐化增强反而对图像处理不利,具体视用户的工程背景而定;

② 对图像进行平滑,达到平滑滤波噪声的目的。

自适应掩膜的方法在进行区域内部平滑的同时,也增强了图像边缘,因此,有效地解决了平滑图像与弱化边缘这一矛盾。

8.5.2 算法仿真与 MATLAB 实现

编写自适应平滑滤波器函数如下:

```
function Z = adaptsmooth_filter(X,mn)
% 函数对输入的二维图像矩阵进行自适应平滑滤波
% input:
%          X:输入的二维图像矩阵
%          m:m 行的滤波模板
%          n:n 列的滤波末班
% output:
%          Z:输出对 m x n 的二维图像矩阵的运算结果
if nargin < 2
    m = 3;  % 滤波模板尺寸
    n = 3;
end
if size(X,3)~=1
    error('图像应该为二维矩阵')
```

```
end
if ~isa(X,'double')
    X = double(X)/255;      % 数据类型
end
m = mn(1);  n = mn(2);       % 模板大小
[n1,n2] = size(X);
X(n1:n1 + m, n2:n2 + n) = 0;   % 扩充,使得图像能够被 m x n 模板全部覆盖
%计算掩膜系数
fori = 1:size(X,1) - m
    for j = 1:size(X,2) - n
        H = zeros(m,n);   % 初始化
        for k = 1:m
            for l = 1:n
                Gx = 0.5 * ( X(k + i,l) - X(k + i - 1,l) );
                Gy = 0.5 * ( X(k,l + j) - X(k,l + j - 1) );
                d = sqrt(Gx^2 + Gy^2);
                H(k,l) = exp( - d/2);
            end
        end
        %计算相关累加值
        Z = H. * X(i:m + i - 1,j:n + j - 1);
        %归一化
        im1(i,j) = im2uint8( sum(Z(:))/sum(H(:)) );
    end
end
Z = im1(1:n1,1:n2); %去掉最边缘增加的行列

end
```

采用自适应平滑滤波器实现图像降噪操作，主函数程序如下：

```
%自适应平滑滤波
clc,clear,close all   % 清理命令区、清理工作区、关闭显示图形
warning off           %消除警告
feature jit off       % 加速代码运行
[filename ,pathname] = ...
    uigetfile({'*.bmp';'*.jpg';},'选择图片');     % 选择图片路径
str = [pathname filename];     % 合成路径 + 文件名
im = imread(str);      % 原图像
im = imnoise(im,'gaussian',0,1e - 3);          % 原图像 + 白噪声

im1 = adaptsmooth_filter( im,[3,5] );          % 应用自适应平滑滤波
figure('color',[1,1,1])
subplot(121),imshow(im,[]),title('original image')
colormap(jet)        % 颜色
shading interp       % 消隐
subplot(122),imshow(im1,[]),title('自适应平滑滤波')
colormap(jet)        % 颜色
shading interp       % 消隐
```

运行程序输出图形如图 8-5 所示。

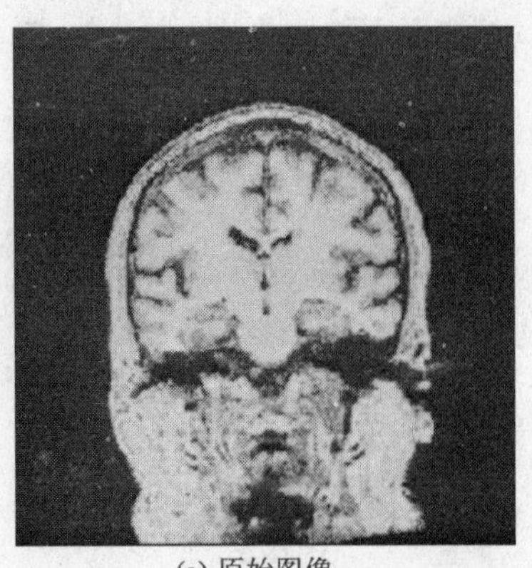
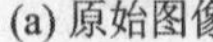
(a) 原始图像

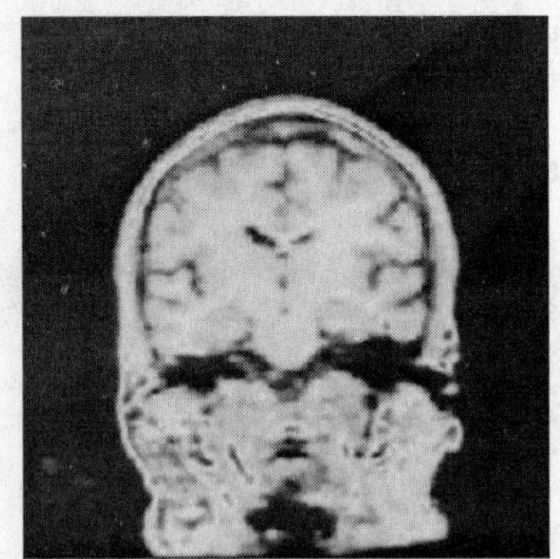
(b) 自适应平滑滤波

图 8-5　自适应平滑滤波

8.6　自适应中值滤波

8.6.1　算法原理

由 8.5 节自适应平滑滤波可知，掩膜系数随着图像像素值的改变而自适应变化，能够很好地去除噪声，并能保留边缘信息。自适应中值滤波算法也可以通过自适应改变掩膜的尺寸来达到既消除噪声又保留图像边缘的目的，自适应中值滤波算法如下所述。

假设符号定义如下：

$Z_{\min}$ 为 $X_{x,y}$ 中灰度级的最小值；

Z_{med} 为 $X_{x,y}$ 中灰度级的中值；

$Z_{\max}$ 为 $X_{x,y}$ 中灰度级的最大值；

$Z(x,y)$ 为在坐标 (x,y) 上的灰度值；

$X_{\max}$ 为 $X_{x,y}$ 允许的最大尺寸。

自适应中值滤波算法主要在两个层次上变换。假设这两个层次分别定义为 A 层和 B 层，其具体含义如下：

A 层：如果 $Z_{\min} < Z_{\mathrm{med}} < Z_{\max}$，则转到 B 层，否则增大窗口尺寸；如果窗口尺寸小于等于 $X_{\max}$，则重复 A 层，否则输出 $Z(x,y)$。

B 层：如果 $Z_{\min} < Z(x,y) < Z_{\max}$，则输出 $Z(x,y)$，否则输出 Z_{med}。

其中，$Z_{\min}$ 和 $Z_{\max}$ 可以认为是类冲激式的噪声成分。A 层的目的是判定中值滤波器的输出 Z_{med} 是否是一个椒盐噪声。如果条件 $Z_{\min} < Z_{\mathrm{med}} < Z_{\max}$ 有效，则表示 Z_{med} 不是椒盐噪声。在该情况下，转到 B 层检测，判断窗口 $Z(x,y)$ 的中心点是否是一个脉冲。若 $Z_{\min} < Z(x,y) < Z_{\max}$，则表示 $Z(x,y)$ 和 Z_{med} 不是脉冲，算法程序将输出一个不变的像素灰度值 $Z(x,y)$；如果条件 $Z_{\min} < Z(x,y) < Z_{\max}$ 不满足，则说明 $Z(x,y) = Z_{\max}$ 或 $Z(x,y) = Z_{\min}$，则像素值是一个突变值，进而由从 A 层判断 Z_{med} 不是椒盐噪声，那么算法将输出中值 Z_{med}。

自适应中值滤波算法主要是除去椒盐噪声、平滑其他非冲激噪声，也可以减少滤波图像中物体边缘失真等缺陷。

8.6.2 算法仿真与 MATLAB 实现

编写自适应中值滤波器函数如下：

```
function Z = adapmedian_filter(X, Smax)
%函数对输入图像进行邻域窗口大小可变的自适应中值滤波
%函数输入
%        X:输入二维图像矩阵
%        smax:中值滤波邻域窗口的最大值,必须是大于 1 的奇数
%函数输出
%        Z:输出图像矩阵,数据类型与输入相同
%smax 必须是大于 1 的奇数
if (Smax<=1) | (Smax/2 == round(Smax/2)) | (Smax ~= round(Smax))
    error('smax 必须是大于 1 的奇数 ')
end
if size(X,3)~=1
    error(' 图像应该为二维矩阵 ')
end
if ~isa(X,'double')
    X = double(X)/255;  %数据类型
end
[M, N] = size(X);
%初始化
Z = X;  Z(:)=0;
LevelA = false(size(X));   % 初始化,同 X 的 全 0 逻辑矩阵
%开始滤波
    for k=3:2:Smax
    Zmin = ordfilt2(X,1,ones(k,k),'symmetric' );      % 排序滤波
    Zmax = ordfilt2(X,k*k,ones(k,k), 'symmetric');   % 排序滤波
    Zmed = medfilt2(X,[k,k], 'symmetric');            % 中值滤波
    %判断是否进入 B 层
    LevelB = (Zmed>Zmin)&(Zmax>Zmed)&LevelA;  % 判断 A 层
    ZB = (X >Zmin) & (Zmax > X);
    outputZxy = LevelB & ZB;        % 交运算
    outputZmed = LevelB & ~ZB;     % 交运算
    Z(outputZxy) = X(outputZxy);                % 赋值
    Z(outputZmed) = Zmed(outputZmed);           % 赋值
    LevelA = LevelA  | LevelB;     % 非运算
    if all(LevelA(:))
        break;  % 停止
    end
end
Z(~LevelA) = Zmed(~LevelA);       % 赋值
Z = im2uint8(Z);  %类型转化
end
```

采用自适应中值滤波器实现图像降噪操作，主函数程序如下：

```
%自适应中值滤波
clc,clear,close all    % 清理命令区、清理工作区、关闭显示图形
warning off            %消除警告
feature jit off        % 加速代码运行
```

若您对此书内容有任何疑问，可以凭在线交流卡登录MATLAB中文论坛与作者交流。

```
[filename ,pathname] = ...
    uigetfile({'*.bmp';'*.jpg';},'选择图片');          % 选择图片路径
str = [pathname filename];         % 合成路径 + 文件名
im = imread(str);                  % 原图像
im = imnoise(im,'gaussian',0,1e-3);    % 原图像 + 白噪声

im1 = adapmedian_filter( im,3 );         % 应用自适应中值滤波
figure('color',[1,1,1])
subplot(121),imshow(im,[]),title('original image')
colormap(jet)        % 颜色
shading interp       % 消隐
subplot(122),imshow(im1,[]),title('自适应中值滤波')
colormap(jet)        % 颜色
shading interp       % 消隐
```

运行程序输出图形如图 8-6 所示。

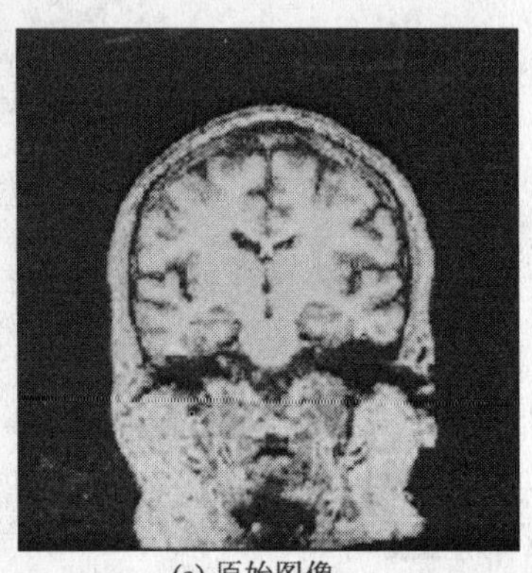
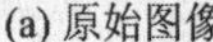
(a) 原始图像

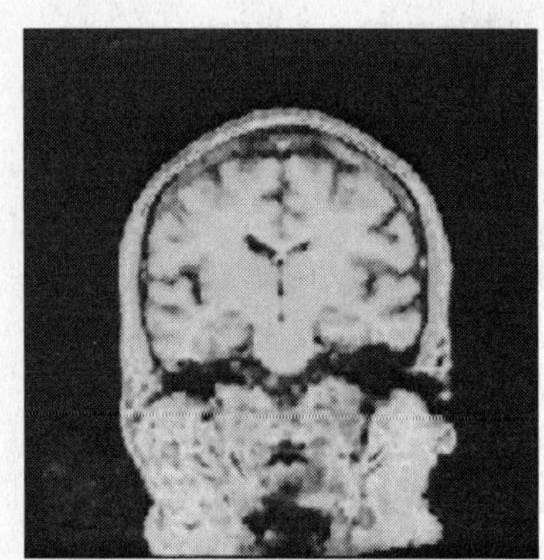
(b) 自适应中值滤波

图 8-6 自适应中值滤波

8.7 超限邻域滤波

8.7.1 算法原理

超限邻域平均法在均值滤波的基础上引入了门限(阈值)处理,能够很有效地消除椒盐噪声。

超限邻域平均法滤波器的算术表达式如下:

$$G'(x,y)=\begin{cases}\dfrac{1}{n}\sum\limits_{(i,j)\in S_{x,y}}G(i,j), & G(x,y)>\dfrac{1}{n}\sum\limits_{(i,j)\in S_{x,y}}G(i,j)+T\\ G(i,j), & G(x,y)\leqslant\dfrac{1}{n}\sum\limits_{(i,j)\in S_{x,y}}G(i,j)+T\end{cases}$$

其中,n 为模板窗口内的像素数目,$S_{x,y}$ 为邻域窗口,T 为判定阈值。

超限邻域平均法用邻域窗口中心的像素与邻域窗口的均值进行比较。如果比较的值超过一定的门限值(阈值),则表示该点(像素值)是一个噪声点,应该滤除。这样做的目的是在消除

椒盐噪声的情况下,尽可能地保留原来图像的信息。

8.7.2　算法仿真与 MATLAB 实现

编写超限邻域滤波器函数如下:

```
function Z = threddmean_filter(X,n,thred)
% 函数对输入图像进行超限邻域平均法滤波
% 函数输入
%          X:输入二维图像矩阵
%          n:掩膜尺寸
%          thred:阈值
% 函数输出
%          Z:输出图像矩阵,数据类型与输入相同
if size(X,3)~ = 1
    error('图像应该为二维矩阵')
end
if ~isa(X,'double')
    X = double(X)/255;              % 数据类型
end
H = fspecial('average',n);          % 均值模板
Y = imfilter(X, H);
outputmean = abs(X - Y)>thred;     % 判断哪些是门限
Z = X;
Z(outputmean) = Y(outputmean);
Z = im2uint8(Z);   % 类型转换

end
```

采用超限邻域滤波器实现图像降噪操作,主函数程序如下:

```
%超限邻域滤波器
clc,clear,close all   % 清理命令区、清理工作区、关闭显示图形
warning off           % 消除警告
feature jit off       % 加速代码运行
[filename ,pathname] = ...
      uigetfile({'*.bmp';'*.jpg';},'选择图片');       % 选择图片路径
str = [pathname filename];                            % 合成路径 + 文件名
im = imread(str);                                     % 原图像
im = imnoise(im,'gaussian',0,1e-3);                   % 原图像 + 白噪声

im1 = threddmean_filter( im,5, 5/255 );               % 应用超限邻域滤波
figure('color',[1,1,1])
subplot(121),imshow(im,[]),title('original image')
colormap(jet)     % 颜色
shading interp    % 消隐
subplot(122),imshow(im1,[]),title('超限邻域滤波')
colormap(jet)     % 颜色
shading interp    % 消隐
```

运行程序输出图形如图 8 - 7 所示。

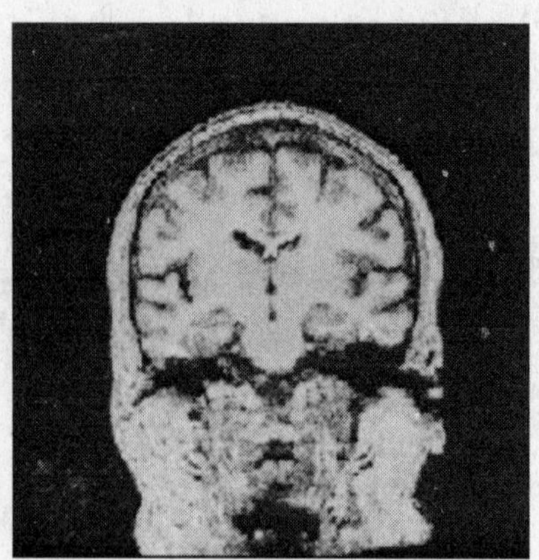
(a) 原始图像

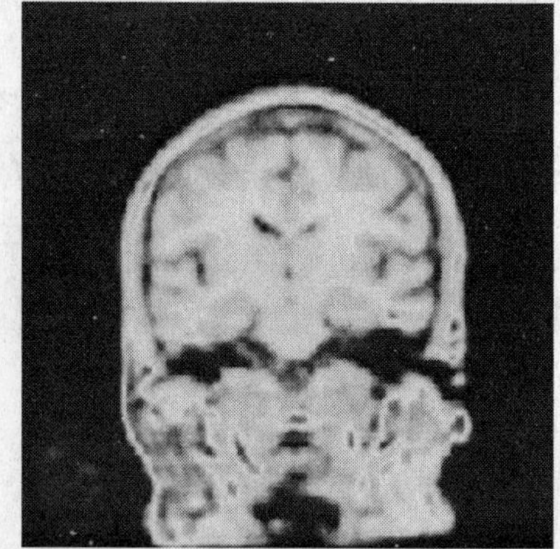
(b) 超限邻域滤波

图 8-7 超限邻域滤波

第 9 章 谐波均值滤波器设计与 MATLAB 实现

谐波滤波器以及逆谐波滤波器类似于理想滤波器、巴特沃斯滤波器、高斯滤波器等，是由一个滤波函数作为核函数，含噪声图像通过该函数计算，得到一组新的像素值，新的像素值保留着原有的图像基本信息，对于椒盐噪声、高斯噪声等，可以达到滤除的目的。

9.1 谐波均值滤波

9.1.1 算法原理

谐波均值滤波求取的是图像像素的倒数之和，具体的数学表达式如下：

$$G'(x,y)=\frac{m\times n}{\sum\limits_{(i,j)\in S_{x,y}}\frac{1}{G(i,j)}}$$

谐波均值滤波器对于盐噪声、高斯噪声效果更好，但是对于椒噪声滤波效果不是很好。

9.1.2 算法仿真与 MATLAB 实现

编写谐波均值滤波函数如下：

```
function z = harmonymean_filter(x,m,n)
%谐波均值滤波
%函数输入：
%          x:输入二维图像矩阵
%          m,n:滤波掩膜尺寸
%函数输出：
%          z:输出图像矩阵,数据类型与输入相同
if ~isa(x,'double')
    x = double(x)/255;
end

z = m*n./imfilter(1./(x+eps),ones(m,n),'replicate');     % 谐波均值滤波
z = im2uint8(z);                                          % 类型转换

end
```

采用谐波均值滤波实现图像去噪，主函数如下：

```
%谐波均值滤波
clc,clear,close all   % 清理命令区、清理工作区、关闭显示图形
warning off           %消除警告
feature jit off       % 加速代码运行
im = imread('brain.bmp');                  % 原图像
```

```
im = imnoise(im,'gaussian',0,1e-3);      % 原图像 + 白噪声

im1 = harmonymean_filter(im,3,3);        % 应用谐波均值滤波
figure('color',[1,1,1])
subplot(121),imshow(im,[]),title('original image')
colormap(jet)     % 颜色
shading interp    % 消隐
subplot(122),imshow(im1,[]),title('谐波均值滤波')
colormap(jet)     % 颜色
shading interp    % 消隐
```

运行程序输出图形如图 9-1 所示。

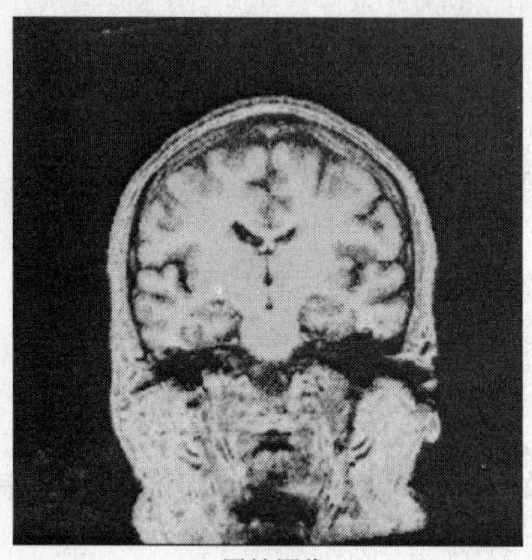

(a) 原始图像

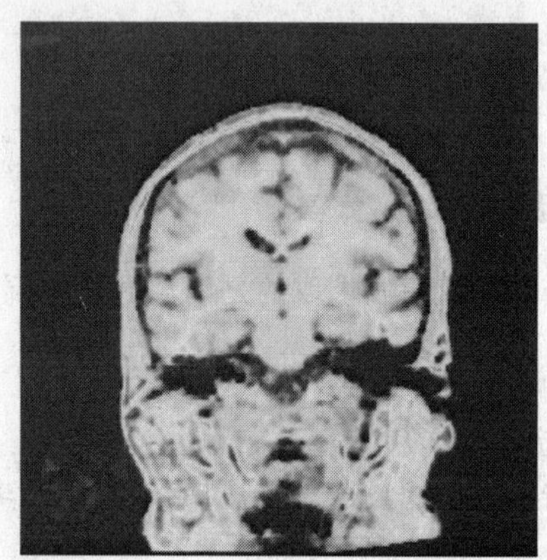

(b) 谐波均值滤波

图 9-1　谐波均值滤波

9.2　逆谐波均值滤波

9.2.1　算法原理

逆谐波均值滤波器，顾名思义就是谐波滤波器的反向滤波器。逆谐波滤波器对于消除椒盐噪声、高斯噪声具有较好的效果，对于较密集的"雪花"噪声等，滤波效果则一般。

逆谐波均值滤波的数学表达式如下：

$$G'(x,y)=\frac{\sum\limits_{(i,j)\in S_{x,y}} G(i,j)^{Q+1}}{\sum\limits_{(i,j)\in S_{x,y}} G(i,j)^{Q}}$$

其中，Q 称为逆谐波均值滤波器的阶数。

当 $Q>0$ 时，该逆谐波均值滤波器用于消除椒噪声；当 $Q<0$ 时，该逆谐波均值滤波器用于消除盐噪声。当 $Q=0$ 时，逆谐波均值滤波器退变为算术均值滤波器；当 $Q=-1$ 时，逆谐波均值滤波器退变为谐波均值滤波器。

值得注意的是：一个逆谐波均值滤波器不能同时消除这两种噪声。

然而在编写程序时，可通过程序设定在不同的 Q 值下分别进行逆谐波均值滤波去噪，从而实现滤波效果的叠加，相当于多个滤波器的作用。

9.2.2 算法仿真与 MATLAB 实现

编写逆谐波均值滤波函数如下：

```
functionim = conharmmean_filter(x,m,n,q)
  %逆谐波均值滤波
  %函数输入：
  %          x:输入二维图像矩阵
  %          m,n:滤波掩膜尺寸
  %函数输出：
  %          im:输出图像矩阵,数据类型与输入相同
  if ~isa(x,'double')
     x = double(x)/255;
  end

  im = imfilter(x.^(q+1),ones(m,n),'replicate');              % 滤波算子
  im = im./(imfilter(x.^q,ones(m,n),'replicate') + eps);     % 逆谐波均值滤波
  im = im2uint8(im);                                            % 类型转换
  end
```

采用逆谐波均值滤波实现图像去噪，主函数如下：

```
  %逆谐波均值滤波
  clc,clear,close all   % 清理命令区、清理工作区、关闭显示图形
  warning off           % 消除警告
  feature jit off       % 加速代码运行
  im = imread('brain.bmp');                 % 原图像
  im = imnoise(im,'gaussian',0,1e-3);       % 原图像 + 白噪声

  im1 = conharmmean_filter(im,3,3,3/2);  % 应用逆谐波均值滤波
  figure('color',[1,1,1])
  subplot(121),imshow(im,[]),title('original image')
  colormap(jet)     % 颜色
  shading interp    % 消隐
  subplot(122),imshow(im1,[]),title('逆谐波均值滤波')
  colormap(jet)     % 颜色
  shading interp    % 消隐
```

运行程序输出图形如图 9-2 所示。

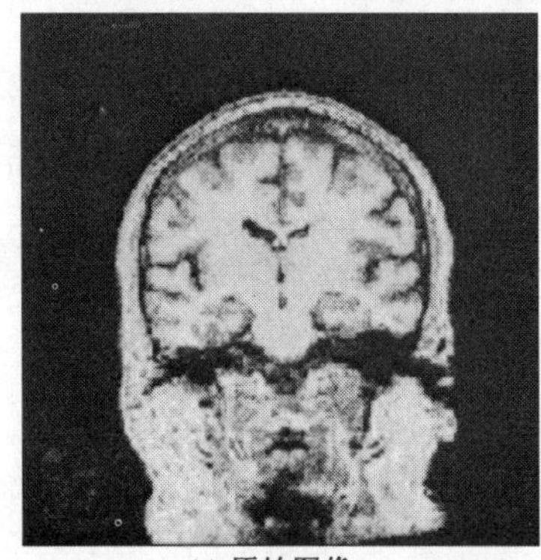
(a) 原始图像

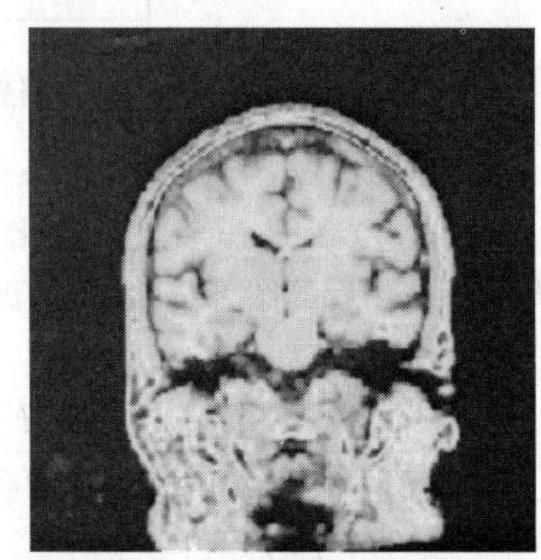
(b) 逆谐波均值滤波

图 9-2　逆谐波均值滤波

第 10 章

高级滤波器设计与 MATLAB 实现

前面讲解了用户常用的滤波器，它们均具有一定的滤波效果，滤波执行时间也较短。初学者掌握了以上基础滤波器的使用，基本可以解决常见图像去噪等问题；也可以在基础滤波基础上提出用户自己的见解，即相应的改进算子等，增强算法的适应性。若读者在上述基础上还想继续深入了解滤波去噪算法，本章不失为一个较好的选择。国内外学者不局限于基础滤波器的设计与应用，更多地关注一些新型滤波去噪算法，如双边滤波、同态滤波、非线性复扩散滤波等。这些滤波器既能满足用户快速去噪的要求，又能够很好地保留图像细节等特征，因此得到实际工程人员的青睐。

10.1 逆滤波

10.1.1 算法原理

图像在采集、传输和保存过程中，常常受到各种因素的影响，如在采集图像时，采集图像设备以及外界环境的干扰；在传输图像时，信道的干扰等；在保存图像时，图像信息的丢失等。由于各种因素使得图像质量下降，其典型特征表现为图像失真、含有大量噪音白点等，导致图像一定程度的退化。因此，学者们把问题重点放在图像的复原算法上，使含有噪声的图像尽可能恢复常态。

图像复原方法是利用图像退化特征的某种先验知识(退化模型)，把已退化的图像加以重建。

图 10-1 所示为图像退化的一般模型。

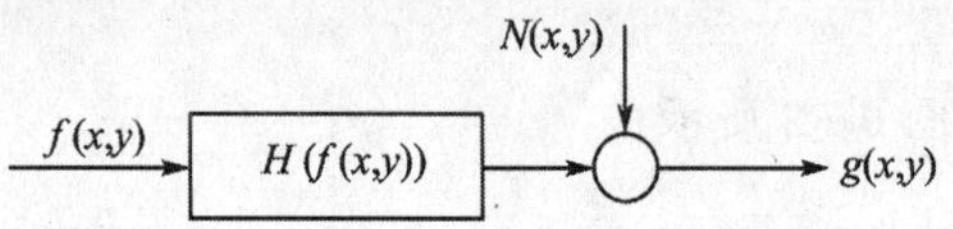

图 10-1 图像退化的一般数学模型

其中，$f(x,y)$ 为原始图像，$N(x,y)$ 为噪声信号，$H(x,y)$ 为图像退化复原系统。

原始图像 $f(x,y)$ 经过一个图像退化复原系统 $H(x,y)$ 作用之后，与噪声 $N(x,y)$ 叠加，于是就得到了退化后的图像 $g(x,y)$，即含噪声、失真的图像。

$g(x,y)$ 数学表达式为：

$$g(x,y)=H[f(x,y)]+N(x,y)$$

这里，$H[\cdot]$ 函数是某种先验知识(退化模型)函数。

当 $H[\cdot]$ 是线性算子时，有：

$$H(k_1 f_1(x,y))+H(k_2 f_2(x,y))=k_1 H(f_1(x,y))+k_2 H(f_2(x,y))$$

其中，k_1、k_2 是常数，则有

$$H(f(x,y))=H\left(\int_{-\infty}^{\infty}\int_{-\infty}^{\infty}f(\alpha,\beta)\delta(x-\alpha,y-\beta)\mathrm{d}\alpha\mathrm{d}\beta\right)=$$
$$\int_{-\infty}^{\infty}\int_{-\infty}^{\infty}H(f(\alpha,\beta)\delta(x-\alpha,y-\beta))\mathrm{d}\alpha\mathrm{d}\beta=$$
$$\int_{-\infty}^{\infty}\int_{-\infty}^{\infty}f(\alpha,\beta)H(\delta(x-\alpha,y-\beta))\mathrm{d}\alpha\mathrm{d}\beta=$$
$$\int_{-\infty}^{\infty}\int_{-\infty}^{\infty}f(\alpha,\beta)h(x,y:\alpha,\beta)\mathrm{d}\alpha\mathrm{d}\beta$$

其中，$h(x,y:\alpha,\beta)=H(f(\alpha,\beta)\delta(x-\alpha,y-\beta))$ 称为 $H(x,y)$ 的冲击响应。$h(x,y:\alpha,\beta)$ 称为退化过程的点扩展函数(PSF)。

假设 $H(x,y)$ 是时移不变的，则 $H[\cdot]$ 满足 $h(x,y:\alpha,\beta)=g(x,y:\alpha,\beta)$ 。因此：

$$g(x,y)=\int_{-\infty}^{\infty}\int_{-\infty}^{\infty}f(\alpha,\beta)h(x-\alpha,y-\alpha)\mathrm{d}\alpha\mathrm{d}\beta+N(x,y)=$$
$$f(x,y)h(x,y)+N(x,y) \tag{10.1}$$

式(10.1)是图像退化模型的本征表达式。

由式(10.1)可知，实际中退化图像 $g(x,y)$ 是已知量，也就是我们待分析的图像，而 $h(x,y)$ 和 $N(x,y)$ 可以作为用户的先验知识，然后可以反求 $f(x,y)$ 。

将式(10.1)离散化，可得：

$$g=Hf+N \tag{10.2}$$

表达成二维图像矩阵，可得：

$$\boldsymbol{G}(u,v)=T\cdot M\cdot E(u,v)+N(u,v) \tag{10.3}$$

其中，$M=A+C-1$ ，$T=B+D-1$ ，A、B、C、D 分别是 $f(x,y)$ 和 $h(x,y)$ 的维数。

式(10.3)为逆滤波器进行图像复原的基础表达式。

由式(10.2)变形，可得噪声项 $\boldsymbol{N}=\boldsymbol{g}-\boldsymbol{Hf}$ 。由于我们对噪声 $N(x,y)$ 的统计特性一无所知，但是我们知道，图像复原就是使得图像没有噪声，即 $N(x,y)$ 趋近于 0，因此我们需要采取某一个准则寻找 f ，满足式(10.4)：

$$J(\hat{f})=\|\boldsymbol{g}-\boldsymbol{H}\hat{f}\|^2=\|\boldsymbol{N}\|^2 \tag{10.4}$$

如式(10.4)所示，即寻找最近似 $\boldsymbol{f}$，使得式(10.4)成立。式(10.4)中，

$$\|\boldsymbol{N}\|^2=\boldsymbol{N}^{\mathrm{T}}\boldsymbol{N},\qquad \|\boldsymbol{g}-\boldsymbol{Hf}\|^2=(\boldsymbol{g}-\boldsymbol{H}\hat{f})^{\mathrm{T}}(\boldsymbol{g}-\boldsymbol{H}\hat{f})$$

由极值条件：

$$\frac{\partial\|\boldsymbol{n}\|^2}{\partial\hat{f}}=0\Rightarrow\boldsymbol{H}^{\mathrm{T}}(\boldsymbol{g}-\boldsymbol{H}\hat{f})=0$$
$$\Rightarrow\hat{f}=\boldsymbol{H}^{-1}(\boldsymbol{H}^{-1})^2\boldsymbol{H}^{\mathrm{T}}\boldsymbol{g}$$

当 $M=T$ 时，假设 $\boldsymbol{H}^{-1}$ 存在，有：

$$\hat{f}=\boldsymbol{H}^{-1}(\boldsymbol{H}^{-1})^2\boldsymbol{H}^{\mathrm{T}}\boldsymbol{g}=\boldsymbol{H}^{-1}\boldsymbol{g}$$

由于 $\boldsymbol{H}$ 是分块循环矩阵，可以证明 $\boldsymbol{H}$ 可对角化，即

$$\boldsymbol{H}=\boldsymbol{WDW}^{-1}$$

其中，$\boldsymbol{W}$ 阵的大小为 $MT\times MT$，由 M^2 个大小为 $T\times T$ 的部分组成。因此有：

$$\hat{f} = (\boldsymbol{WDW}^{-1})^{-1}\boldsymbol{g} = (\boldsymbol{WD}^{-1}\boldsymbol{W}^{-1})\boldsymbol{g}$$

$$\Rightarrow \boldsymbol{W}^{-1}\hat{f} = \boldsymbol{D}^{-1}\boldsymbol{W}^{-1}\boldsymbol{g}$$

进一步可得到：

$$\hat{F}(u,v) = \frac{\boldsymbol{G}(u,v)}{N^2\boldsymbol{H}(u,v)} \tag{10.5}$$

如果已知 $g(x,y)$ 和 $h(x,y)$，即可求解 $\boldsymbol{G}(u,v)$ 和 $\boldsymbol{H}(u,v)$。

根据式(10.5)可得到 $F(u,v)$，再经过反傅里叶变换就能求出 $f(x,y)$。这种图像复原的方法就是逆滤波器复原方法。

10.1.2 算法仿真与 MATLAB 实现

逆滤波器函数程序如下：

```
function resim = Inverse(ifbl, LEN, THETA)
%逆滤波器
%函数输入:
%          ifbl:输入的图像矩阵
%          THETA:模糊旋转角
%          LEN:模糊旋转长度,模糊的像素个数
%函数输出:
%          resim:重构滤波图像

%转化到频域
fbl = fft2(ifbl);  %傅里叶变换
%点扩展函数 PSF
PSF = fspecial('motion',LEN,THETA);
% >> fspecial('motion',2,0.1)
% ans =
%          0         0         0
%     0.2500    0.5000    0.2500
%          0         0         0
% >> fspecial('motion',3,0.1)
% ans =
%          0         0    0.0006
%     0.3328    0.3333    0.3328
% 0.0006         0         0

%转化 PSF 函数到期望的维数 光传递函数 OTF
OTF = psf2otf(PSF, size(fbl));
% psf2otf(1,[3,3])
% ans =
%      1     1     1
%      1     1     1
%      1     1     1
%
% psf2otf(1,[2,3])
% ans =
%      1     1     1
%      1     1     1
```

```
%检测是否存在 0 值,若为 0,则置为 0.000001
for i = 1:size(OTF, 1)
    for j = 1:size(OTF, 2)
        if OTF(i, j) = = 0
            OTF(i, j) = 0.000001;
        end
    end
end
%使用逆滤波器重构图像
fdebl = fbl./OTF;        % 逆滤波器重构公式计算
%使用逆傅里叶变换得到重构图像 IFFT
resim = ifft2(fdebl);   % 逆傅里叶变换
```

运用逆滤波器消除图像噪声,编写主函数程序如下:

```
%%逆滤波器
clc,clear,close all   %清理命令区、清理工作区、关闭显示图形
warning off           %消除警告
feature jit off       %加速代码运行
[filename ,pathname] = ...
    uigetfile({'*.bmp';'*.tif';'*.jpg';},'选择图片');   %选择图片路径
str = [pathname filename];                            % 合成路径 + 文件名
im = imread(str);                                     % 读图
im = imnoise(im,'gaussian',0,1e-3);                   % 原图像 + 白噪声
resim = Inverse(im, 1.2, 30);                         % 逆滤波
figure,
subplot(121),imshow(im);title('原始图像')
colormap(jet)     %颜色
shading interp    %消隐
subplot(122),imshow(resim,[]);title('逆滤波图像')
colormap(jet)     %颜色
shading interp    %消隐
```

运行程序输出图形如图 10-2 所示。

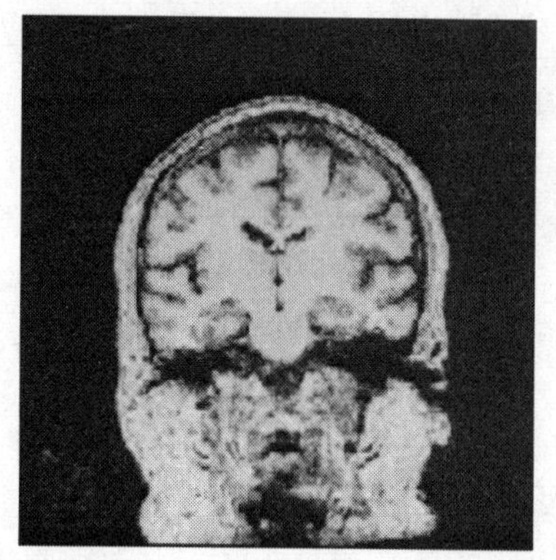

(a) 原始图像

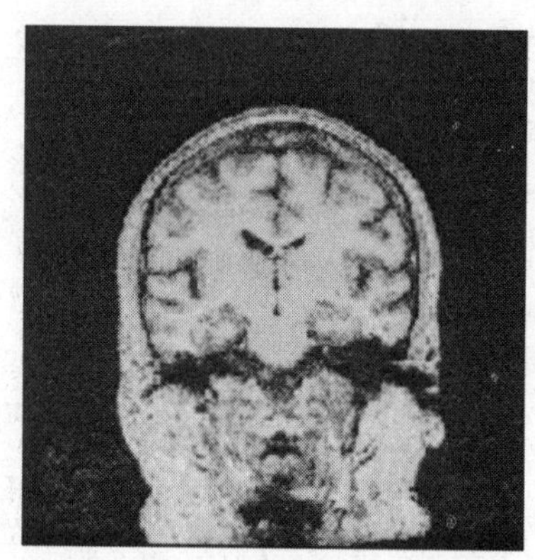

(b) 逆滤波图像

图 10-2　逆滤波

10.2 双边滤波

10.2.1 算法原理

双边滤波(bilateral filter),具有双重滤波作用,它一方面可以很好地保持边缘,另一方面可以很好地滤除噪声。双边滤波器包含了两个高斯基滤波函数,因此借助双边滤波器在处理区域内相邻各像素值时,双边滤波器不仅考虑到了各像素值几何上的邻近关系,也考虑到了各像素值亮度上的相似性,然后通过对二者(几何关系和亮度相似性)的非线性组合,自适应滤波得到平滑后的图像。

含高斯噪声的基础图像模型如式(10.6):

$$g(i,j)=f(i,j)+n(i,j) \tag{10.6}$$

式(10.6)中,$f(i,j)$ 表示无噪声图像,$n(i,j)$ 是服从零均值高斯分布的噪声,$g(i,j)$ 表示带噪声的图像。

我们需要滤除退化图像 $g(i,j)$ 中的噪声 $n(i,j)$,复原无噪声图像 $f(i,j)$,双边滤波器对含噪声图像处理后的像素值如式(10.7):

$$\hat{f}(i,j)=\frac{\sum\limits_{(i,j)\in S_{x,y}} w(i,j)g(i,j)}{\sum\limits_{(i,j)\in S_{x,y}} w(i,j)} \tag{10.7}$$

式(10.7)中,$S_{x,y}$ 表示中心点 (i,j) 的 $(2N+1)(2N+1)$ 大小的邻域。$S_{x,y}$ 邻域内的每一个像素点由两部分因子的乘积组成:

$$w_s(i,j)=\mathrm{e}^{\frac{|i-x|^2+|j-y|^2}{2\delta_s^2}}, \qquad w_r(i,j)=\mathrm{e}^{\frac{|g(i,j)-g(x,y)|^2}{2\delta_r^2}}$$

可得到 $w(i,j)=w_s(i,j)w_r(i,j)$。

10.2.2 算法仿真与 MATLAB 实现

双边滤波器函数程序如下:

```
function [out, psn] = bif_filter(im,sigd,sigr)
% bilateral filter 双边滤波器
%函数输入:
%            im 输入的图像
%            sigd 空间内核的时域参数
%            sigr 内核参数强度变化范围
%函数输出:
%           out 滤波图像

w = (2 * sigd) + 1;            % 权值初值
% sigr = (n * 100)^2/(.003 * (sigd^2));   % 自适应 R 值,n 为高斯噪声强度,n = 0.001

%高斯滤波器
[row clm] = size(im);          % 行列
gw = zeros(w,w);               % 高斯权值矩阵初始化
c = ceil(w/2);                 % 向前取整
c = [c c];                     % 中心元素位置
```

```
for i = 1:w
    for j = 1:w
        q = [i,j];                  % 记录相连像素位置标识位
        gw(i,j) = norm(c - q);  %欧氏距离
    end
end

Gwd = (exp( - (gw.^2)/(2 * (sigd^2))));  %高斯函数

 % Padding 扩展图像的边界,防止滑动窗口边界值溢出
proci = padarray(im,[sigd sigd],'replicate');   % 防止滑动窗口边界值溢出
 % padarray 使用
 % A =
 %       1     3     4
 %       2     3     4
 %       3     4     5
 % B = padarray(A, 2 * [1 1], 0, 'both')
 %       0     0     0     0     0     0     0
 %       0     0     0     0     0     0     0
 %       0     0     1     3     4     0     0
 %       0     0     2     3     4     0     0
 %       0     0     3     4     5     0     0
 %       0     0     0     0     0     0     0
 %       0     0     0     0     0     0     0

[row clm] = size(proci);            % 图像维数
if ~isa(proci,'double')
    proci = double(proci)/255;    %转换为 double 类型
end

K = sigd;            % 赋值
L = [ - K:K];        % 均匀取值
c = K + 1;           % 中心元素位置
iter = length(L);  % 迭代次数
ind = 1;

for r = (1 + K):(row - K)                %行
    for s = (1 + K):(clm - K)            %列
            for i = 1:iter               % 窗口大小 行
                for j = 1:iter           % 窗口大小 列
                    win(i,j) = proci((r + L(i)),(s + L(j)));  %获取窗口
                end
            end
            I = win;  %灰度矩阵
            win = win(c,c) - win;      % 相对中心点处的强度差异,中心点为参考灰度值
            win = sqrt(win.^2);        % 保证 win 中的每一个元素为正
            Gwi = exp( - (win.^2)/(2 * (sigr^2)));                        % 高斯函数
%              Gwi = exp( - ((.003 * sigd) * win.^2)/(2 * (n^2)));        % 自适应高斯函数
            weights = (Gwi. * Gwd)/sum(sum(Gwi. * Gwd));                  % 高斯权值
            Ii = sum(sum(weights. * I));                                  % 得到当前双边滤波值
            proci(r,s) = Ii;                                              % 替换当前灰度值
            win = [];                                                     % 清空
```

```
    end
end

%移除边界扩展值
proci = rpadd(proci,K);      % 调用函数
out = im2uint8(proci);       % 转化图像类型

% % 滤波重建后,图像峰值信噪比计算
if ~isa(out,'double')
    dimg = double(out)/255;     %转换为 double 类型
end
psn = PSN(im,dimg)  % PSNR,峰值信噪比

end

function x = rpadd(R,K)
%移除边界扩展值
%函数输入:
%         R      输入的图像矩阵
%         K      窗口大小(2 * K + 1)
%函数输出:
%         x      移除边界扩展值后的原图像矩阵
for i = 1:K
    R(1,:) = [];  % 去掉第一行
    R(:,1) = [];  % 去掉最后一列
    [ro cl] = size(R);
    R(ro,:) = []; % 去掉第 ro 行
    R(:,cl) = [];; % 去掉第 cl 列
end
x = R;
end

function [out] = PSN(orgimg,mimg)
%峰值信噪比计算

orgimg = im2double(orgimg);     % 图像类型转换
mimg   = im2double(mimg);       % 图像类型转换
Mse = sum(sum((orgimg - mimg).^2))/(numel(orgimg)); % Mse = Mean square Error 均方差
out = 10 * log10(1/Mse);
end
```

运用双边滤波器消除图像噪声,编写主函数程序如下:

```
% % Bilateral 双边滤波器
clc,clear,close all   %清理命令区、清理工作区、关闭显示图形
warning off           %消除警告
feature jit off       %加速代码运行
[filename ,pathname] = ...
    uigetfile({'*.bmp';'*.tif';'*.jpg';},'选择图片');     %选择图片路径
str = [pathname filename];          %合成路径 + 文件名
im = imread(str);                   %读图
```

```
im = imnoise(im,'gaussian',0,1e-3);       %原图像 + 白噪声

figure,
subplot(121),imshow(im);title('原始图像')
colormap(jet)      %颜色
shading interp     %消隐
[im1, PSNR] = bif_filter(im,3,0.2);
im_ret = uint8(im_ret);
subplot(122),imshow(im1);title('双边滤波图像')
colormap(jet)      %颜色
shading interp     %消隐
```

运行程序输出图形如图 10-3 所示。

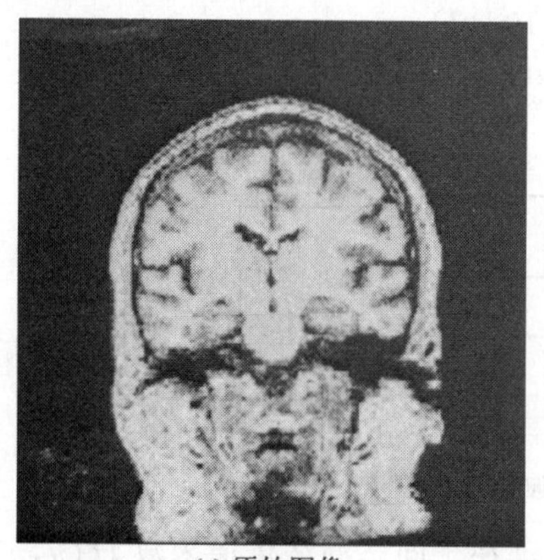
(a) 原始图像

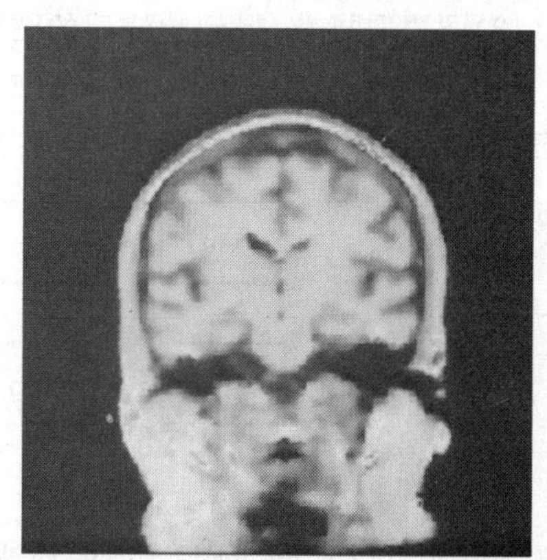
(b) 双边滤波图像

图 10-3　双边滤波

10.3　同态滤波

10.3.1　算法原理

同态滤波能够增强图像对比度,压缩图像亮度范围,它是一种高级滤波方法,通过减少低频成分,增加高频成分,实现滤波去噪的目的。同态滤波在滤波去噪的同时,也能锐化图像边缘(增强高频成分),保留图像的细节,这个双重滤波去噪特性与双边滤波器差不多。

我们知道,图像 $f(x,y)$ 用其入射分量 $i(x,y)$ 和反射分量 $r(x,y)$ 的乘积来表示,具体表达式如式(10.8):

$$f(x,y)=i(x,y)r(x,y) \tag{10.8}$$

式(10.8)中,$r(x,y)$ 的性质取决于图像边缘、细节等特性,$i(x,y)$ 主要体现图像的光照条件。

图像变化缓慢的区域为图像低频成分,变化剧烈的区域为图像高频成分,而 $i(x,y)$ 正是表示光照的亮点部分和暗点部分,因此 $i(x,y)$ 为图像入射分量,表征图像的光照条件,也可以理解为曝光度;由于细节、边缘等特性属于高频成分,反射分量 $r(x,y)$ 大小则对图像区域凸起、边、线、点等细节信息较敏感,因此 $r(x,y)$ 主要反映图像细节、边缘等信息。

值得注意的是:当我们处理照明不足或不均匀的图像时,需要尽量降低图像的低频分量,同时增大图像的高频分量。

如式(10.8)所示，由于2个函数乘积的傅里叶变换是不可分的，故不能直接对 $i(x,y)$ 和 $r(x,y)$ 进行变换操作。对式(10.8)两边同时取对数，得式(10.9)：

$$\ln f(x,y)=\ln i(x,y)+\ln r(x,y) \tag{10.9}$$

再对式(10.9)进行快速傅里叶变换(FFT)，得到频域的表达式(10.10)：

$$F(u,v)=I(x,y)+R(x,y) \tag{10.10}$$

用同态滤波函数 $H(u,v)$ 对式(10.10)中的 $F(u,v)$ 进行处理，将图像的入射分量 $I(x,y)$ 和反射分量 $R(x,y)$ 分开，可得式(10.11)：

$$H(u,v)F(u,v)=H(u,v)I(x,y)+H(u,v)R(x,y) \tag{10.11}$$

滤波去噪处理后，式(10.11)经过快速傅里叶逆变换(FFT^{-1})回到空间域，即式(10.12)：

$$h_f(u,v)=h_i(x,y)+h_r(x,y) \tag{10.12}$$

对式(10.12)两边取指数，得到滤波后的图像如式(10.13)：

$$g(x,y)=\mathrm{e}^{s(x,y)}=\mathrm{e}^{h_i(x,y)}+\mathrm{e}^{h_r(x,y)} \tag{10.13}$$

同态滤波的具体实现过程如图10-4所示。

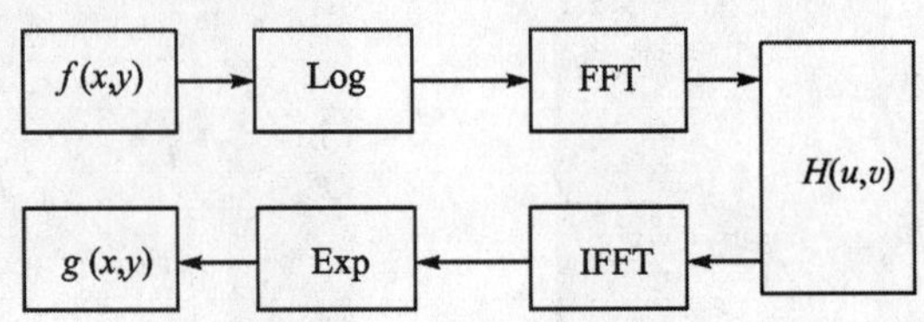

图10-4 同态滤波算法框图

从图10-4可以看出，同态滤波的滤波效果关键在于同态滤波传递函数 $H(u,v)$ 的选择。如果 $H(u,v)$ 选取不恰当，那么得到的图像滤波去噪效果就不好，复原图像也就失真；如果选取适当，那么得到的复原图像就好。

图10-5为同态滤波函数示意图。

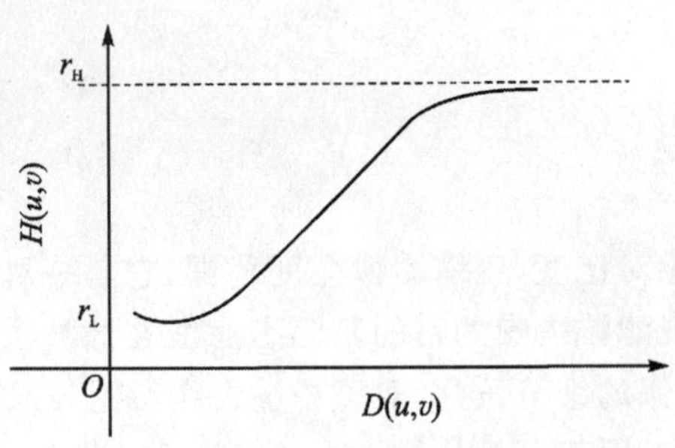

图10-5 同态滤波函数

图10-5中，$H(u,v)$ 为同态滤波函数，r_H 代表高频增益，r_L 代表低频增益，$D(u,v)$ 表示点 (u,v) 到滤波中心 (u_0,v_0) 的距离，其数学表达式为式(10.14)：

$$D(u,v)=\sqrt{(u-u_0)^2+(v-v_0)^2} \tag{10.14}$$

同态滤波器是一种特殊的高通滤波器，由于高通滤波器能够衰减或抑制低频分量，因此同态滤波器能对图像进行锐化处理。

由图10-5可知，同态滤波传递函数的波形与传统的巴特沃斯高通滤波器十分相似，而 n 阶巴特沃斯高通滤波的传递函数为：

$$H(u,v)=\frac{1}{1+\left[\frac{D_0}{D(u,v)}\right]^{2n}} \tag{10.15}$$

式(10.15)中，D_0 表示截止频率，用户可以根据需要自己设定。

类比于 n 阶巴特沃斯高通滤波的传递函数模型，根据同态滤波传递函数的特性，可对式(10.15)所示的传递函数进行改进。我们知道，退化的图像经过高通滤波处理后，丢失了许多低频信息，平滑区域基本消失，需要采用高频加强滤波来弥补，因此可以在滤波传递函数中添加一个常数 c，取值范围为[0, 1]，从而得到一种与 n 阶巴特沃斯高通滤波相对应的同态滤波自适应传递函数：

$$H(u,v)=\frac{(r_{\mathrm{H}}-r_{\mathrm{L}})}{1+c\left\{\frac{D_0^n}{[D(u,v)]^m}\right\}^2}+r_{\mathrm{L}} \tag{10.16}$$

式(10.16)中，常数 c 在 r_{H} 和 r_{L} 间过渡，用来控制滤波器函数斜面的锐化，$c\in[0,1]$；m、n 为动态算子。当 $r_{\mathrm{H}}>1$，$0<r_{\mathrm{L}}<1$ 时，图像的低频分量减弱，高频分量增强，对比度提高。

对于维数为 $M\times N$ 的图像，傅里叶变换后的中心在 $\left(\frac{M}{2},\frac{N}{2}\right)$，所以式(10.14)中 u_0、v_0 分别取 $\frac{M}{2}$、$\frac{N}{2}$，得到式(10.17)：

$$D(u,v)=\sqrt{\left(u-\frac{M}{2}\right)^2+\left(v-\frac{N}{2}\right)^2} \tag{10.17}$$

10.3.2　算法仿真与 MATLAB 实现

同态滤波器函数程序如下：

```
function im_e = Homom_filter(im,d,rL,rH)
%  逆滤波器
%  函数输入：
%          im:输入的二维图像矩阵
%          d:截止频率
%          rL 低频增益
%          rH 高频增益
% 函数输出：
%          im_e:重构滤波图像

if ~isa(im,'double')
    im = double(im);
end

[r c] = size(im);     % 输入图像维数
% 高斯高通滤波
A = zeros(r,c);
for i = 1:r
    for j = 1:c
        A(i,j) = (((i - r/2).^2 + (j - c/2).^2)).^(.5);
        B(i,j) = A(i,j) * A(i,j);
        H(i,j) = (1 - exp( - ((B(i,j)).^2/d.^2)));      % 传递函数
    end
end
```

```
%同态滤波器传递函数:
H = ((rH - rL). * H) + rL;          % 传递函数
%取对数
im_l = log2(im + 1e - 5);           % 取对数
%离散傅里叶变换
im_f = fft2(im_l);                  % FFT 变换
%滤波
im_nf = H. * im_f;                  % 滤波,复原操作
% DFT 反变换
im_n = abs(ifft2(im_nf)); % 反 FFT
%指数变换,消除取对数
im_e = exp(im_n);                   % 滤波矩阵
im_e = uint8(im_e);                 % 图像类型转换
```

运用同态滤波器消除图像噪声,编写主函数程序如下:

```
%同态滤波
clc,clear,close all   %清理命令区、清理工作区、关闭显示图形
warning off           %消除警告
feature jit off       %加速代码运行
tic
[filename ,pathname] = ...
    uigetfile({'*.bmp';'*.tif';'*.jpg';},'选择图片'); %选择图片路径
str = [pathname filename]; %合成路径 + 文件名
im = imread(str);          %读图
im = imnoise(im,'gaussian',0,1e - 3);        %原图像 + 白噪声

%同态滤波参数设置
rL = 0.3999;      %低频增益
rH = 0.71;        % 高频增益
D0 = 1;           % 截止频率
figure,
subplot(121),imshow(im);title('原始图像')
colormap(jet)     %颜色
shading interp    %消隐
im_e = Homom_filter(im,D0,rL,rH);    %同态滤波
subplot(122),imshow(im_e,[]);title('同态滤波图像')
colormap(jet)     %颜色
shading interp    %消隐
toc
```

运行程序输出图形如图 10 - 6 所示。

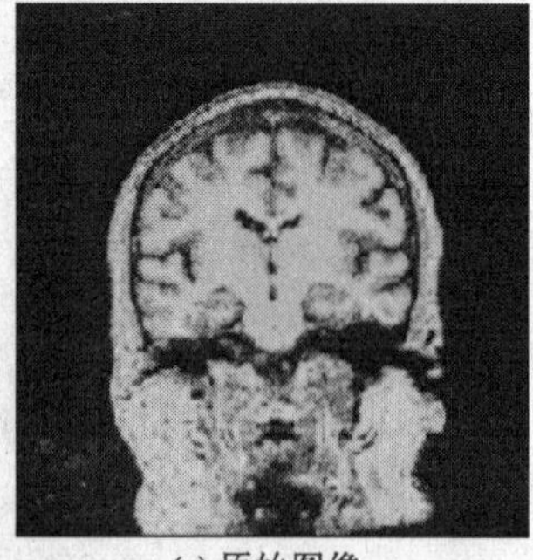

(a) 原始图像

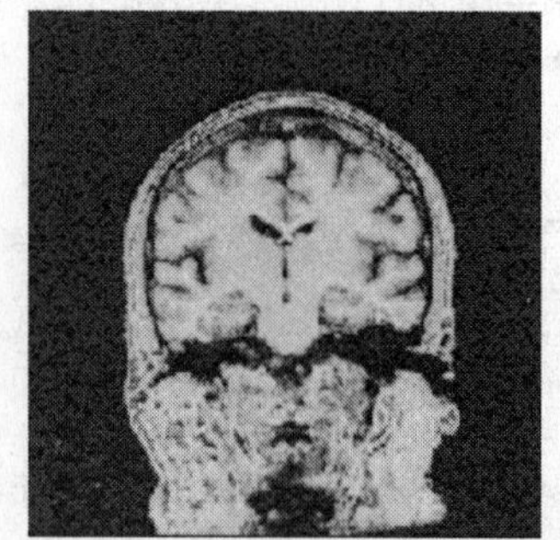

(b) 同态滤波图像

图 10 - 6　同态滤波

10.4 小波滤波

10.4.1 算法原理

加性高斯白噪声是最常见的噪声模型，受到加性高斯白噪声"污染"的观测信号可以表示为：

$$d_i = f_i + \varepsilon \cdot z_i, \qquad i = 1,2,\cdots,N$$

其中 d_i 为含噪声的信号，f_i 为"纯净"采样信号，z_i 为高斯白噪声 $N(0, 1)$，ε 为噪声水平，信号长度为 N。

为了从含噪声的信号 d_i 中复原出真实信号 f_i，可以利用信号和噪声在小波变换下的不同特性，通过对小波分解系数进行处理，从而达到信号和噪声分离的目的。

在实际应用中，有用信号 f_i 通常表现为低频信号或是一些较平稳的信号，而噪声信号则通常表现为高频信号，所以我们对含噪声信号进行小波分解(如进行三层分解)：

$$S = cA_1 + cD_1 = cA_2 + cD_2 + cD_1 = cA_3 + cD_3 + cD_2 + cD_1$$

其中 cA_i 为分解的近似部分，cD_i 为分解的细节部分，$i = 1,2,3$，则噪声部分通常包含在 cD_1、cD_2、cD_3 中，用门限阈值对小波系数进行处理，重构信号即可达到滤波去噪的目的。

小波去噪过程可以分成以下 3 个步骤：

① 对观测数据作小波分解变化：

$$W_0 d = W_0 f + \varepsilon \cdot W_0 z$$

其中 d 表示观测数据向量 f_1、f_2……f_N，f 是真实信号向量 f_1、f_2……f_N，z 是高斯随机向量 z_1、z_2……z_N。其中用到的小波分解变换是线性变换的性质，因为小波分解变换本质上是一种积分变换。

② 对小波系数 $W_0 d$ 作门限阈值处理(主要有软阈值处理或硬阈值处理)，比如选取最著名的阈值处理形式如式(10.18)：

$$t_N = \varepsilon\sqrt{2\log N} \tag{10.18}$$

门限阈值处理可以表示为 $\eta_{t_N} W_0 d$。可以证明，当 N 趋于无穷大时，使用阈值形式(10.18)对小波系数作软阈值处理可以几乎完全去除观测数据中的噪声。

③ 对处理过的小波系数作逆变换 W_0^{-1} 重构信号：

$$f^* = W_0^{-1} \eta_{t_N} W_0 d \tag{10.19}$$

即可得到受污染采样信号去噪后的信号。

在对小波系数作门限阈值处理操作时，可以使用软阈值处理方法或硬阈值处理方法。

硬阈值处理只保留较大的小波系数并将较小的小波系数置零。具体的阈值设置如下：

$$\eta_H(w,t) = \begin{cases} w, & |w| \geqslant t \\ 0, & |w| < t \end{cases}$$

软阈值处理将较小的小波系数置零但对较大的小波系数向零收缩，具体的阈值设置如下：

$$\eta_S(w,t) = \begin{cases} w - t, & w \geqslant t \\ 0, & |w| < t \\ w + t, & w \leqslant t \end{cases}$$

小波去噪的结果取决于以下两点：

① 去噪后的信号应该和原信号具有同等的光滑性；

② 信号经小波处理后，处理后信号与原信号的均方根误差越小，信噪比越大，效果则越好。

10.4.2 算法仿真与 MATLAB 实现

小波滤波阈值设置函数程序如下：

```
function [thr,sorh,keepapp] = ddencmp_thr(dorc,worwp,x)
 % 函数输入：
 %          dorc：'den' 还是'cmp'
 %          worwp：'wv' 还是'wp'
 %          x：输入图像二维矩阵
 % 函数输出：
 %          thr：阈值
 %          sorh：软阈值's'还是硬阈值 'h'
 %          keepapp：常数 1；
 % 默认值
keepapp = 1;          % keepapp = 1 时，表示保持低频图像系数不变，keepapp = 0 时，表示可以改变
if isequal(dorc,'den') && isequal(worwp,'wv')
    sorh = 's';       % 软阈值门限
else
    sorh = 'h';       % 硬阈值门限
end

 % 最著名的阈值形式
n = numel(x);         % 一般为 65536
 % 归一化阈值
switch dorc
  case 'den'
    switch worwp
      case 'wv' , thr = sqrt(2 * log(n));                       % wavelets.小波
      case 'wp' , thr = sqrt(2 * log(n * log(n)/log(2)));       % wavelet packets 小波包
    end
  case 'cmp' ,  thr = 1;
end
```

运用小波滤波器消除图像噪声，编写主函数程序如下：

```
% % 小波去噪
clc,clear,close all   % 清理命令区、清理工作区、关闭显示图形
warning off           % 消除警告
feature jit off       % 加速代码运行
[filename ,pathname] = ...
    uigetfile({'*.bmp';'*.tif';'*.jpg';},'选择图片');   % 选择图片路径
str = [pathname filename];                             % 合成路径 + 文件名
im = imread(str);                                      % 读图
im = imnoise(im,'gaussian',0,1e-3);                    % 原图像 + 白噪声
```

```
[thr,sorh,keepapp] = ddencmp_thr('den','wv',im);
%'gbl'表示使用全局门限进行去噪
% 'sym4'小波变换函数
N = 4;   % 小波变换的尺度

im1 = wdencmp('gbl',im,'sym4',N,thr,sorh,keepapp);   %小波滤波

figure,
subplot(121),imshow(im);title('原始图像')
colormap(jet)  %颜色
shading interp  %消隐
subplot(122),imshow(im1,[]);title('小波滤波图像')
colormap(jet)  %颜色
shading interp  %消隐
```

运行程序输出图形如图 10-7 所示。

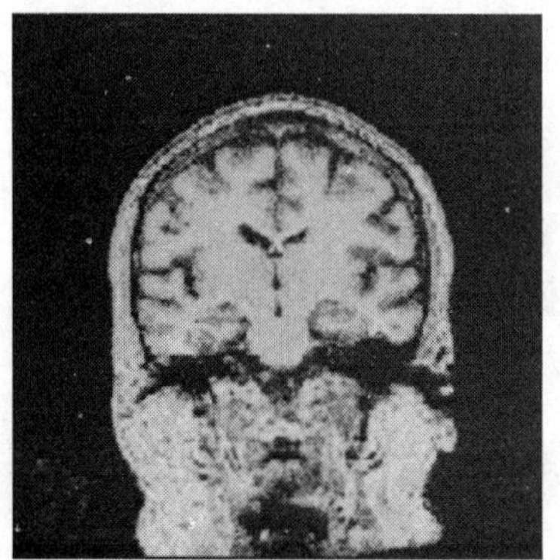
(a) 原始图像

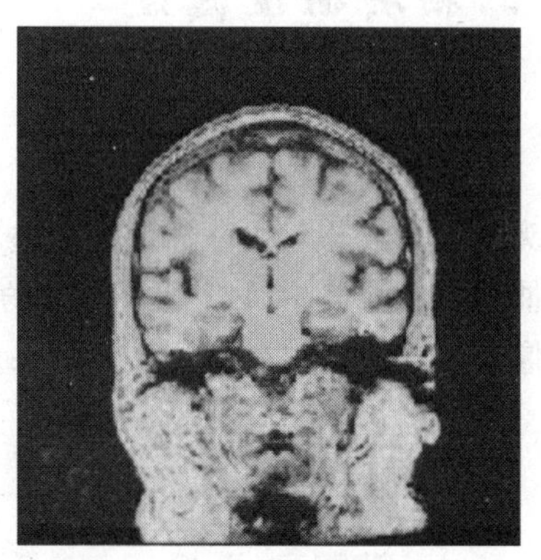
(b) 小波滤波图像

图 10-7　小波滤波

同理，采用小波包进行图像滤波操作，编写程序如下：

```
%%小波包去噪
clc,clear,close all   %清理命令区、清理工作区、关闭显示图形
warning off           %消除警告
feature jit off       %加速代码运行
im = imread('brain.bmp');                    %读图
im = imnoise(im,'gaussian',0,1e-3);        %原图像 + 白噪声
[thr,sorh,keepapp] = ddencmp_thr('den','wp',im);
im1 = wpdencmp(im,sorh,4,'sym4','threshold',thr,keepapp);
figure,
subplot(121),imshow(im);title('原始图像')
colormap(jet)        %颜色
shading interp       %消隐
subplot(122),imshow(im1,[]);title('小波包滤波图像')
colormap(jet)        %颜色
shading interp       %消隐
```

运行程序输出图形如图 10-8 所示。

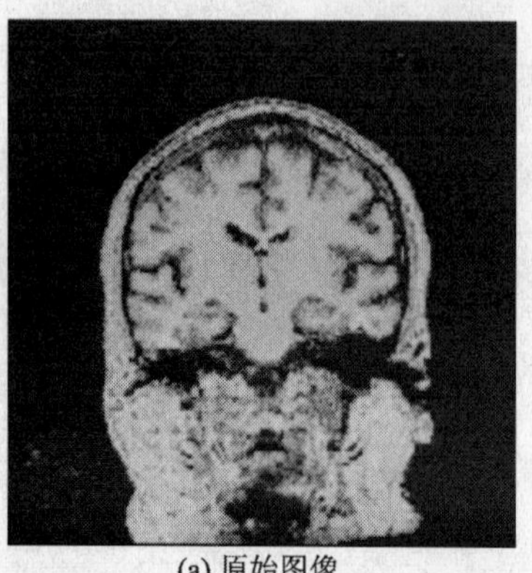
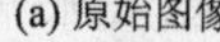
(a) 原始图像

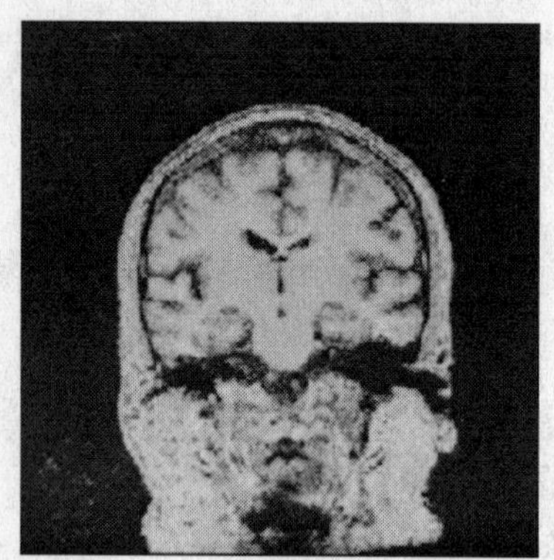
(b) 小波包滤波图像

图 10-8　小波包滤波

10.5　六抽头插值滤波

10.5.1　算法原理

六抽头插值滤波与双线性插值滤波差不多，只是滤波系数不一样而已。

在六抽头插值滤波中，1/2 像素精度的内插图像是通过六抽头内插得到的，1/4 像素精度的内插图像通过双线性内插得到。六抽头内插算法如果图 10-9 所示。

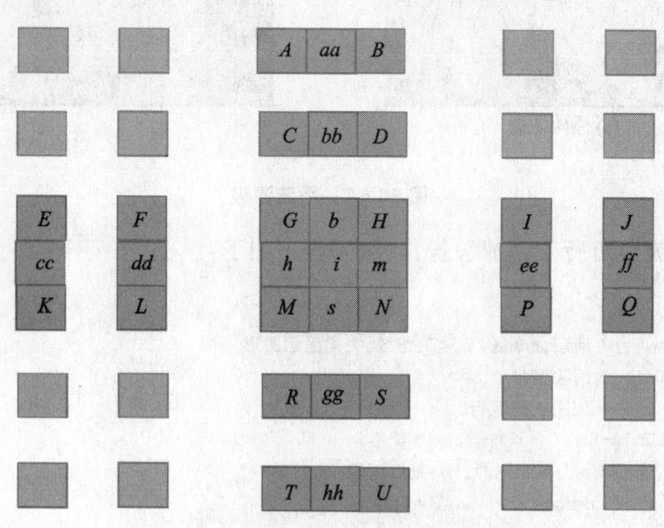

图 10-9　亮度半像素内插位置

图 10-9 中，通过六抽头插值滤波，首先生成的是参考图像亮度成分 1/2 像素精度的内插图像。在六抽头插值滤波中，六个点的权重为 $\left(\frac{1}{32},\frac{-5}{32},\frac{5}{8},\frac{5}{8},\frac{-5}{32},\frac{1}{32}\right)$，常常直接使用该权值，半像素点（如 b、h、m）的值通过对相应的整数像素点进行六抽头滤波获得。例如：

$$b=\mathrm{round}\left(\frac{E-5F+20G+20H-5I-J}{32}\right)$$

类似地，h 的值可以由 A、C、G、M、R、T 点的值经过滤波得到。

计算出半像素点的值后，1/4 像素点通过对半像素点进行线性内插得到。

如图 10－10 所示，1/4 像素点(如 a、c、i、k、d、f、n、q)由相邻半像素点的内插获得，例如 $a=\text{round}\left(\frac{G+b}{2}\right)$。剩余 1/4 像素点的值(如 e、g、p、r)是由两个对角线上的半像素点经过线性内插获得，例如 $e=\text{round}\left(\frac{b+h}{2}\right)$。相应地，色度像素在预测时，需要的 1/8 像素精度的运动矢量 MV 由整像素点的双线性内插获得。例如：

$$a=\text{round}\left[\frac{(8-d_x)(8-d_y)A+d_x(8-d_y)B+(8-d_x)d_yC+d_xd_yD}{64}\right]$$

具体如图 10－11 所示。

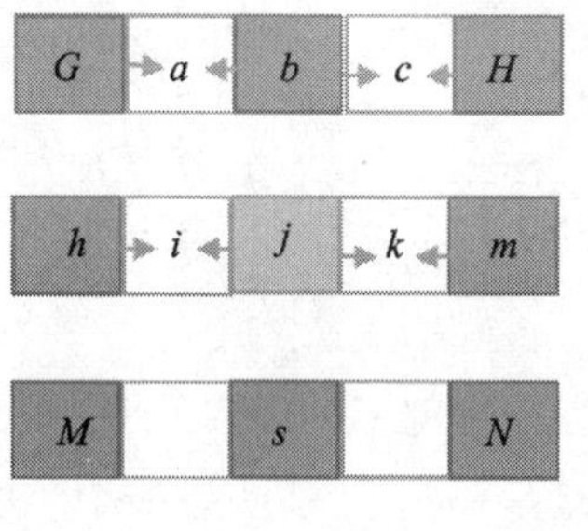

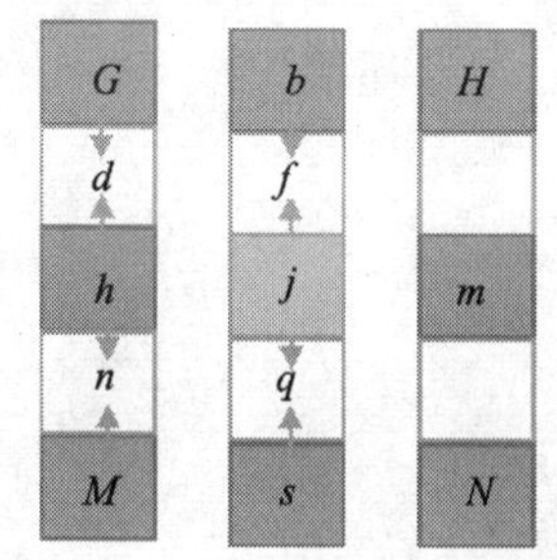

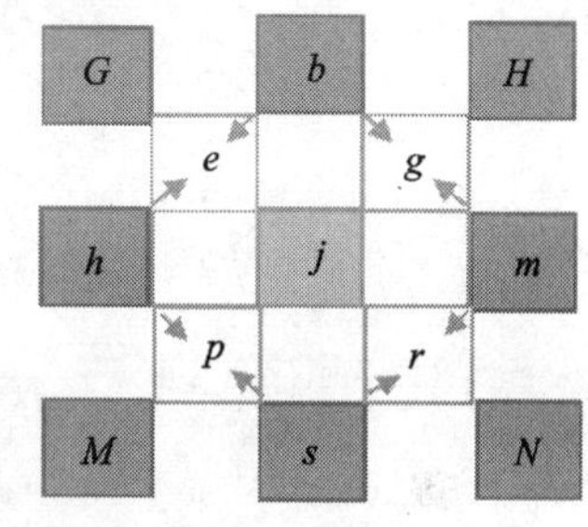

图 10－10　亮度 1/4 像素内插过程

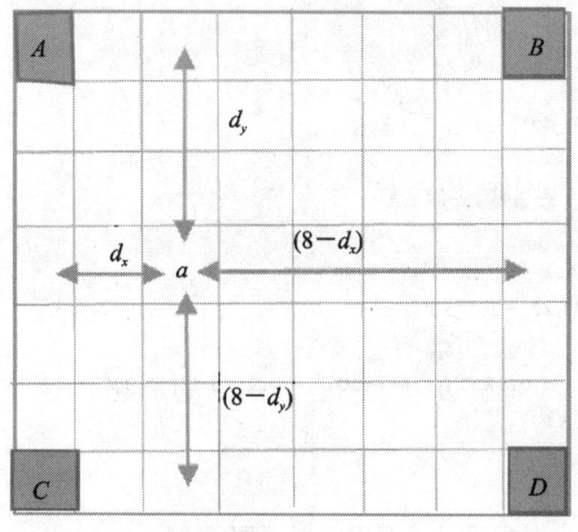

图 10－11　色度 1/8 像素内插

10.5.2　算法仿真与 MATLAB 实现

六抽头滤波器函数程序如下：

```
function A_inter = six_tap_filter(A, filter_coef)
%六抽头插值滤波
%函数输入：    A：输入图像
%              filter_coef：滤波器系数
%函数输出：
```

```
%                       A_inter:六抽头插值滤波图像

if (length(size(A)) = = 3)
% 如果输入图像为3D数组,则重复插值滤波3次
    for i = 1:3
        A_inter(:,:,i) = Bilinear_Filter_interp(A(:,:,i),filter_coef);
    end

else
    [m,n] = size(A);             % 求行列
    A_ = []; A_inter = [];       % 初始化
    % 列插值
    A_col = filter2(filter_coef,A);% 滤波
% im =
%       5     1     1     1     4
%       5     2     5     3     1
%       1     3     5     5     5
%       5     5     3     4     5
%       4     5     5     5     4

% >> filter2([0,5],im)
% ans =
%       5     5     5    20     0
%      10    25    15     5     0
%      15    25    25    25     0
%      25    15    20    25     0
%      25    25    25    20     0

    for i = 1:n
        A_ = [A_ A(:,i) A_col(:,i)];
    end
    A_(:,end) = [];      % 去边缘,去掉最后一行
    % 行插值
    A_rows = filter2(filter_coef,A_')';   % 滤波
% filter_coef = [1 -5 20 20 -5 1]/32
% filter_coef =
%     0.0313    -0.1563     0.6250     0.6250    -0.1563     0.0313
%
% filter2(filter_coef,im)
% ans =
%     3.6250    0.4375    0.6250    3.0000    2.3750
%     3.6875    3.1563    4.6875    1.7813    0.3125
%     1.8750    4.2188    5.0313    5.5625    2.5000
%     5.9063    3.7500    2.9688    5.3125    2.5938
%     5.0000    4.9688    4.9688    5.0000    1.8750

    for i = 1:m
        A_inter = [A_inter; A_(i,:); A_rows(i,:)];   % 插值组合矩阵结果
    end
    A_inter(end,:) = [];   % 去边缘,去掉最后一行

end
```

运用六抽头滤波器消除图像噪声，编写主函数程序如下：

```
%%六抽头滤波
clc,clear,close all   %清理命令区、清理工作区、关闭显示图形
warning off           %消除警告
feature jit off       %加速代码运行
[filename ,pathname] = ...
    uigetfile({'*.bmp';'*.tif';'*.jpg';},'选择图片');     %选择图片路径
str = [pathname filename];      %合成路径 + 文件名
im = imread(str);               %读图
im = imnoise(im,'gaussian',0,1e-3);          %原图像 + 白噪声

filter_coef = [1 -5 20 20 -5 1]/32;          %(6-tap filter)系数
im_inter = six_tap_filter(im, filter_coef); %六抽头滤波

figure,
subplot(121),imshow(im);title('原始图像')
colormap(jet)     %颜色
shading interp    %消隐
subplot(122),imshow(im_inter,[]);title('六抽头滤波图像')
colormap(jet)     %颜色
shading interp    %消隐
```

运行程序输出图形如图 10-12 所示。

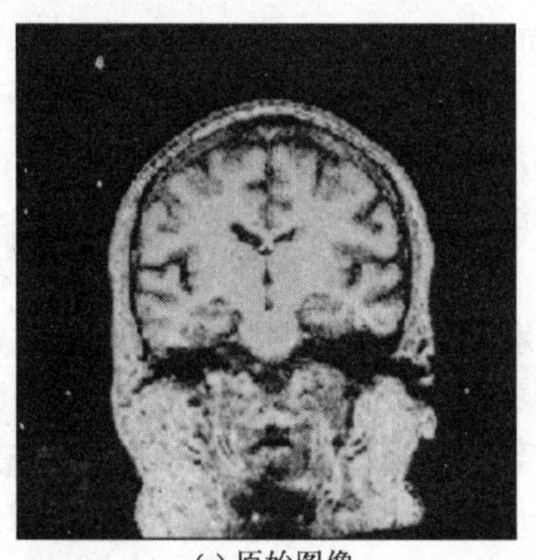
(a) 原始图像

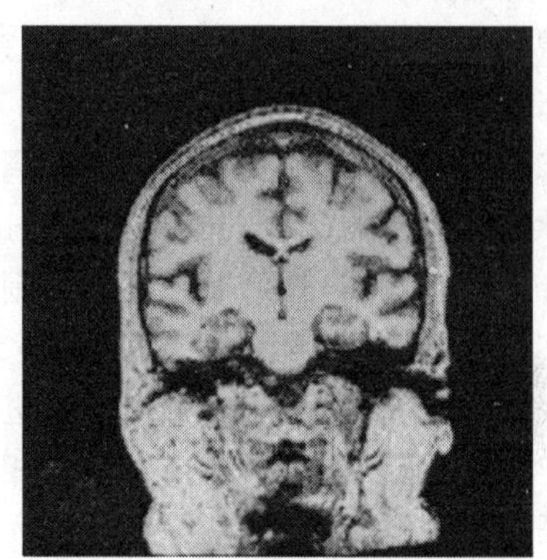
(b) 六抽头滤波图像

图 10-12　六抽头滤波

10.6　形态学滤波

10.6.1　算法原理

数学形态学滤波是一种效果较好的高级滤波器，通过数学形态学基本运算算子(膨胀、腐蚀、开启和闭合)进行图像的复原操作，能够精确地定位用户感兴趣的目标，滤波去噪效果较好，但容易丢失目标最边缘的细节。

(1) 腐蚀运算

腐蚀是对图像中目标连接成分的边界收缩的操作，达到去除边界点目的。

(2) 膨胀运算

膨胀是对图像中目标连接成分的边界进行扩张、收缩孔洞的操作。

(3) 开运算

对开运算最简单的理解是:先腐蚀后膨胀。开运算的主要目的如下:

① 消除小物体;

② 在纤细点处分离物体;

③ 平滑较大物体的边界,但不明显改变其面积。

定义 设 A 是原始图像,B 是结构元素图像,则集合 A 被结构元素 B 作开运算,记做 $A \circ B$,其表达式为:

$$A \circ B = (A \odot B) \oplus B \tag{10.20}$$

$A \odot B$ 表示腐蚀操作,$(A \odot B) \oplus B$ 表示先腐蚀后膨胀。

(4) 闭运算

对闭运算最简单的理解是:先膨胀后腐蚀。

定义 设 A 是原始图像,B 是结构元素图像,则集合 A 被结构元素 B 作闭运算,记做 $A \bullet B$,其表达式为:

$$A \bullet B = (A \oplus B) \odot B \tag{10.21}$$

$A \oplus B$ 表示膨胀操作,$(A \oplus B) \odot B$ 表示先膨胀后腐蚀。先膨胀后腐蚀可以保证图像轮廓信息,膨胀可以使得物体内的小空洞填充,在接下来进行腐蚀的同时,可以保障物体本身的形状。

(5) 开闭运算

对图像中的噪声进行滤除是图像预处理中不可缺少的操作。将开运算和闭运算结合起来可构成形态学噪声滤除器。

对于二值图像,噪声主要表现为目标周围的噪声块和目标内部的噪声孔。

形态学噪声滤除器(morphology filtering),对结构元素的选取相当重要。用结构元素 B 对图像集合进行开运算,就可以将目标周围的噪声 X 块消除掉;用 B 对图像进行闭运算,则可以将目标 X 标内部的噪声孔消除掉。因此结构元素 B 尺寸大小应当比所有的噪声孔和噪声块都要大。对于灰度图像,滤除噪声就是进行形态学平滑。

实际中,常用开运算消除与结构元素相比尺寸较小的亮细节,而保持图像整体灰度值和大的亮区域基本不变;用闭运算消除与结构元素相比尺寸较小的暗细节,而保持图像整体灰度值和大的暗区域基本不变。将开运算与闭运算结合起来,可达到滤除亮区和暗区中各类噪声的效果,而将多结构元素和开、闭滤波等结合起来,在目标图像细节保护方面有更大的优越性。

利用数学形态学进行图像滤波去噪的基本步骤如下:

① 提出所要描述的物体几何结构模式,即提取物体的几何特征。

② 根据物体的几何特征,选择相应的结构元素,结构元素应该简单而对物体的几何特征具有较好的表现力。

③ 用选定的结构元素对图像进行击中与否变换,便可得到比原始图像显著的突出物体特性信息的图像。

④ 经过形态变换后的图像,应该是突出了用户感兴趣的目标,方便用户提取信息。如果没有突出用户信息,则应该重新选取结构元素。

10.6.2 算法仿真与 MATLAB 实现

形态学滤波器函数程序如下:

```
function Iobrcbr = morphology_filter(im,sca)
%形态学滤波器
%函数输入：
%          im： 输入的二维图像矩阵
%          sca：结构元素尺寸
%函数输出：
%          Iobrcbr:形态学滤波图像
%形态学滤波
% sca = 5;                           % 结构元素尺寸
se = strel('diamond',(sca - 1)/2);   % 形态学结构元素
Io = imopen(im,se);                  % 开操作
Ioc = imclose(Io,se);                % 闭操作
Iobr = imreconstruct(Io,Ioc);        % 结构重建

Iobrd = imdilate(Iobr,se);             %膨胀
Iobrcbr = imreconstruct(imcomplement(Iobrd),imcomplement(Iobr));  % 结构重建
Iobrcbr = imcomplement(Iobrcbr);  % 加强图像特征
```

运用形态学滤波器消除图像噪声，编写主函数程序如下：

```
%形态学滤波
clc,clear,close all  %清理命令区、清理工作区、关闭显示图形
warning off          %消除警告
feature jit off      %加速代码运行
tic
[filename ,pathname] = ...
    uigetfile({'*.bmp';'*.tif';'*.jpg';},'选择图片');      %选择图片路径
str = [pathname filename];     %合成路径 + 文件名
im = imread(str);              %读图
im = imnoise(im,'gaussian',0,1e - 3);        %原图像 + 白噪声

%形态学滤波
sca = 5;                                    %结构元素尺寸
im_e = morphology_filter(im,sca);           % 形态学滤波

figure('color',[1,1,1]),
subplot(121),imshow(im);title('原始图像')
colormap(jet)      %颜色
shading interp     %消隐
subplot(122),imshow(im_e,[]);title('形态学滤波图像')
colormap(jet)      %颜色
shading interp     %消隐
toc
```

运行程序输出图形如图 10 - 13 所示。

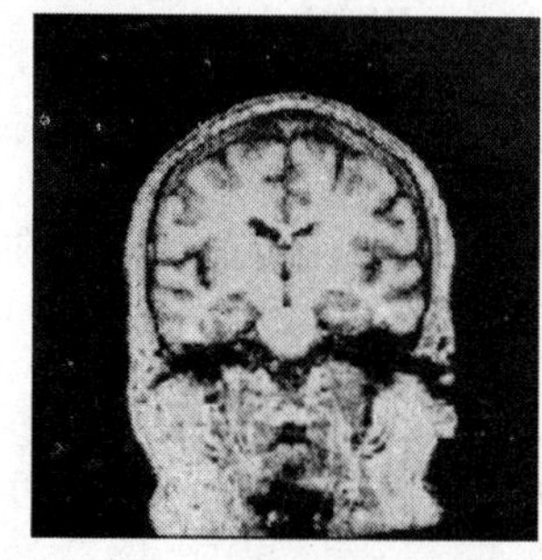

(a) 原始图像

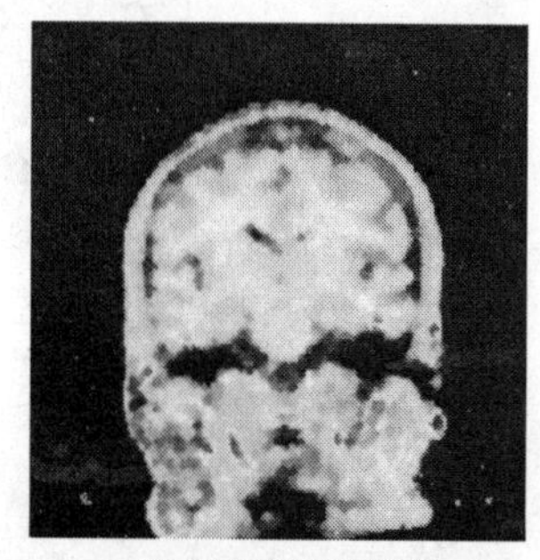

(b) 形态学滤波图像

图 10 - 13　形态学滤波

10.7 约束最小平方滤波

10.7.1 算法原理

约束最小平方滤波方法，一方面能够有效地突出图像细节及边缘信息，另一方面具有较好的滤波去噪功能。它是一种很好的平滑滤波器，也称为最小平方滤波器。

约束最小平方滤波方法以最小二乘方滤波复原公式为基础，通过选择合理的平滑准则矩阵 $\boldsymbol{Q}$，并优化 $\|\boldsymbol{Q}f\|^2$（f 为含噪图像），从而增加图像的平滑性。

图像增强的拉普拉斯算子如下：

$$\nabla^2 f = \frac{\partial^2}{\partial x^2} + \frac{\partial^2}{\partial v^2} \tag{10.22}$$

我们知道，拉普拉斯算子具有突出边缘的作用，然而 $\iint \nabla^2 f\mathrm{d}x\mathrm{d}y$ 又复原了图像的平滑性，因此，在作图像复原时，可将拉普拉斯算子得到的图像的平滑性作为主要的目标。

如何将拉普拉斯算子得到的图像平滑性表示成 $\|\boldsymbol{Q}f\|^2$ 的形式，成为关键的问题。

在离散情况下，拉普拉斯算子可用下面的差分运算实现：

$$\begin{aligned}
&\frac{\partial^2 f(x,y)}{\partial x^2} + \frac{\partial^2 f(x,y)}{\partial y^2} = \\
&f(x+1,y) - 2(x,y) + f(x-1,y) + \\
&f(x,y+1) - 2f(x,y) + f(x,y-1) = \\
&f(x+1,y) + f(x-1,y) + f(x,y+1) + \\
&f(x,y-1) - 4f(x,y)
\end{aligned} \tag{10.23}$$

利用 $f(x,y)$ 与式(10.24)的模板算子进行卷积可实现式(10.23)的运算：

$$\boldsymbol{p}(x,y) = \begin{bmatrix} 0 & 1 & 0 \\ 1 & -4 & 1 \\ 0 & 1 & 0 \end{bmatrix} \tag{10.24}$$

在离散卷积的过程中，可利用延伸 $f(x,y)$ 和 $p(x,y)$ 来避免交叠误差，设延伸后的函数为 $p_e(x,y)$。建立分块循环矩阵，将平滑准则表示为矩阵形式，如式(10.25)：

$$\boldsymbol{C} = \begin{bmatrix} \boldsymbol{C}_1 & \boldsymbol{C}_0 & \boldsymbol{C}_{M-1} & \cdots & \boldsymbol{C}_2 \\ \boldsymbol{C}_2 & \boldsymbol{C}_1 & \boldsymbol{C}_0 & \cdots & \boldsymbol{C}_3 \\ \vdots & \vdots & \vdots & & \vdots \\ \boldsymbol{C}_{M-1} & \boldsymbol{C}_{M-2} & \boldsymbol{C}_{M-3} & \cdots & \boldsymbol{C}_0 \end{bmatrix} \tag{10.25}$$

式(10.25)中每个子矩阵 $\boldsymbol{C}_j(j=0,1,\cdots,M-1)$ 是延伸后的函数 $p_e(x,y)$ 的第 j 行组成的 $N\times N$ 阶循环矩阵，则 $\boldsymbol{C}_j$ 为：

$$\boldsymbol{C}_j = \begin{bmatrix} P_e(j,0) & P_e(j,N-1) & \cdots & P_e(j,1) \\ P_e(j,1) & P_e(j,0) & \cdots & P_e(j,2) \\ \vdots & \vdots & & \vdots \\ P_e(j,N-1) & P_e(j,N-2) & \cdots & P_e(j,0) \end{bmatrix} \tag{10.26}$$

根据循环矩阵的对角化可知，可利用前述的矩阵 $\boldsymbol{W}$ 进行对角化，即

$$E = W^{-1} C W \tag{10.27}$$

式(10.27)中，E 为对角矩阵，其元素为：

$$E(k,i) = \begin{cases} \left(P\left[\frac{k}{N}\right], k\text{MODN}\right), & i \neq k \\ 0, & i = k \end{cases} \tag{10.28}$$

$E(k,i)$ 是 C 中元素 $p_e(x,y)$ 的二维傅里叶变换，并且可以将 $\iint \nabla^2 f \mathrm{d}x\mathrm{d}y$ 写成 $f^{\mathrm{T}}C^{\mathrm{T}}Cf$ 。定义 $Q = C$，则 $f^{\mathrm{T}}C^{\mathrm{T}}Cf = \| Qf \|^2$ 。

如果要求约束条件 $\| g - Hf \| = \| n \|^2$ 得到满足，则在 $Q = C$ 时，有

$$\hat{f} = (H^{\mathrm{T}}H + \gamma C^{\mathrm{T}}C)^{-1}H^{\mathrm{T}}g = (WD^* DW^{-1} + \gamma WE^* EW^{-1})^{-1}WD^* W^{-1}g \tag{10.29}$$

式(10.29)两边同乘以 W^{-1}，得

$$W^{-1}\hat{f} = (D^* D + \gamma E^* E)^{-1}D^* W^{-1}g \tag{10.30}$$

式(10.30)中，D^* 为 D 的共轭矩阵。所以

$$\hat{F}(u,v) = \left[\frac{N^2 H^*(u,v)}{N^2 \,|H(u,v)|^2 + \gamma N^4 \,|P(u,v)|^2}\right]G(u,v) = \left[\frac{H^*(u,v)}{N^2 \,|H(u,v)|^2 + \gamma N^2 \,|P(u,v)|^2}\right]G(u,v) \tag{10.31}$$

式(10.31)中，$u,v = 0,1,\cdots,N-1$，且 $|H(u,v)|^2 = H^*(u,v)H(u,v)$ 。

10.7.2　算法仿真与 MATLAB 实现

约束最小平方滤波器函数程序如下：

```
function [J, LAGRA] = deconvreg_filter(I,PSF,NP)
%约束最小平方滤波器
%函数输入：
%          I：  输入的二维图像矩阵
%          PSF:退化函数的空域模板
%          NP：表示噪声的功率
%函数输出：
%          J:约束最小平方滤波图像
%          LAGRA :可以为一个数值,表示指定约束最小平方的最佳复原参数 y,
%                 也可以为[min,max]形式,表示参数 y 的搜索范围
%                 若此参数省略,则表示搜索范围为[1e-9,1e9]。

%约束最小平方滤波
if ~isa(I,'double')
    I = double(I)/255;
end
LR = [1e-9 1e9];      %复原参数搜索范围
%求解输入图像维数
sizeI = size(I);      % 矩阵维数
% PSF 矩阵
sizePSF = size(PSF);  % 矩阵维数
%输入图像的维数求解
numNSdim = find(sizePSF~=1);   % 寻找不等于 1 的量,行或者列数
NSD = length(numNSdim);
%转化 PSF 函数到期望的维数 光传递函数 OTF
otf = psf2otf(PSF,sizeI);
% regop:通过计算拉普拉斯算子计算图像的平滑性
%具体见表达式(10.23)
```

```
if NSD = = 1,
  regop = [1 -2 1];
else % 二维矩阵
  % 3x3 Laplacian 矩阵
  regop = repmat(zeros(3),[1 1 3 * ones(1,NSD - 2)]);
% repmat(zeros(3),[1 1 3 * ones(1,1)])
% ans(:,:,1) =
%       0     0     0
%       0     0     0
%       0     0     0
%
% ans(:,:,2) =
%       0     0     0
%       0     0     0
%       0     0     0
%
% ans(:,:,3) =
%       0     0     0
%       0     0     0
%       0     0     0

% A = 1:4
% A =
%       1     2     3     4
%
% B = repmat(A,4,1)
% B =
%       1     2     3     4
%       1     2     3     4
%       1     2     3     4
%       1     2     3     4

  % Laplacian 中心矩阵
  idx = [{':'}, {':'}, repmat({2},[1 NSD - 2])];
  regop(idx{:}) = [0 1 0;1 - NSD * 2 1;0 1 0];   % 模板算子
end
%   regop =
%       0     1     0
%       1    -4     1
%       0     1     0
  % 改变 REGOP 折返回原始维数
  idx1 = repmat({1},[1 length(sizePSF)]);   % 胞体数组赋值 1
  idx1(numNSdim) = repmat({':'},[1 NSD]);   % 胞体数组赋值“:”
  REGOP(idx1{:}) = regop;                   % 赋值
% 转化 PSF 函数到期望的维数 光传递函数 OTF
REGOP = psf2otf(REGOP,sizeI);
% psf2otf(1,[3,3])
% ans =
%       1     1     1
%       1     1     1
%       1     1     1
%
```

```
% psf2otf(1,[2,3])
% ans =
%       1     1     1
%       1     1     1

fftnI = fftn(I);                 % 傅里叶变换
R2 = abs(REGOP).^2;              % 绝对值后的元素平方
H2 = abs(otf).^2;                % 绝对值后的元素平方

%计算 LAGRA 值
if (numel(LR) = = 1) || isequal(diff(LR),0),   % 设定 LAGRA 值
  LAGRA = LR(1);
else %采用 fminbnd 在[1e - 9,1e9]优化,加速计算
  R4G2 = (R2. * abs(fftnI)).^2;
  H4 = H2.^2;
  R4 = R2.^2;
  H2R22 = 2 * H2. * R2;
  ScaledNP = NP * prod(sizeI);
  LAGRA = fminbnd(@ResOffset,LR(1),LR(2),[],R4G2,H4,R4,H2R22,ScaledNP);
end;

%重构图像
Denom = H2 + LAGRA * R2;
Nomin = conj(otf). * fftnI;

%保证 Denom 中的最小值取为 sqrt(eps)
Denom = max(Denom, sqrt(eps));
J = real(ifftn(Nomin./Denom));    %取实部
end

function f = ResOffset(LAGRA,R4G2,H4,R4,H2R22,ScaledNP)
%计算反向卷积残差 - 留数计算
% Parseval's theorem
Residuals = R4G2./(H4 + LAGRA * H2R22 + LAGRA^2 * R4 + sqrt(eps));
f = abs(LAGRA^2 * sum(Residuals(:)) - ScaledNP);
end
```

运用约束最小平方滤波器消除图像噪声,编写主函数程序如下:

```
%约束最小平方滤波
clc,clear,close all   %清理命令区、清理工作区、关闭显示图形
warning off           %消除警告
feature jit off       %加速代码运行
tic
[filename ,pathname] = ...
    uigetfile({'*.bmp';'*.tif';'*.jpg';},'选择图片');  %选择图片路径
str = [pathname filename];     %合成路径 + 文件名
im = imread(str);              %读图
noise_mean = 0;     %均值
noise_var = 1e - 3;  %方差
im = imnoise(im,'gaussian',noise_mean, noise_var);      %原图像 + 白噪声
```

```
%约束最小平方滤波
Xd = im2double(im);
HSIZE = [3 3];          %模板窗口大小
SIGMA = 0.5;            %标准差
H = fspecial('gaussian',HSIZE,SIGMA);
% fspecial('gaussian',3,0.001)
% ans =
%
%       0     0     0
%       0     1     0
%       0     0     0
% fspecial('gaussian',5,0.001)
% ans =
%       0     0     0     0     0
%       0     0     0     0     0
%       0     0     1     0     0
%       0     0     0     0     0
%       0     0     0     0     0

noise_power = noise_var * prod(size(Xd));                    % prod(size(Xd)) = 65536;噪声的功率
[Zd, LAGRA] = deconvreg_filter(im,H,noise_power);           %应用约束最小平方滤波

figure('color',[1,1,1]),
subplot(121),imshow(im);title('原始图像')
colormap(jet)      %颜色
shading interp     %消隐
subplot(122),imshow(Zd,[]);title('约束最小平方滤波图像')
colormap(jet)      %颜色
shading interp     %消隐
toc
```

运行程序输出图形如图 10-14 所示。

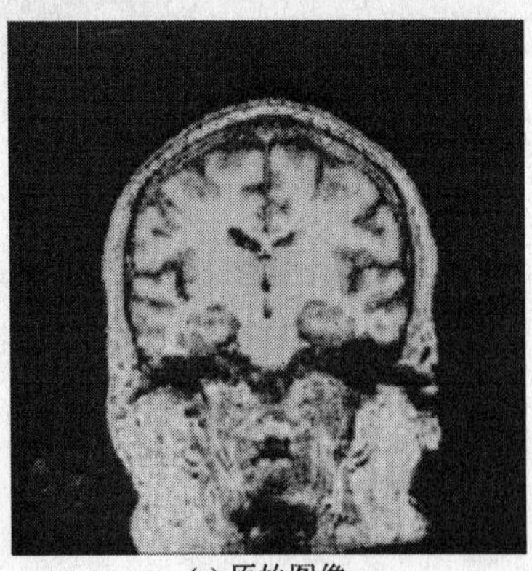
(a) 原始图像

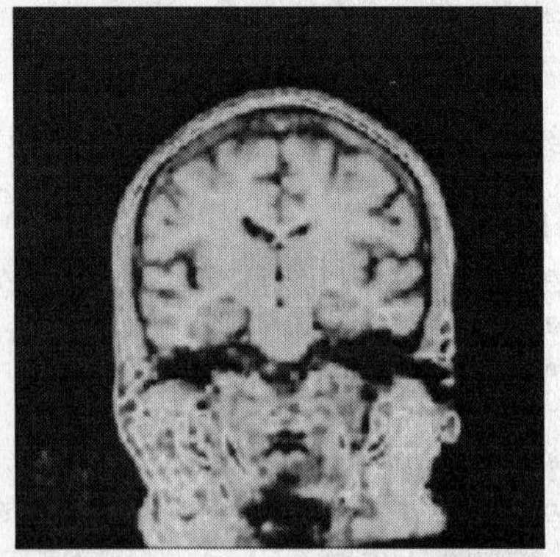
(b) 约束最小平方滤波图像

图 10-14　约束最小平方滤波

10.8　非线性复扩散滤波

10.8.1　算法原理

1990 年，Perona 与 Malik 首次提出了非线性扩散模型(P－M 模型)。该模型主要用于图像滤波去噪的研究，但非线性扩散模型在理论和实践上起初存在着一定的问题，于是经过诸多学者的改进，出现了相应的非线性扩散增强算法。这些增强算法均以梯度作为算子。梯度算子对噪声很敏感，且当梯度算子方向选取不合适时，无法检测斜坡等边缘，因此，又有一些学者提出了使用拉普拉斯算子(Laplacian)作为边缘检测算子。该算子虽然可以检测斜坡等边缘，但对噪声仍很敏感，在扩散过程中需计算图像高阶梯度，计算量大。

为了克服实数域扩散函数的不足，Guy Gilboa 首次提出了复扩散图像滤波去噪方法。

在复扩散图像滤波去噪方法中，图像的实部 Re(I)近似于对图像作高斯滤波，可以去除原始图像中的部分噪声；图像的虚部 Im(I)可以看作对加噪图像先进行高斯卷积，再进行拉普拉斯边缘检测。因此，采用图像的虚部 Im(I)作为算子能克服拉普拉斯算子对噪声很敏感，以及当拉普拉斯梯度算子方向选取不合适时，无法检测斜坡等不足，并且采用图像的虚部 Im(I)作为算子计算量小，扩散过程中能有效去除噪声，增强图像边缘。

具体的非线性复扩散模型介绍如下：

Perona 和 Malik 将各向异性扩散方程引入到图像预处理中，提出了图像非线性扩散模型(P－M 模型)，实现了图像的平滑处理。非线性扩散模型的方程为：

$$I_t = \frac{\mathrm{d}I}{\mathrm{d}t} = \nabla(D(\nabla I)\nabla I) \tag{10.32}$$

式(10.32)中，I_t 表示图像单位时间变化量；$D(\ )$是扩散函数，用于控制扩散速度，它为递减的正函数。

对于二维数字图像，式(10.32)写成迭代形式，如式(10.33)所示：

$$I_{i,j}^{(n+1)} = I_{i,j}^{(n)} + \Delta t^{(n)}(D_{i,j}^{(n)}\Delta I_{i,j}^{(n)} + \nabla D_{i,j}^{(n)}\ \nabla I_{i,j}^{(n)}) \tag{10.33}$$

式(10.33)中，i、j 表示图像像素点的位置，∇、Δ 分别表示一阶、二阶导数，$\Delta t^{(n)}$ 表示图像的第 n 次迭代的步长，$I_{i,j}^{(n)}$ 表示图像的第 n 次迭代结果，$D_{i,j}^{(n)}$ 表示图像的第 n 次迭代的扩散函数。

图像非线性扩散模型(P－M 模型)中，扩散函数的大小受图像一阶导数控制。一阶梯度对噪声很敏感，且无法检测斜坡边缘，于是采用二阶拉普拉斯梯度控制扩散函数，以克服采用一阶梯度的不足。相应的扩散函数表达式如式(10.34)所示：

$$D = \frac{1}{1 + |\Delta I|^2} \tag{10.34}$$

值得注意的是，当图像平滑区域存在噪声时，图像的二阶梯度较大，扩散函数值反而减小，从而使得图像的平滑区域出现了阶梯效应，而且在求解 I_t 时，还需要计算图像的三阶导数，实现起来比较困难。

针对上述缺点，Gilboa 等人把非线性扩散模型(P－M 模型)从实数域扩展到了复数域，利用图像的虚部控制扩散函数，提出了非线性复扩散模型(Nonlinear Complex Diffusion, NCD)。

非线性复扩散函数如式(10.35)所示：

$$D=\frac{e^{i\theta}}{1+\left[\frac{\mathrm{Im}(I)}{k\theta}\right]^2} \tag{10.35}$$

式(10.35)中，当 $k>0$ 时，常数 $\theta\to 0_+$，图像的复扩散的实部等价于图像的高斯卷积，图像的虚部可以视为高斯平滑后二阶拉普拉斯边缘检测，其表达式为式(10.36)和式(10.37)：

$$\lim_{\theta\to 0}\mathrm{Re}(I)=G_\sigma\times I_0 \tag{10.36}$$

$$\lim_{\theta\to 0}\frac{\mathrm{Im}(I(\theta))}{t\,\theta}=G_\sigma\times\Delta I(\theta) \tag{10.37}$$

非线性复扩散采用图像虚部控制扩散强度，很大程度上减小了平滑区域噪声对扩散强度的影响。非线性复扩散既能很好地达到滤波去噪的目的，也能很好地保护图像细节、边缘等信息，且在滤波去噪的同时，也一定程度上克服了的阶梯效应。

若您对此书内容有任何疑问，可以凭在线交流卡登录MATLAB中文论坛与作者交流。

10.8.2 算法仿真与 MATLAB 实现

非线性复扩散滤波器函数程序如下：

```
function [imgOutput, nIter, dtt] = NCD_filter(imgInput, Tmax)
%  非线性复扩散滤波
%函数输入：
%         imgInput - 含噪声的图像
%         Tmax   - 扩散时间
%函数输出：
%         imgOutput - f 非线性复扩散滤波图像
%         nIter   - 滤波迭代处理次数
%         dtt     - 每一次迭代的时间步长
%设定默认的迭代扩散时间
if nargin < 2 ;   % 输入个数小于 2
    Tmax  = 3.0 ; % Tmax 默认赋值
end

%初始化操作
theta      = pi/30;              %初始化
j          = sqrt(-1);           %初始化
e_jxtheta = exp(j * theta);     %初始化
kappamin  =   2.0;              %初始化
kappamax  =   28.0;             %初始化

%高斯滤波器
wsize      = 3;  %窗口大小 3 x 3
wsigma      = 10; %方差
filter_gaussian     = fspecial('gaussian', wsize, wsigma);   %滤波掩膜
% fspecial('gaussian', 3, 0.001)
% ans =
%       0     0     0
%       0     1     0
%       0     0     0
% fspecial('gaussian', 5, 0.001)
% ans =
```

```
%     0    0    0    0    0
%     0    0    0    0    0
%     0    0    1    0    0
%     0    0    0    0    0
%     0    0    0    0    0
%扩散滤波器系数
wsigma2      = 0.5; %方差
filter_gaussian2   = fspecial('gaussian', wsize, wsigma2);   %滤波掩膜

lapKernel        = [0,1,0; 1,-4,1; 0,1,0]; % laplacian kernel
gradKernel       = [-1/2,0,1/2];               %梯度 kernel
[xSize, ySize] = size(imgInput);             %图像维数

Border = 2; %图像边界 2 个像素点之间不进行梯度计算
indexX = 1+Border:xSize+Border; % (1+Border):(xSize+Border)
indexY = 1+Border:ySize+Border; % (1+Border):(xSize+Border)

if ~isa(imgInput,'double')
    yNCDF = double(imgInput); %图像数据类型转换
end

t_iter = 0;  %迭代时间累加和
nIter = 0;  %迭代次数

while (Tmax - t_iter) > eps %扩散时间
    nIter = nIter + 1;
    ryNCDF = real(yNCDF);  %实部
    iyNCDF = imag(yNCDF);  %虚部

    %滤波,见表达式(10.32)
    localAvg = filter2(filter_gaussian, ryNCDF,'same');
    minlocalAvg = min(localAvg(:));    %最小值

    %自适应系数 k,见表达式(10.31)
    k_mod = kappamax + (kappamin-kappamax) * ...
        (localAvg - minlocalAvg) / (max(localAvg(:)) - minlocalAvg);
    %非线性复扩散函数
    coefDif = e_jxtheta ./ (1 + ( (iyNCDF/theta) ./ k_mod ).^2);
    coefDif = filter2(filter_gaussian, coefDif,'same');

    %计算 laplacian and gradient
    % lap(yNCDF)
    yAux   = zeros(xSize+2*Border, ySize+2*Border);
    yAux(indexX, indexY) = yNCDF;
    del2Y = conv2(yAux, lapKernel,'same');
    del2Y = del2Y(indexX, indexY);

    % grad(yNCDF)
    dAux   = conv2(yAux, gradKernel,'same');   %卷积
    dYx    = dAux(indexX, indexY);
    dAux   = conv2(yAux, gradKernel','same'); %卷积
    dYy    = dAux(indexX, indexY);
```

```
    % grad(coefDif)
    dDx    = conv2(coefDif, gradKernel, 'same');   % 卷积
    dDy    = conv2(coefDif, gradKernel', 'same'); % 卷积

    dIdt   = coefDif. * del2Y + dDx. * dYx + dDy. * dYy;

    % 计算自适应时间步长
    dt = (1/4) * ( 0.25 + 0.75 * exp( - max(max( abs(real(dIdt)) ./ ryNCDF ))) );

    dtt(nIter) = dt;

    % 约束每一步的最大步长
    if t_iter + dt > Tmax ;
        dt = Tmax - t_iter ;
    end
    % 更新已经处理已扩散的时间消耗
    t_iter = t_iter + dt;

    % 更新 yNCDF
    yNCDF = yNCDF + dt. * dIdt;

end % 结束,对应 while (Tmax - t_iter) > eps

imgOutput = real(yNCDF);  % 实部,图像输出

end
```

运用非线性复扩散滤波器消除图像噪声,编写主函数程序如下:

```
% 非线性复扩散滤波
clc,clear,close all    % 清理命令区、清理工作区、关闭显示图形
warning off            % 消除警告
feature jit off        % 加速代码运行
tic
[filename ,pathname] = ...
    uigetfile({'*.bmp';'*.tif';'*.jpg';},'选择图片');     % 选择图片路径
str = [pathname filename];     % 合成路径 + 文件名
im = imread(str);              % 读图
im = imnoise(im,'gaussian',0,1e-3);          % 原图像 + 白噪声

% 非线性复扩散滤波参数设置
TMAX = 0.80;   % 扩散时间
[im_e, nIter, dTT] = NCD_filter(im, TMAX);      % 非线性复扩散滤波

figure,
subplot(121),imshow(im);title('原始图像')
colormap(jet)     % 颜色
shading interp    % 消隐
subplot(122),imshow(im_e,[]);title('非线性复扩散滤波图像')
colormap(jet)     % 颜色
shading interp    % 消隐
toc
```

运行程序输出图形如图 10-15 所示。

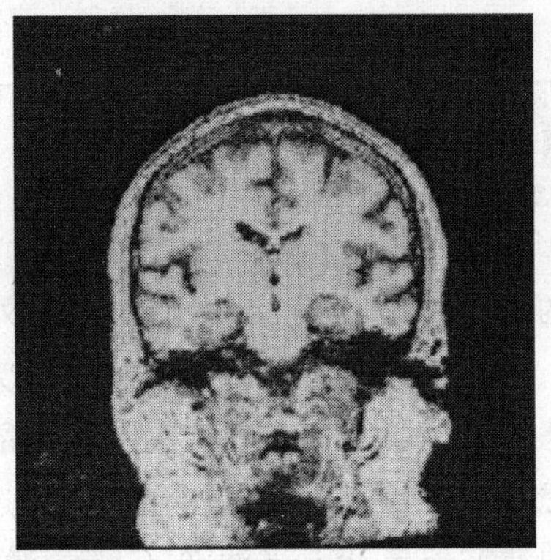

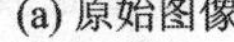

(a) 原始图像

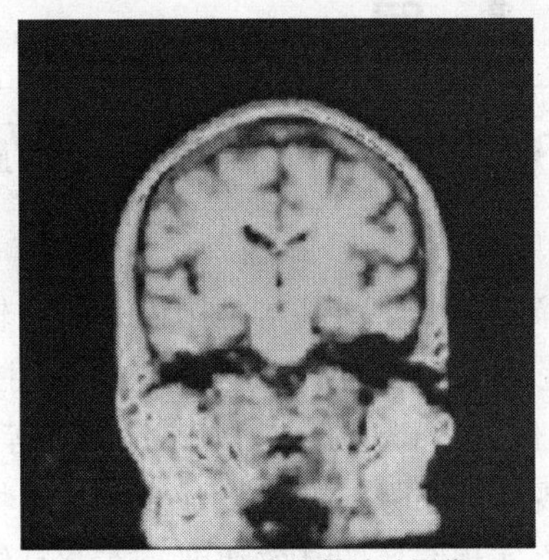

(b) 非线性复扩散滤波图像

图 10－15　非线性复扩散滤波

第 11 章

特殊滤波器设计与 MATLAB 实现

第 3 章到第 10 章，基本是国内外研究较普遍的图像滤波器设计，然而对于国外的最新滤波器设计，是很多读者朋友和科研人员关注的焦点。国外出现较多的滤波器，也称为经典图像滤波算法，例如 Gabor 滤波、Wiener 滤波等，这些滤波器滤波性能较好，且能够保留图像的细节信息。现有的图像滤波器设计多从局部特征考虑，对图像局部信息进行统计，通过一定的先验知识进而实现图像的高效滤波。本章具体介绍的滤波器包括 Lee 滤波、Gabor 滤波、Wiener 滤波、Kuwahara 滤波、Beltrami 流滤波、Lucy - Richardson 滤波、Non - Local Means 滤波等，希望读者朋友能够学有所得。另外在提供的源程序基础上进行算法设计，更进一步地提供滤波器性能。

11.1 Lee 滤波

11.1.1 算法原理

Lee 滤波是充分利用图像局部统计特性，进行图像斑点滤波的典型滤波去噪方法之一。

Lee 滤波器基于完全发育的斑点噪声模型，选择一个用户设定长宽的窗口 $M_1 \times M_2$ 作为局部区域，通过计算该局部区域的均值和方差，作为 Lee 滤波器的先验知识，即先验均值和先验方差。

Lee 滤波器的先验均值和先验方差具体计算如下：

$$\hat{x} = a\bar{x} + by$$

$$a = 1 - \frac{\mathrm{var}(x)}{\mathrm{var}(y)}, \qquad b = \frac{\mathrm{var}(x)}{\mathrm{var}(y)}$$

将 a、b 代入滤波特征方程并整理如下：

$$\hat{x} = \bar{y} + b(y - \bar{y})$$

$$\mathrm{var}(x) = \frac{\mathrm{var}(y) - \sigma_v^2 \bar{y}^2}{1 + \sigma_v^2}, \qquad \sigma_v^2 = \frac{1}{N}$$

其中，N 为图像像素个数(图像的行数乘图像的列数)。

Lee 提出的基于边缘检测的自适应滤波算法，一般常使用 7×7 的滑动窗口：

① 将 7×7 的滑窗分为九个子区间，区间之间有重叠，每个子区间大小为 3×3。

② 计算各子窗的均值，用这个均值构造一个 3×3 的矩阵 $\boldsymbol{M}$，来估计局域窗中边缘的方向：将 3×3 梯度模板应用到均值矩阵，梯度绝对值最大的方向被认为是边缘的方向。

梯度绝对值方向计算只需要用水平 0°、垂直 90°、45°和 135°四个方向的梯度模板，相反方向互为相反数。用这个矩阵与四种边缘模板与之进行加权计算，选择计算加权结果绝对值最大。

11.1.2　算法仿真与 MATLAB 实现

编写 Lee 滤波器函数程序如下：

```
function im_ret = Lee( im, w_size, out_size, NL, bound, flag )
%    LEE Filter for SAR Speckle reduction
%    im:SAR 影像
%    w_size:窗口大小,奇数 3 5 7 9 等
%    out_size:输出图像的大小,可以是 'same' 或者 'full'
%    NL:number of Looks,等效视数
%    bound:边缘扩展模式,分为 'symmetric','replicate','circular'。
%    flag:计算时是否包含中心像素,0 为不包含,1 为包含。
%
%    bound 和 flag 主要是给 im_mean_var 用的 :)
%函数输出:
%    im_ret:滤波结果

if ~isa(im,'double')
    im = double(im)/255;      % 转化为 double 类型
end
[im_Mean, im_Var] = im_mean_var(im, w_size, out_size, bound, flag);      %求均值和方差
im_Std = sqrt(im_Var);          % 开方
Ci = im_Std ./ im_Mean;         % 变差系数
Cu = sqrt(1/NL);                % 噪声变差系数
tmp = 2 * log(Cu) - 2. * log(Ci + 0.1);
tmp = exp(tmp);                 % 指数
W = 1 - tmp;
im_ret = im . * W + im_Mean . * (1 - W);      %滤波结果
```

求图像方差和均值矩阵函数程序如下：

```
function [im_Mean, im_Var] = im_mean_var(im, w_size, out_size, bound, flag)
%函数输入:
    % im:待求的影像,或者矩阵
    % w_size:窗口的大小,如 5 代表 5 * 5 的窗口
    % out_size:输出图像的大小,可以是 'same' 或者 'full'
    % bound:边缘的扩展模式,分为 'symmetric','replicate','circular'。
    % flag:计算时是否包含中心像素,0 为不包含,1 为包含。
%函数输出:
    % im_Mean:均值影像/矩阵
    % im_Var:方差影像/矩阵

%均值滤波器
h = ones(w_size);  % 初始化
h_size = w_size^2;  % 图像尺寸关系
if flag = = 0
    h((w_size + 1)/2,(w_size + 1)/2) = 0;
    h_size = h_size - 1;
end

h = h ./ h_size;
%均值滤波器求毕
im_Mean = imfilter(im, h, bound, out_size);     % 均值滤波
%均值求毕

%求方差
im_Var = zeros(size(im));  % 初始化
```

```
%将原始矩阵按照 bound 的模式进行边缘扩展
im_pad = padarray(im, [(w_size - 1)/2 (w_size - 1)/2], bound);
% padarray 使用
% A =
%      1     3     4
%      2     3     4
%      3     4     5
% B = padarray(A, 2 * [1 1], 0, 'both')
%      0     0     0     0     0     0     0
%      0     0     0     0     0     0     0
%      0     0     1     3     4     0     0
%      0     0     2     3     4     0     0
%      0     0     3     4     5     0     0
%      0     0     0     0     0     0     0
%      0     0     0     0     0     0     0

imsize = size(im_pad);     % 矩阵维数
row = imsize(1);           % 行
col = imsize(2);           % 列

tmp = (w_size - 1)/2;
for i = 1:1:row - tmp * 2
    for j = 1:1:col - tmp * 2
        im_sub = imcrop(im_pad, [i, j, w_size - 1, w_size - 1]);   % 取小窗口
        m2v = im_sub(:);          % 赋值
        if(flag = = 1)            % 如果包含中间点
            im_Var(j,i) = var(m2v,1);     % 不是无偏估计(N - 1),而是用 N
        else                      % 如果不包含中间点
            tt = zeros(w_size^2 - 1 , 1);  % 初始化
            tt(1:(w_size^2 - 1)/2) = m2v(1:(w_size^2 - 1)/2);
            tt((w_size^2 - 1)/2 + 1:end) = m2v((w_size^2 - 1)/2 + 2:end);
            im_Var(j,i) = var(tt,1);      % 方差
        end

    end
end
%- - - - - - - - - - - - - - -方差求毕- - - - - - - - - - -
```

采用 Lee 滤波器进行图像滤波，主函数程序如下：

```
% % Lee 滤波器
clc,clear,close all
warning off
[filename ,pathname] = ...
    uigetfile({'*.bmp';'*.tif';'*.jpg';},'选择图片');       %选择图片路径
str = [pathname filename];                 %合成路径 + 文件名
im = imread(str);                          %读图
im = imnoise(im,'gaussian',0,1e - 3);  %原图像 + 白噪声

figure,
subplot(121),imshow(im);title('原始图像')
colormap(jet)      %颜色
shading interp     %消隐
```

```
im_ret = Lee( im, 3, 'same', 10, 'symmetric', 1);
im_ret = uint8(im_ret);    % 图像类型转换
subplot(122),imshow(im_ret);title('Lee 滤波图像 ')
colormap(jet)      %颜色
shading interp     %消隐
```

运行程序输出滤波图形如图 11－1 所示。

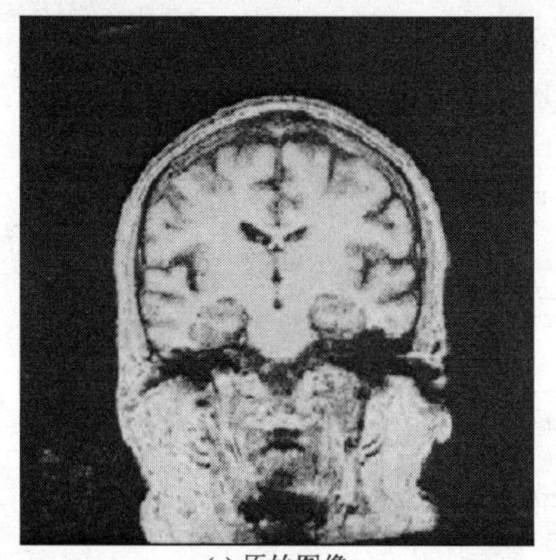
(a) 原始图像

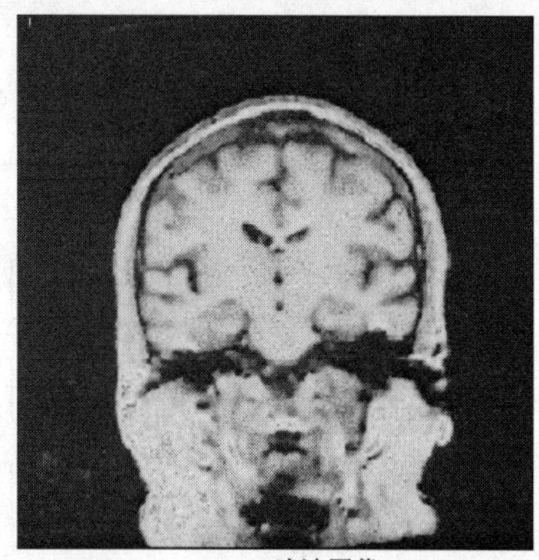
(b) Lee滤波图像

图 11－1　Lee 滤波

11.2　Gabor 滤波

11.2.1　算法原理

1946 年,Gabor 将短时傅里叶变换(SFT)的窗函数取为高斯函数,提出了 Gabor 变换,而二维 Gabor 滤波器则由 Daugman 首次提出。二维 Gabor 函数可以看作是一个高斯函数调制的复正弦函数,二维 Gabor 函数是唯一能够达到测不准原理(测不准原理是指不可能在时域和频域都能获得任意的测量精度,要使频率分辨率提高,必然会降低时域分辨率)下界的函数。也就是说,二维 Gabor 函数可以同时获得较高的时域和频域分辨率。

二维 Gabor 滤波器具有优良的空间局部性和方向选择性,能够抓住图像局部区域内多个方向的空间频率和局部性结构特征,可以看作是一个对方向和尺度敏感的有方向性的显微镜。同时,二维 Gabor 函数也增强了边缘以及峰、谷、脊轮廓等底层图像的细节特征,这相当于增强了图像中人物的信息,也增强了复杂的背景等信息。

Gabor 滤波的主要原理是:不同纹理一般具有不同的中心频率及带宽,根据这些频率和带宽可以设计一组 Gabor 滤波器,分别对纹理图像进行滤波,每个 Gabor 滤波器只允许与其频率相对应的纹理顺利通过,而其他纹理的能量则受到抑制,用户从该组 Gabor 滤波器的输出结果中分析并提取纹理特征,用于之后的图像分类或图像分割任务。

Gabor 滤波器是带通滤波器,它的单位冲激响应函数(Gabor 函数)是高斯函数与复指数函数的乘积。Gabor 滤波器采用高斯函数作为窗函数,因此,Gabor 变换具有以下特点:

① 频域局部化特性:令窗口函数为 $g_a(t)$,则 $g_a(t)=\frac{1}{2\sqrt{\pi a}}e^{-\frac{t^2}{4a}}$。式中 a 决定了窗口的

宽度，$g_a(t)$ 的傅里叶变换用 $G_a(w)$ 表示，则有

$$G_a(w)=\int_{-\infty}^{\infty} g_a(t)\mathrm{e}^{-\mathrm{j}wt}\mathrm{d}t=\int_{-\infty}^{\infty}\frac{1}{2\sqrt{\pi a}}\mathrm{e}^{-\frac{t^2}{4a}}\mathrm{e}^{-\mathrm{j}wt}\mathrm{d}t=$$

$$\frac{1}{2\sqrt{\pi a}}\int_{-\infty}^{\infty}\mathrm{e}^{-\left(\frac{t^2}{4a}+\mathrm{j}wt\right)}\mathrm{d}t=\mathrm{e}^{-aw^2}$$

Gabor 变换：

$$\begin{aligned}\int_{-\infty}^{\infty} G_f(w,\tau)\mathrm{d}\tau=&\int_{-\infty}^{\infty}\int_{-\infty}^{\infty} f(t)g_a(t-\tau)\mathrm{e}^{-\mathrm{j}wt}\mathrm{d}t\mathrm{d}\tau=\\&\int_{-\infty}^{\infty} f(t)\mathrm{e}^{-\mathrm{j}wt}\int_{-\infty}^{\infty} g_a(t-\tau)\mathrm{e}^{-\mathrm{j}wt}\mathrm{d}\tau\mathrm{d}t=\\&\int_{-\infty}^{\infty} f(t)\mathrm{e}^{-\mathrm{j}wt}\left(\int_{-\infty}^{\infty}\frac{1}{2\sqrt{\pi a}}\mathrm{e}^{-\frac{(t-\tau)^2}{4a}}\mathrm{d}\tau\right)\mathrm{d}t=\\&\int_{-\infty}^{\infty} f(t)\mathrm{e}^{-\mathrm{j}wt}\left(\int_{-\infty}^{\infty}\frac{1}{2\sqrt{\pi a}}\mathrm{e}^{-\frac{(t-\tau)^2}{4a}}\mathrm{d}\tau\right)\mathrm{d}t=\\&\int_{-\infty}^{\infty} f(t)\mathrm{e}^{-\mathrm{j}wt}\left(\int_{-\infty}^{\infty}\frac{1}{2\sqrt{\pi a}}\mathrm{e}^{-\frac{u^2}{4a}}\mathrm{d}u\right)\mathrm{d}t=\\&\int_{-\infty}^{\infty} f(t)\mathrm{e}^{-\mathrm{j}wt}\left(\int_{-\infty}^{\infty}\frac{1}{2\sqrt{\pi a}}\sqrt{4\pi a}\right)\mathrm{d}t=\\&\int_{-\infty}^{\infty} f(t)\mathrm{e}^{-\mathrm{j}wt}\mathrm{d}t=F(w)\end{aligned}\tag{11.1}$$

从式(11.1)可以看出，信号 $f(t)$的 Gabor 变换，就是按窗口的宽度分解 $f(t)$的频谱 $F(w)$，从而提取它的局部信息。因此，Gabor 变换具有频域局部化特性。

② Gabor 变换的时域局部化特性：若设 $h\in L^2$，则 Gabor 变换如式(11.2)所示：

$$f(t)=\frac{1}{2\pi<h,g>}\iint G_f(\tau,w)h(\tau,w)\mathrm{d}w\mathrm{d}\tau\tag{11.2}$$

由式(11.2)可知，信号 $f(t)$可以按时域局部在频域上进行分解。这里 g、h 称为分析 Gabor 函数，而 $g(\tau,w)$、$h(\tau,w)$ 称为 Gabor 函数。由 Paserval 恒等式：

$$2\pi<h,g>=<H,G>$$

其中，H、G 是 h、g 的傅里叶变换。实际中常取 $h=g$，所以

$$<h,g>=\|g\|^2$$

则式(11.2)为：

$$f(t)=\frac{1}{\|g\|^2}\iint G_f(\tau,w)g(\tau,w)\mathrm{d}w\mathrm{d}\tau\tag{11.3}$$

由式(11.3)可知，Gabor 变换具有时域局部化特性。当 τ 变化时，$g(\tau,w)$ 在时域上移动，起一个时域窗口的作用。

(1) 一维 Gabor 小波变换

Gabor 小波能够较好地解决由于光照变化所引起的图像变化问题。Gabor 滤波器常常用于生物特征识别的图像预处理过程中，例如人脸检测、指纹识别、手掌识别等领域。

一维 Gabor 小波定义如下：

$$W(t,t_0,w)=\mathrm{e}^{-\sigma(t-t_0)^2}\mathrm{e}^{\mathrm{i}w(t-t_0)}$$

它是一个高斯函数和一个三角函数的乘积。

根据一维 Gabor 小波定义，编写 MATLAB 程序如下：

```
%%一维 Gabor 滤波器
clc,clear,close all   %清理命令区、清理工作区、关闭显示图形
warning off           %消除警告
feature jit off       %加速代码运行
x = -4:0.01:4;        % x
t = 1;                % 赋值
y = 1 * exp( - (x.^2)./(sqrt(2 * pi) * t^2));      % 方程
plot(x,y,'b','linewidth',2);                       % 画图
hold on                                            % 句柄保持
x1 = -4:0.01:4;                                    % x 横坐标
y1 = 1 * sin(9 * x1 + pi/2);                       % y 纵坐标
plot(x1,y1,'k','linewidth',1.2);                   % 画图
y2 = y. * y1;                                      % y 计算
plot(x1,y2,'r','linewidth',2)
```

运行程序得到一维 Gabor 滤波器，如图 11－2 所示。

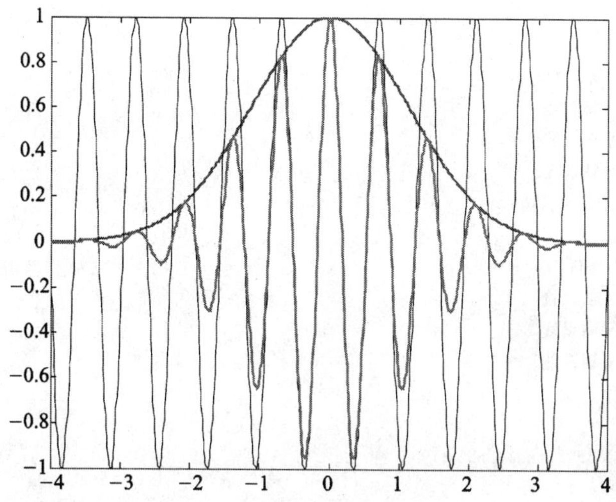

图 11－2　一维 Gabor 滤波器

由一维 Gabor 小波变换：

$$G(x(t)(t_0,w))=\int_{-\infty}^{+\infty}x(t)W(t,t_0,w)\mathrm{d}t$$

用 $\mathrm{e}^{-\sigma(t-t_0)^2}\mathrm{e}^{\mathrm{i}w(t-t_0)}$ 替换 $W(t,t_0,w)$ 得：

$$G(x(t)(t_0,w))=\int_{-\infty}^{+\infty}x(t)\mathrm{e}^{-\sigma(t-t_0)^2}\mathrm{e}^{\mathrm{i}w(t-t_0)}\mathrm{d}t \tag{11.4}$$

将式(11.4)展开得：

$$\begin{aligned}G(x(t)(t_0,w))=&\int_{-\infty}^{+\infty}x(t)\mathrm{e}^{-\sigma(t-t_0)^2}\cos(w(t-t_0))\mathrm{d}t+\\&i\int_{-\infty}^{+\infty}x(t)\mathrm{e}^{-\sigma(t-t_0)^2}\sin(w(t-t_0))\mathrm{d}t\end{aligned} \tag{11.5}$$

式(11.5)中 $G(x(t)(t_0,w))$ 可以简化写为实部和虚部和形式：

$$G(x(t)(t_0,w))=a_{\mathrm{real}}+\mathrm{i}a_{\mathrm{imag}} \tag{11.6}$$

编写 MATLAB 程序直观再现 Gabor 滤波器中 $G(x(t)(t_0,w))$ 的实部和虚部视图，程

序如下：

```
% % gabor 滤波器的实部与虚部图像
clc,clear,close all   % 清理命令区、清理工作区、关闭显示图形
warning off           % 消除警告
feature jit off       % 加速代码运行
x = 0;       % 初值
theta = 0;   % 初值
f0 = 0.2;    % 初值
for i = linspace( - 15,15,50)
    x = x + 1;
    y = 0;
    for j = linspace( - 15,15,50)
        y = y + 1;
        z(y,x) = compute_gabor(i,j,f0,theta);   % 调用函数
    end
end
x = linspace( - 15,15,50);
y = linspace( - 15,15,50);
surf(x,y,real(z))
title('Gabor filter:实部 ');
xlabel('x');     % x 轴设置
ylabel('y');     % y 轴设置
zlabel('z');     % z 轴设置
figure(2);       % 第二个 figure
surf(x,y,imag(z))
title('Gabor filter:虚部 ');
xlabel('x');     % x 轴设置
ylabel('y');     % y 轴设置
zlabel('z');     % z 轴设置

figure(3)
plot(real(z(1,:,:)),'r','linewidth',2)
hold on
plot(imag(z(1,:,:)),'b','linewidth',2)
grid on
legend(' 实部 ',' 虚部 ')
```

其中复数 $G(x(t)(t_0,w))$ 函数计算程序如下：

```
function gabor_k = compute_gabor(x,y,f0,theta)
r = 1; g = 1;
x1 = x * cos(theta) + y * sin(theta);
y1 = - x * sin(theta) + y * cos(theta);
gabor_k = f0^2/(pi * r * g) * exp( - (f0^2 * x1^2/r^2 + f0^2 * y1^2/g^2)) * exp(i * 2 * pi * f0 * x1);
```

运行程序得到 Gabor 滤波器的实部与虚部图像，如图 11－3 至图 11－5 所示。

在极坐标中，设 A 为幅度，ϕ 为相角，则：

$$A = \sqrt{a_{\text{real}}^2 + a_{\text{imag}}^2}$$

$$\phi = \arctan(a_{\text{imag}}/a_{\text{real}})$$

(2) 二维 Gabor 小波变换

二维 Gabor 小波变换能够很好地表征图像的多尺度，作为唯一能够取得空域和频域联合

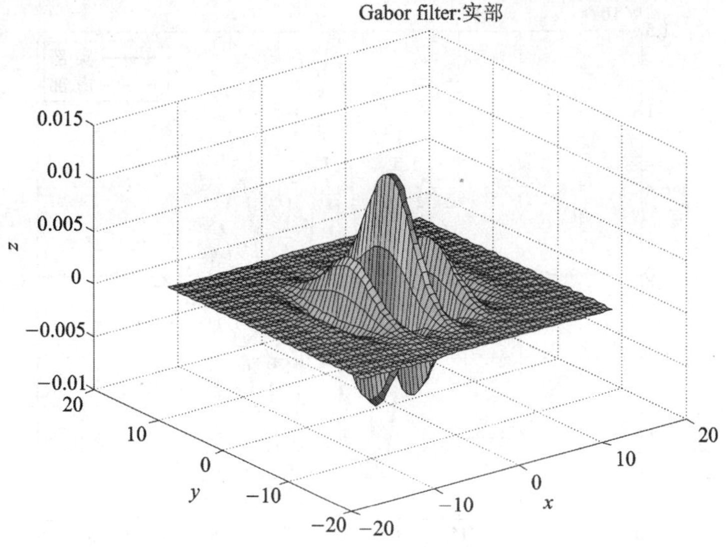

图 11-3　Gabor 滤波器实部 3D 视图

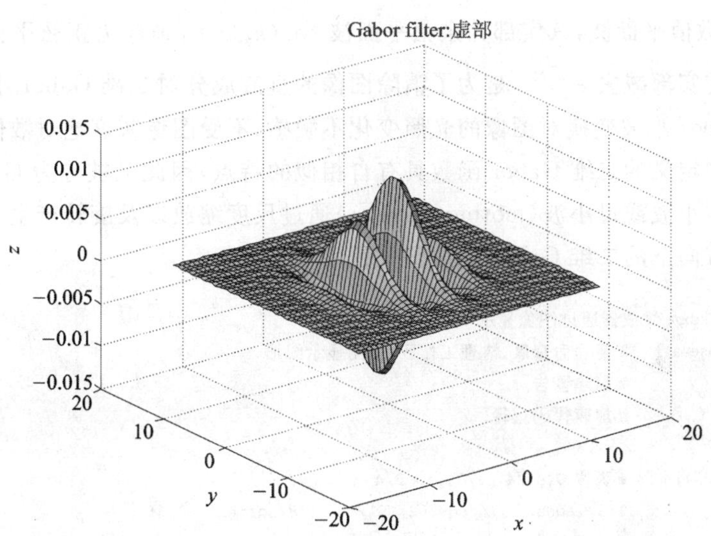

图 11-4　Gabor 滤波器的虚部 3D 视图

不确定关系下限的 Gabor 函数，经常被用作小波基函数来对图像进行各种分析，因此，也称二维 Gabor 滤波器。

二维 Gabor 滤波器的函数形式表示如下：

$$\left.\begin{aligned} \varphi_{u,v}(z) &= \frac{\| k_{u,v} \|^2}{\sigma^2} \cdot \theta \cdot (\mathrm{e}^{\mathrm{i}k_{u,v}z} - \mathrm{e}^{-\sigma^2/2}) \\ \theta &= \frac{\| k_{u,v} \|^2}{\sigma^2} \exp\left(-\frac{\| k_{u,v} \|^2 \ \| z \|^2}{2\sigma^2}\right)(\mathrm{e}^{\mathrm{i}k_{u,v}z} - \mathrm{e}^{-\sigma^2/2}) \end{aligned}\right\} \tag{11.7}$$

式中，$k_{u,v} = k_v \mathrm{e}^{\mathrm{i}\phi_u}$，$z = (x,y)$ 为空间位置，v 决定了 Gabor 滤波器的尺度，u 决定了 Gabor 滤波器的方向，$k_{u,v}$ 为平面波矢量。$k_v = k_{\max}/f^v$，$\phi_u = \pi u/8$，$k_{\max}$ 是最大频率，f 为频域内核函数的空间因子，ϕ_u 体现了滤波器的方向选择性。σ 为高斯窗的尺度因子，它控制滤波器的尺度大小和带宽。θ 为约束平面波的高斯包络函数，用来补偿由频率决定的能量谱衰减。

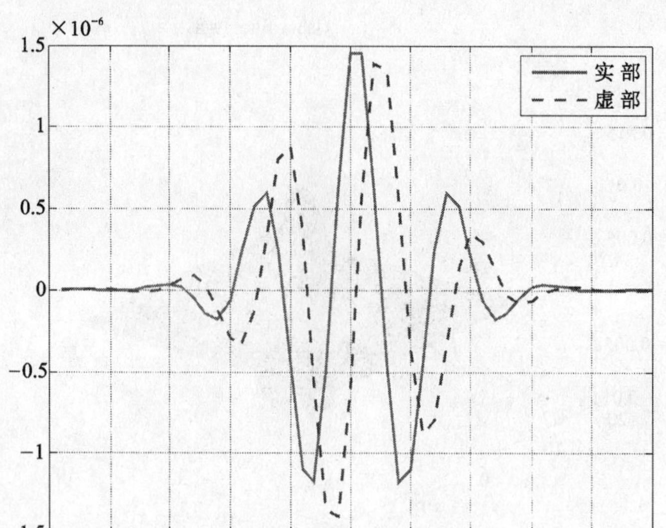

图 11－5　Gabor 实虚部的 2D 视图

$e^{ik_{u,v}z}$ 为复数值平面波，其实部为余弦平面波 $\cos(k_{u,v}z)$，虚部为正弦平面波 $\sin(k_{u,v}z)$。复数值平面波的实部减去 $e^{-\sigma^2/2}$，是为了消除图像的直流成分对二维 Gabor 小波变换的影响，这使得二维 Gabor 小波变换对图像的光照变化不敏感，不受图像灰度绝对数值的影响。

式(11.7)中定义的二维 Gabor 函数具有自相似的特点，因此又被称为 Gabor 小波。它们可以由一个基本小波或母小波(mother wavelet)通过尺度缩放以及旋转产生。

编写不同方向下的二维 Gabor 小波函数程序如下：

```
%4个方向的Gabor滤波器通过图像显示
clc,clear,close all   %清理命令区、清理工作区、关闭显示图形
warning off           %消除警告
feature jit off       %加速代码运行
x = 0;
theta = pi*0/4;       %弧度0,pi/4,pi/2,pi*3/4
f0 = 1/16;            % 1/lamda  1/4/sqrt(2)  1/8  1/8/sqrt(2)  1/16
for i = linspace(-15,15,50)
    x = x + 1;
    y = 0;
    for j = linspace(-15,15,50)
        y = y + 1;
        z(y,x) = compute_gabor(i,j,f0,theta); % 调用函数
    end
end
z_real = real(z);           % 实部
m = min(z_real(:));         % 最小值
z_real = z_real + abs(m);   % 复原
M = max(z_real(:));         % 最大值
imshow(1/M*z_real);
```

图 11－6 画出了一组具有同一尺度(对应的波长为 16)、不同方向的 Gabor 小波函数，方向分别为 0、π/4、2π/4、3π/4。

图 11-7 画出了一组具有同一方向(方向为 0)、不同尺度的 Gabor 小波函数，波长分别为 $4\sqrt{2}$、8、$8\sqrt{2}$、16。

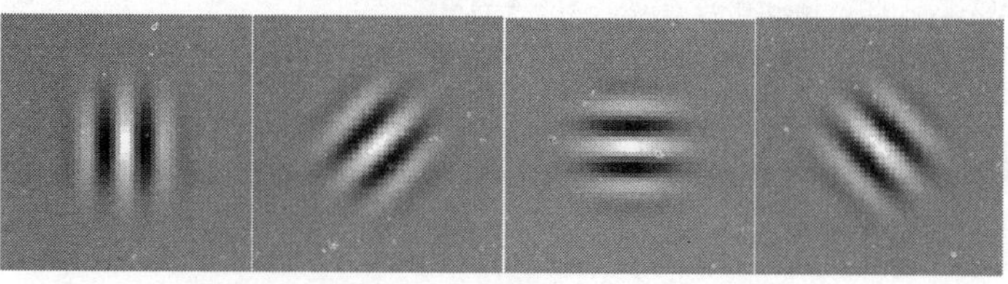

图 11-6 不同方向下的二维 Gabor 小波函数

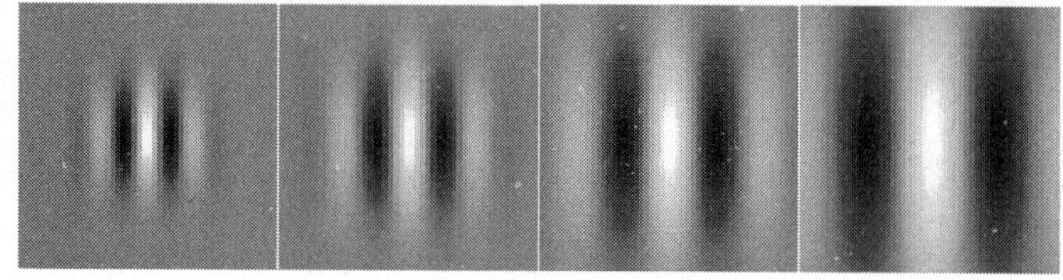

图 11-7 不同尺度下的二维 Gabor 小波函数

具体的 Gabor 滤波用于图像特征提取的步骤如下：

① 选取 Gabor 滤波器组的方向数和尺度数。滤波器组的选取是至关重要的一步，既包括滤波器组的布局还要考虑单个滤波器参数的设计。

② 设置最高数字频率和最低数字频率。

③ 确定各个滤波器的中心坐标、横轴以及纵轴方向的标准差。

④ 得到不同方向和尺度的 Gabor 滤波器以后，对图像滤波。由于滤波后输出的图像信息中只有能量信息而不包括位置信息，因此将图像划分为多个子块进行滤波。

11.2.2 算法仿真与 MATLAB 实现

编写 Gabor 滤波器函数程序如下：

```
function [G,gabout] = gabor_filter(I,Sx,Sy,U,V)
%函数输入：
%           I :输入的二维图像
%           Sx & Sy :方差 along x and y - axes respectively
%           U & V :中心频率   along x and y - axes respectively
%函数输出：
%           G : G(x,y)
%           gabout : Gabor 滤波图像
% G(x,y)表达式如下：
%                 1                                   -1              x  ^      y      ^
%%% G(x,y) = ---------- * exp ([----{(----) 2 + (----) 2} + 2* pi* i* (Ux + Vy)])
%               2* pi* sx* sy                          2             sx             sy
if isa(I,'double')~ = 1
    I = double(I);
end

for x = - fix(Sx):fix(Sx)
    for y = - fix(Sy):fix(Sy)
        G(fix(Sx) + x + 1,fix(Sy) + y + 1) = (1/(2 * pi * Sx * Sy)) * exp( - .5 * ((x/Sx)^2 + (y/Sy)^2) + 2 * pi * i
* (U * x + V * y));
    end
```

若您对此书内容有任何疑问，可以凭在线交流卡登录MATLAB中文论坛与作者交流。

```
end

  Imgabout = conv2(I,double(imag(G)),'same');     %卷积
  Regabout = conv2(I,double(real(G)),'same');     % 卷积

  gabout = uint8(sqrt(Imgabout. * Imgabout + Regabout. * Regabout));     %输出滤波图像
```

采用 Gabor 滤波器进行图像滤波，主函数程序如下：

```
% % Gabor 滤波器
  clc,clear,close all   %清理命令区、清理工作区、关闭显示图形
  warning off           %消除警告
  feature jit off       %加速代码运行
  [filename ,pathname] = ...
      uigetfile({'*.bmp';'*.tif';'*.jpg';},'选择图片');     %选择图片路径
  str = [pathname filename];      %合成路径 + 文件名
  im = imread(str);               %读图
  im = imnoise(im,'gaussian',0,1e-3); %原图像 + 白噪声

  figure,
  subplot(121),imshow(im);title('原始图像')
  colormap(jet)      %颜色
  shading interp     %消隐
  Sx = 0.5;        % x方向的差异系数
  Sy = 0.5;        % y方向的差异系数
  U = 1.0;         % x方向的中心频率
  V = 1.0;         % y方向的中心频率
  [G,gabout] = gabor_filter(im,Sx,Sy,U,V);
  subplot(122),imshow(gabout);title('Gabor 滤波图像')
  colormap(jet)      %颜色
  shading interp     %消隐
```

运行程序输出滤波图形如图 11-8 所示。

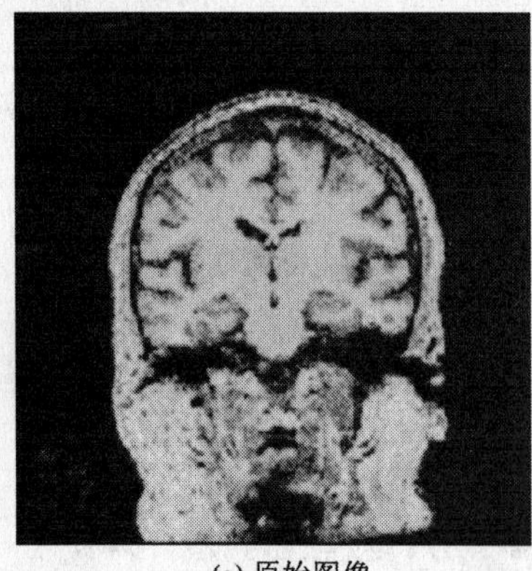

(a) 原始图像

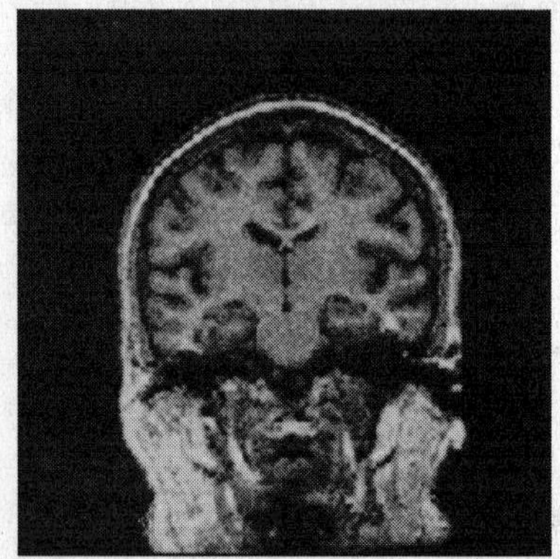

(b) Gabor滤波图像

图 11-8　Gabor 滤波

11.3 Wiener 滤波

11.3.1 算法原理

Wiener 滤波器是最早使用的图像复原滤波器之一，是一种经典的滤波器，目前广泛用于信号滤波去噪分析和图像预处理（图像滤波去噪）中。

图像滤波去噪中，常常使用非因果 Wiener 滤波器。非因果 Wiener 滤波器在形式上比因果 Wiener 滤波器简单。

在此首先考虑一维观测序列 $y(n)$，它是一个非因果系统的输出：

$$y(n)=\sum_{k=-\infty}^{\infty}s(n-k)h(k)+n(n) \tag{11.8}$$

式(11.8)中，$n(n)$ 是零均值白噪声。

我们希望找到一个非因果滤波器 $w(n)$，该滤波器用 $y(n)$ 作为输入，使其输出为：

$$\hat{s}(n)=\sum_{i=-\infty}^{\infty}y(n-i)w(i) \tag{11.9}$$

且满足

$$J=E[|s(n)-\hat{s}(n)|^2]=\min \tag{11.10}$$

根据线性均方估计的正交性原理，代价函数 J 最小化的充分必要条件是估计误差 $(s(n)-\hat{s}(n))$ 正交于输入数据 $y(n)$，因此必须有

$$E\left[\left(s(n)-\sum_{i=-\infty}^{\infty}y(n-i)w(i)y(n-m)\right)\right]=0,\quad \forall m \tag{11.11}$$

假定信号 $s(n)$ 和噪声 $n(n)$ 都是广义平稳的，$y(n)$ 也就是广义平稳的。

由式(11.9)可得式(11.12)：

$$R_{sy}(m)=\sum_{i=-\infty}^{\infty}R_{yy}(m-i)w(i) \tag{11.12}$$

式(11.12)的离散傅里叶变换为：

$$P_{sy}(\omega)=P_{yy}(\omega)W(\omega) \tag{11.13}$$

式(11.13)中，$W(\omega)$ 是 $w(n)$ 的离散傅里叶变换，$P_{sy}(\omega)$ 和 $P_{yy}(\omega)$ 分别是互功率谱和自功率谱，则 Wiener 滤波器的表达式为：

$$W(\omega)=\frac{P_{sy}(\omega)}{P_{yy}(\omega)} \tag{11.14}$$

另外，由式(11.8)可以证明：

$$\left.\begin{aligned}P_{yy}(\omega)&=|H(\omega)|^2P_{ss}(\omega)+P_{nn}(\omega)\\P_{sy}(\omega)&=H^*(\omega)P_{ss}(\omega)\end{aligned}\right\} \tag{11.15}$$

由此可得：

$$W(\omega)=\frac{H^*(\omega)P_{ss}(\omega)}{|H(\omega)|^2P_{ss}(\omega)+P_{nn}(\omega)} \tag{11.16}$$

Wiener 滤波器给出的估计式：

$$\hat{S}(\omega)=\frac{H^*(\omega)Y(\omega)}{|H(\omega)|^2+\dfrac{P_{nn}(\omega)}{P_{ss}(\omega)}} \tag{11.17}$$

用于图像复原的 Wiener 滤波器函数如式(11.18)所示：

$$R(u,v)=\frac{H^*(u,v)}{|H(u,v)|^2+\dfrac{P_{nn}(u,v)}{P_{ff}(u,v)}} \tag{11.18}$$

$P_{nn}(u,v)$、$P_{ff}(u,v)$ 分别是噪声和原始未失真图像的功率谱，它们的比值起到了规整化的作用，使式(11.18)中的分母不至于太小。

在实际应用中，信号和噪声的功率谱常常难以得到，因此需要作一个近似处理，即用常数 γ 代替 $\dfrac{P_{nn}(u,v)}{P_{ff}(u,v)}$。实际应用中，常数 γ 常取观测信号信噪比的倒数。

Wiener 滤波器可以看作是一种规整化的逆滤波器，γ 起规整化的作用，常数 γ 消除了核函数的频域奇异性造成的病态问题。Wiener 滤波器一方面能够有效地抑制图像复原过程中的噪声放大等缺陷，另一方面也能够较快获得较好的图像复原效果（计算机耗时短）。然而 Wiener 滤波器也有一定的缺陷：

① 图像复原的目的是让人们觉得图像复原效果更加逼真于真实效果，而衡量 Wiener 滤波器滤波好坏的一个准则为最小均方误差(MMSE)准则。MMSE 并不是一个很好的优化准则，这是由于 MMSE 准则对所有误差（对应于图像中不同的位置）都赋以同样的权重 w，而人眼对暗处和高梯度区域的判断误差明显比其他区域的误差大，Wiener 滤波器是使滤波去噪整体均方误差最小，因此使得图像滤波去噪效果较一般。因此可以总结为：Wiener 滤波是以一种并非最适合人视角效应的方式对图像进行平滑处理的。

② 使用 Wiener 滤波器必须假定图像和噪声都是广义平稳的过程，这在实际图像复原问题中常常是不合理的。

11.3.2 算法仿真与 MATLAB 实现

编写 Wiener 滤波器函数程序如下：

```
function resim = Wiener(ifbl, LEN, THETA, SNR)
% Wiener 滤波器
% 函数输入：
%           ifbl： 输入的图像矩阵
%           LEN： 模糊旋转长度，模糊的像素个数
%           THETA：模糊旋转角
%           SNR：信噪比
% 函数输出：
%           resim：重构滤波图像

ifbl = medfilt2(abs(ifbl));        % 中值滤波
fbl = fft2(ifbl);                  % 转化到频域
% 点扩展函数 PSF
PSF = fspecial('motion',LEN,THETA);
% >> fspecial('motion',2,0.1)
% ans =
%        0          0          0
%     0.2500    0.5000    0.2500
```

```
%          0          0          0
% >> fspecial('motion',3,0.1)
% ans =
%          0          0     0.0006
%     0.3328     0.3333     0.3328
% 0.0006          0          0

%转化 PSF 函数到期望的维数 光传递函数 OTF
OTF = psf2otf(PSF,size(fbl));
% psf2otf(1,[3,3])
% ans =
%      1     1     1
%      1     1     1
%      1     1     1
%
% psf2otf(1,[2,3])
% ans =
%      1     1     1
%      1     1     1

OTFC = conj(OTF);           % 共轭操作
modOTF = OTF. * OTFC;       % 平方
%检测是否存在 0 值,若为 0,则置为 0.000 001
for i = 1:size(OTF, 1)
    for j = 1:size(OTF, 2)
        if OTF(i, j) = = 0
            OTF(i, j) = 0.000001;
        end
    end
end
%使用 Wiener 滤波器公式,去模糊图像
debl = ((modOTF./(modOTF + SNR))./(OTF)). * fbl;    % 去模糊化
lbed = ifft2(debl);                                 % 傅里叶反变换
resim = lbed;                                       % 重构滤波图像
```

采用 Wiener 滤波器进行图像滤波,主函数程序如下:

```
%% Wiener 滤波器
clc,clear,close all      %清理命令区、清理工作区、关闭显示图形
warning off              %消除警告
feature jit off          %加速代码运行
[filename ,pathname] = ...
    uigetfile({'*.bmp';'*.tif';'*.jpg';},'选择图片');      %选择图片路径
str = [pathname filename];      %合成路径 + 文件名
im = imread(str);               %读图
im = imnoise(im,'gaussian',0,1e-3);     %原图像 + 白噪声

SNR = 0.0001;   %信噪比
resim = Wiener(im, 1.2, 30,SNR);          %逆滤波
figure,
subplot(121),imshow(im);title('原始图像')
colormap(jet)     % 颜色
shading interp    % 消隐
```

```
subplot(122),imshow(resim,[]);title('Wiener 滤波图像')
colormap(jet)     % 颜色
shading interp    % 消隐
```

运行程序输出滤波图形如图 11-9 所示。

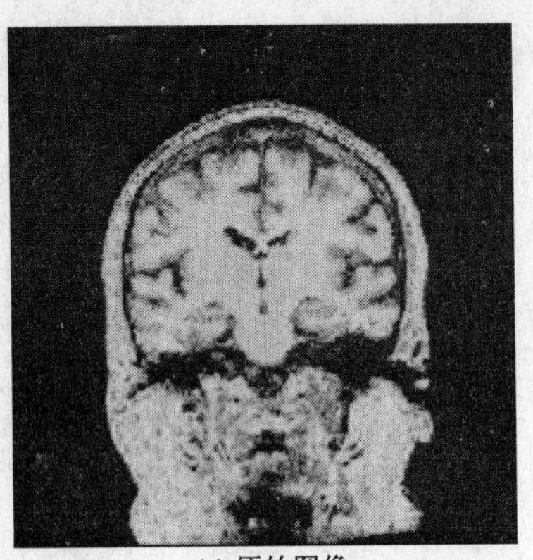
(a) 原始图像

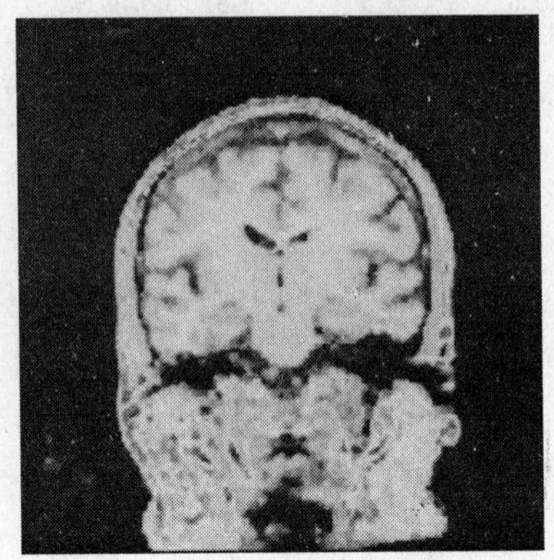
(b) Wiener滤波图像

图 11-9 Wiener 滤波

11.4 Kuwahara 滤波

11.4.1 算法原理

Kuwahara 滤波算法是一种图像边界保持滤波的有效滤波去噪方法,为什么这么说呢?因为 Kuwahara 滤波和其他高效滤波去噪算法一样,具有双重滤波特性,一方面能够很好地滤波去噪,另一方面也能保留图像的细节特征等。Kuwahara 滤波将滤波器窗口分成四个部分,每个窗口都有各自的阈值,然后对图像分别进行滤波,每个窗口的最大值代表该像素的中心值。Kuwahara 滤波器既能使滤波器窗口避开边界,又能准确地估计边界的位置,因此对图像边缘、轮廓、线、点等细节特征起到较强的保护作用。

假设 (x_0,y_0) 为灰度图像上任意一点,将以 (x_0,y_0) 为中心、边长为 $2a$ 的正方形 4 等份,如图 11-10(a)所示。

针对每一个子正方形 Q_1 和 Q_2 、Q_3 、Q_4 的局部均值 $m_i(x_0,y_0)$ 与局部标准差 $s_i(x_0,y_0)$ 的定义为:

$$\left.\begin{aligned} m_i(x_0,y_0) &= \iint\limits_{Q_i(x_0,y_0)} I(x,y)\,\mathrm{d}x\mathrm{d}y \\ s_i(x_0,y_0) &= \iint\limits_{Q_i(x_0,y_0)} [I(x,y)-m_i(x_0,y_0)]^2\,\mathrm{d}x\mathrm{d}y \end{aligned}\right\} \tag{11.19}$$

其中,$i=1,2,3,4$ 。

针对点 (x_0,y_0) ,Kuwahara 算子输出 $\phi(x_0,y_0)$ 为:

$$\left.\begin{aligned}\phi(x_0,y_0)&=\sum_i m_i(x_0,y_0)f_i(x_0,y_0)\\ f_i(x_0,y_0)&=\begin{cases}1, & s_i(x_0,y_0)\leqslant s_k(x_0,y_0),\ \forall k\\ 0, & \text{其他}\end{cases}\end{aligned}\right\}\qquad(11.20)$$

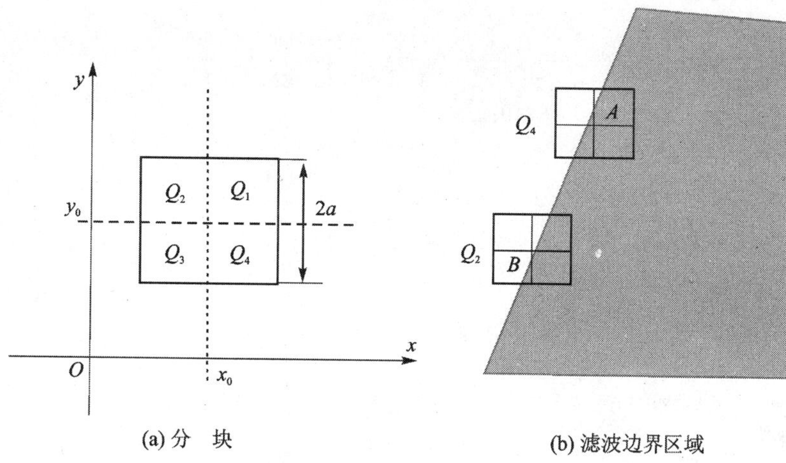

图 11－10　Kuwahara 滤波原理示意图

图 11－10(b)展示了算子在边缘处的行为。当中心点 (x_0,y_0) 在边缘较暗一侧(点 A)时，由于区域 Q_4 最为平坦，s_4 最小，该算子选择与 Q_4 相关的 m_4 作为输出；当中心点 (x_0,y_0) 在边缘较亮一侧点时，由于区域 Q_2 最为平坦，s_2 最小，该算子选择与 Q_2 相关的 m_2 作为输出，从而保证能滤除图像细节和噪声同时具有边缘以及角点保持的特性。

由于 Kuwahara 滤波器的输出为 4 个子方块中 $Q_1\sim Q_4$ 方差较小的子方块均值，一般情况下，Kuwahara 滤波能够很好地保持图像的边缘以及角点，然而对于图像中边缘曲率较大或者细节信息较多的图像区域，Kuwahara 滤波器可能无法精确地反映图像边缘。

11.4.2　算法仿真与 MATLAB 实现

编写 Kuwahara 滤波器函数程序如下：

```
function [Y,Xpad] = kuwahara(X,WINSZ)
% kuwahara_filter 滤波器
%对图像边界轮廓有较强的保护作用
% kuwahara nonlinear edge - preserving filtering
%函数输入：
%           X:二维图像矩阵
%           WINSZ: window size
%函数输出：
%           Y:滤波图像
%           Xpad:点扩展矩阵
% The Kuwahara filter 4 块,(最直观的如下所示,5x5 pixels).
%
%    ( a  a  ab   b  b)
%    ( a  a  ab   b  b)
%    (ac ac abcd bd bd)
%    ( c  c  cd   d  d)
%    ( c  c  cd   d  d)
```

```
if nargin >= 3
    verboseFlag = true;
else
    verboseFlag = false;
end

if nargin < 2
    WINSZ = 5;                    %默认值
end

if ~isa(X,'double')
    X = im2double(X);             % double类型
end

PADDING = floor(WINSZ/2);         %向下取整

Xpad = padarray(X,[PADDING PADDING],'replicate');   %点扩展
 % padarray使用
 % A =
 %      1    3    4
 %      2    3    4
 %      3    4    5
 % B = padarray(A, 2 * [1 1], 0, 'both')
 %      0    0    0    0    0    0    0
 %      0    0    0    0    0    0    0
 %      0    0    1    3    4    0    0
 %      0    0    2    3    4    0    0
 %      0    0    3    4    5    0    0
 %      0    0    0    0    0    0    0
 %      0    0    0    0    0    0    0

 [padRows,padCols] = size(Xpad);                              %求维数
 Y = zeros(size(X));                                          % 初始化

 nRowIters = length((PADDING + 1):(padRows - PADDING));       % 均匀取值
 count = 1;   % 初始化
 for i = (PADDING + 1):(padRows - PADDING)
     for j = (PADDING + 1):(padCols - PADDING)
         %分成每一个小窗,Q1~Q4
         W = Xpad((i - PADDING):(i + PADDING),(j - PADDING):(j + PADDING));
         Wnw = W(1:(PADDING + 1),1:(PADDING + 1));
         Wne = W(1:(PADDING + 1),(PADDING + 1):WINSZ);
         Wsw = W((PADDING + 1):WINSZ,1:(PADDING + 1));
         Wse = W((PADDING + 1):WINSZ,(PADDING + 1):WINSZ);
         %计算方差
         s = var([Wnw(:) Wne(:) Wsw(:) Wse(:)]);          % 方差
         m = mean([Wnw(:) Wne(:) Wsw(:) Wse(:)]);         % 均值
         [y,k] = min(s);     % 最小值
         %计算均值
         Y(i,j) = m(k);      % 赋值保存
     end
```

```
    if verboseFlag
        fprintf('Kuwahara: %d/%d\n',count,nRowIters);
        count = count + 1;
    end
end
```

采用 Kuwahara 滤波器进行图像滤波，主函数程序如下：

```
%% kuwahara_filter 滤波器
clc,clear,close all   %清理命令区、清理工作区、关闭显示图形
warning off           %消除警告
feature jit off       %加速代码运行
[filename ,pathname] = ...
    uigetfile({'*.bmp';'*.tif';'*.jpg';},'选择图片'); %选择图片路径
str = [pathname filename];       %合成路径 + 文件名
im = imread(str);                %读图
%转化为灰度图像
if size(im,3) == 1
    im = im;
else
    im = rgb2gray(im);
end
im = imnoise(im,'gaussian',0,1e-3);      %原图像 + 白噪声

figure,
subplot(121),imshow(im);title('原始图像')
colormap(jet)       %颜色
shading interp      %消隐
im1 = kuwahara(im,5,true);
subplot(122),imshow(im1);title('kuwahara 滤波图像')
colormap(jet)       %颜色
shading interp      %消隐
```

运行程序输出滤波图形如图 11-11 所示。

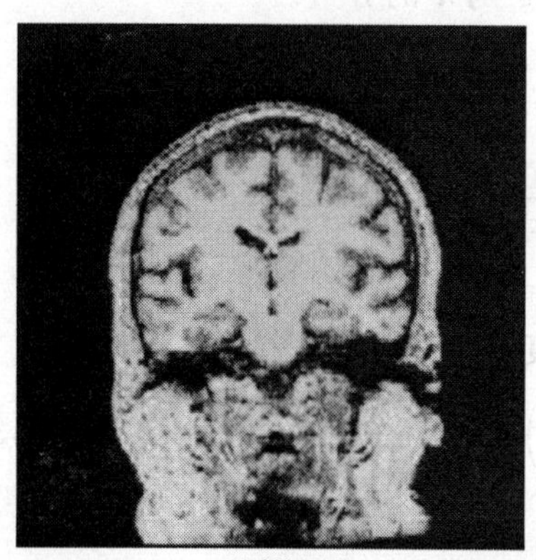
(a) 原始图像

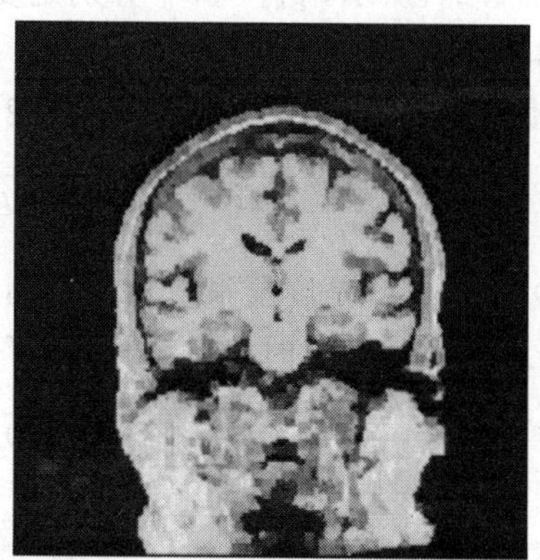
(b) Kuwahara滤波图像

图 11-11　Kuwahara 滤波

11.5 Beltrami 流滤波

11.5.1 算法原理

(1) 图像流形

灰度图像(RGB 图像分别进行 R、G、B 通道图像流形计算，然后再合并)通常定义为二维坐标空间 Ω 到一维实空间 R 的连续映射，具体如式(11.21)所示：

$$I:(x^1,x^2)\to I(x^1,x^2) \tag{11.21}$$

其中，$\Omega\in R^2$ 为一有界区域。

假设 (T,g) 为一图像流形，其中 g 为其度量张量，T 定义为：

$$T=\{(x^1,x^2)\mid(x^1,x^2)\in\Omega\}$$

由此可知，图像流形实则为一个二维图像流形。

从图像流形到图像特征空间流形的映射假设如式(11.22)所示：

$$f:(x^1,x^2)\to(X^1(x^1,x^2),\cdots,X^n(x^1,x^2)) \tag{11.22}$$

对于一幅灰度图像而言，从二维图像流形到图像特征空间流形的映射可假设为式(11.23)所示：

$$\left.\begin{aligned}X^1&=x^1\\X^2&=x^2\\X^3&=I(x^1,x^2)\end{aligned}\right\} \tag{11.23}$$

如式(11.23)所示，图像特征空间流形可分为一维灰度值空间 X^1、二维坐标空间 X^2 与三维流形 X^3。

图像流形可看作是高维特征空间流形中的一个低维子流形，并且低微特征空间流形的度量张量可诱导出实际图像流形的度量张量，则图像流形具体表达式如式(11.24)所示：

$$g_{\alpha\beta}=\sum_{i,j=1}^{3}h_{ij}\frac{\partial X^i}{\partial x^\alpha}\frac{\partial X^j}{\partial x^\beta},\qquad\alpha,\beta=1,2 \tag{11.24}$$

如式(11.24)所示，$g_{\alpha\beta}$ 与 h_{ij} 分别是度量张量 g 与 h 的分量。

(2) Beltrami 流

图像滤波去噪时，需要最小化式(11.24)的 Polyakov 能量：

$$P=\iint_\Omega\sqrt{\det(g)}g^{\alpha\beta}\frac{\partial X^i}{\partial x^\alpha}\frac{\partial X^j}{\partial x^\beta}h_{ij}\,\mathrm{d}x^1\mathrm{d}x^2 \tag{11.25}$$

式(11.25)中，$\det(g)$是度量张量 g 的行列式，$g^{\alpha\beta}=(g^{-1})_{\alpha\beta}$。

当最小化式(11.25)时，由变分原理可得到梯度下降方程：

$$\frac{\partial X^i}{\partial t}=\frac{1}{\sqrt{\det(g)}}\frac{\partial}{\partial x^\alpha}\left(\sqrt{\det(g)}g^{\alpha\beta}\frac{\partial X^i}{\partial x^\beta}\right)+\Gamma^i_{j,k}\frac{\partial X^j}{\partial x^\alpha}\frac{\partial X^k}{\partial x^\beta}g^{\alpha\beta},\quad i=1,2,3 \tag{11.26}$$

其中，

$$\Gamma^i_{j,k}=\frac{1}{2}\sum_{i=1}^{3}\left[h^{il}\left(\frac{\partial h_{lk}}{\partial X^j}+\frac{\partial h_{jl}}{\partial X^k}-\frac{\partial h_{jk}}{\partial X^l}\right)\right] \tag{11.27}$$

式(11.27)中，$\Gamma^i_{j,k}$ 为 Levi - Civita 系数，$h^{ij}=(h^{-1})_{ij}$。

若仅考虑图像特征空间流形为欧氏度量张量，则

$$\Gamma_{jk}^{3} = 0, \quad j,k = 1,2,3 \tag{11.28}$$

将式(11.27)与(11.23)代入式(11.26),令式(11.26)中 $i = 3$,得:

$$\frac{\partial I}{\partial t} = \frac{1}{\sqrt{\det(g)}} \mathrm{div}\left[\sqrt{\det(g)} g^{-1} \nabla I\right] \tag{11.29}$$

式(11.29)中,div 与∇分别表示与欧氏度量相关的散度与梯度算子。由于与度量张量 g 相关的 Laplace - Beltrami 算子定义为:

$$\Delta_g = \frac{1}{\sqrt{\det(g)}} \frac{\partial}{\partial x^i}\left[\sqrt{\det(g)} g^{ij} \frac{\partial}{\partial x^j}\right] \tag{11.30}$$

因此将式(11.29)可改写为:

$$\frac{\partial I}{\partial t} = \Delta_g I \tag{11.31}$$

式(11.31)即为图像流形 (T,g) 上的 Beltrami 流。

为了使其具有更加广泛的适用性,一般将式(11.31)写为:

$$\frac{\partial I}{\partial t} = C(|\nabla I|) \cdot \Delta_g I \tag{11.32}$$

式(11.32)中,$C(|\nabla I|)$ 为一系数函数。

Beltrami 流在图像去噪方面具有以下独特的优势:

① 从高维的图像特征空间流形降低到低维的图像特征空间流形,降低了图像流形维数,从而大大地减小了计算量;

② 能够较好地滤除图像噪声,提高图像处理复原效果。

11.5.2 算法仿真与 MATLAB 实现

编写 Beltrami 滤波器函数程序如下:

```
function Fim = beltrami2D(im, num_iter, delta_t)
% beltrami 滤波器   a NonLinear filter
%函数输入:
%           im:灰度图像 (MxN).
%           num_iter:迭代次数
%           delta_t:时间步长
%
%函数输出:
%           Fim:滤波后图像

%梯度矩阵
hx = 0.5. * [0 0 0; -1 0 1; 0 0 0];      %水平
hy = 0.5. * [0 -1 0; 0 0 0; 0 1 0];      %垂直
%度量张量
hxx = [0 0 0; 1 -2 1; 0 0 0];            %水平
hyy = [0 1 0; 0 -2 0; 0 1 0];            %垂直
% xy
hxy = [1 0 -1; 0 0 0; -1 0 1];


Ik = im;   %赋值


for i = 1:num_iter
```

```
        Ixx = imfilter(Ik,hxx,'conv');          %滤波
        Iyy = imfilter(Ik,hyy,'conv');          %滤波
        Ix = imfilter(Ik,hx,'conv');            %滤波
        Iy = imfilter(Ik,hy,'conv');            %滤波
        Ixy = imfilter(Ik,hxy,'conv');          %滤波
    % fspecial 使用
    % im =
    %       5     1     1     1     4
    %       5     2     5     3     1
    %       1     3     5     5     5
    %       5     5     3     4     5
    %       4     5     5     5     4
    %
    % h = fspecial('motion', 5, 0)
    % h =
    %     0.2000    0.2000    0.2000    0.2000    0.2000
    %
    % imfilter(im, h)
    % ans =
    %     1.4000    1.6000    2.4000    1.4000    1.2000
    %     2.4000    3.0000    3.2000    2.2000    1.8000
    %     1.8000    2.8000    3.8000    3.6000    3.0000
    %     2.6000    3.4000    4.4000    3.4000    2.4000
    %     2.8000    3.8000    4.6000    3.8000    2.8000

    %     对梯度下降方程积分
        Ikx = Ik + delta_t. * ((Ixx. * (ones(size(Iy)) + Iy.^2) + ...
            Iyy. * (ones(size(Ix)) + Ix.^2) - 2. * Ix. * Iy. * Ixy)./(ones(size(Ix)) + Ix.^2 + Iy.^2).^2);
        Fim = Ikx;
        Ik = Ikx;
    end
```

采用 Beltrami 滤波器进行图像滤波，主函数程序如下：

```
% % beltrami 滤波器
clc,clear,close all  %清理命令区、清理工作区、关闭显示图形
warning off          %消除警告
feature jit off      %加速代码运行
[filename ,pathname] = ...
    uigetfile({'*.bmp';'*.tif';'*.jpg';},'选择图片');   % 选择图片路径
str = [pathname filename];                   %合成路径 + 文件名
im = imread(str);                            %读图
im = imnoise(im,'gaussian',0,1e-3);          %原图像 + 白噪声

SNR = 0.0001;   %信噪比
resim = beltrami2D(im, 1.2, 30,SNR);         % beltrami 滤波
figure,
subplot(121),imshow(im);title('原始图像')
colormap(jet)    %颜色
shading interp   %消隐
subplot(122),imshow(resim,[]);title('beltrami 滤波图像')
colormap(jet)    %颜色
shading interp   %消隐
```

运行程序输出滤波图形如图 11－12 所示。

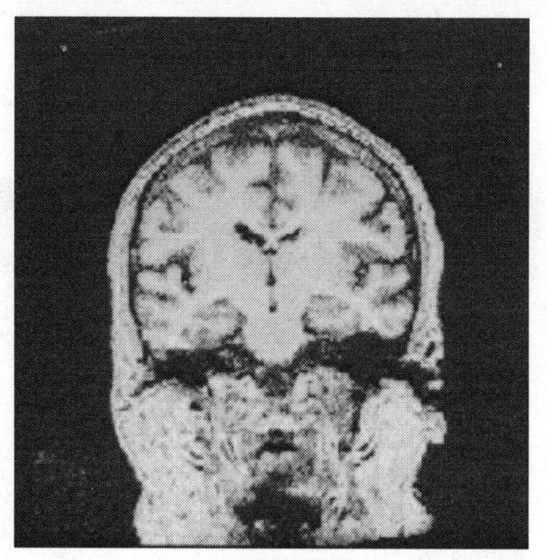

(a) 原始图像

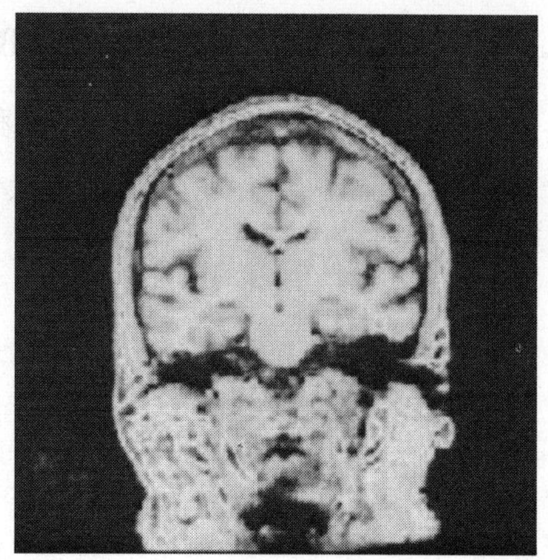

(b) Beltrami滤波图像

图 11－12　Beltrami 滤波

11.6　Lucy－Richardson 滤波

11.6.1　算法原理

Lucy－Richardson(LR)算法的前提是假设图像服从泊松(Poission)分布。Lucy－Richardson 滤波算法是一种基于贝叶斯分析的迭代算法，采用最大似然法进行估计，进而判断图像像素值是否属于原始图像本身特征。

在噪声 N 影响可忽略或较小的情况下，Lucy－Richardson 算法具有唯一解；然而，当噪声很大时，可能 Lucy－Richardson 算法不收敛。在应用 Lucy－Richardson 算法对图像复原时，尤其是在低信噪比情况下，经多次迭代，复原后的图像可能会出现一些斑点，这些斑点并不代表图像的真实结构，而是 Lucy－Richardson 算法输出的复原图像过于逼近噪声所产生的结果。因此，Lucy－Richardson 算法存在放大噪声的缺陷，这一点需要读者朋友注意。

Lucy－Richardson 算法是一种非线性的迭代复原算法，从最大似然估计的角度出发，假设图像服从泊松(Poission)分布，其迭代数学表达式为：

$$\hat{f}_{k+1} = \hat{f}_k\left[h \oplus \left(\frac{g}{h \otimes \hat{f}_k}\right)\right] \tag{11.33}$$

式(11.33)中，$\oplus$和$\otimes$分别表示相关和卷积运算，k 为迭代次数。

当噪声可忽略时，随着 k 的不断增大，原始图像矩阵会逐渐收敛于 $\hat{f}_{k+1}$，从而得到恢复图像。

当噪声不可忽略时，可以得到：

$$\hat{f}_{k+1} = \hat{f}_k\left[h \oplus \left(\frac{f \otimes h + n}{h \otimes \hat{f}_k}\right)\right] \tag{11.34}$$

从式(11.34)可知，噪声的干扰可能导致迭代的不收敛性，因此，对于噪声的合理处理成为

Lucy - Richardson 算法复原图像的关键。

11.6.2 算法仿真与 MATLAB 实现

编写 Lucy - Richardson 滤波器函数程序如下：

```
function resim = Lucy_Richardson(ifbl, LEN, THETA, iterations)
% Lucy_Richardson 滤波器
%函数输入：
%         ifbl： 输入的图像矩阵
%         LEN： 模糊旋转长度,模糊的像素个数
%         THETA：模糊旋转角
%         iterations：迭代次数
%函数输出：
%         resim：重构滤波图像

ifbl = medfilt2(abs(ifbl));              % 中值滤波
est = ifbl;                              % 初始化模糊图像赋值操作
%点扩展函数 PSF
PSF = fspecial('motion',LEN,THETA);      % 模糊算子
%转化 PSF 函数到期望的维数 光传递函数 OTF
OTF = psf2otf(PSF,size(ifbl));
% psf2otf(1,[3,3])
% ans =
%      1     1     1
%      1     1     1
%      1     1     1
%
% psf2otf(1,[2,3])
% ans =
%      1     1     1
%      1     1     1

i = 1;    % 初值
while i<= iterations               % 主循环
    fest = fft2(est);              % 转化到频域
    fblest = OTF. * fest;          % 频率相乘
    ifblest = ifft2(fblest);       % 傅里叶反变换,转换到时域
    %计算模糊前的图像与去模糊后的图像的比值
    iratio = ifbl./ifblest;
    firatio = fft2(iratio);        % 转化到频域
    corrvec = OTF . * firatio;     % 计算相关性向量
    icorrvec = ifft2(corrvec);     % 傅里叶反变换,转换到时域
    %计算估计的去模糊图像矩阵
    nextcorr = icorrvec. * est;
    est = nextcorr;                % 计算估计的去模糊图像矩阵
    i = i+1;
end
resim = abs(est);                  %重构滤波图像
```

采用 Lucy - Richardson 滤波器进行图像滤波，主函数程序如下：

```
%% Lucy_Richardson 滤波器
clc,clear,close all  % 清理命令区、清理工作区、关闭显示图形
warning off          % 消除警告
feature jit off      % 加速代码运行
[filename ,pathname] = ...
    uigetfile({'*.bmp';'*.tif';'*.jpg';},'选择图片'); % 选择图片路径
str = [pathname filename];        % 合成路径 + 文件名
im = imread(str);                 % 读图
im = im(40:250,40:220);           % 截取部分分析,考虑背景像素 0(黑色)的影响
%转化为灰度图像
if size(im,3) = =1
    im = im;
else
    im = rgb2gray(im);            % 灰度图像
end
im = imnoise(im,'gaussian',0,1e-3); % 原图像 + 白噪声

figure,
subplot(121),imshow(im);title('原始图像')
colormap(jet)     % 颜色
shading interp    % 消隐
im1 = Lucy_Richardson(im, 5, 10, 50);
subplot(122),imshow(uint8(im1));title('Lucy_Richardson 滤波图像')
colormap(jet)     % 颜色
shading interp    % 消隐
```

运行程序输出滤波图形如图 11 - 13 所示。

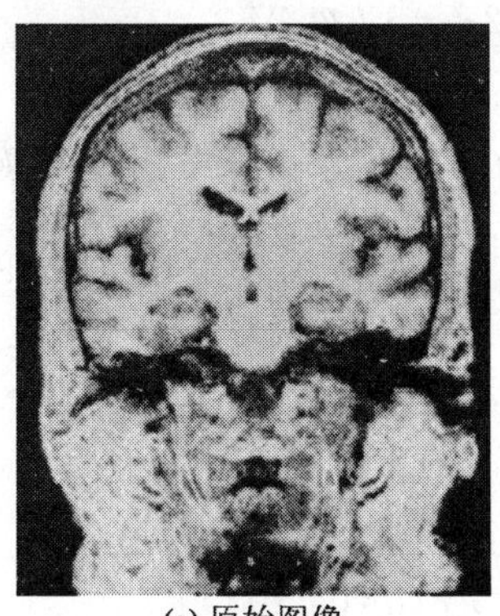

(a) 原始图像

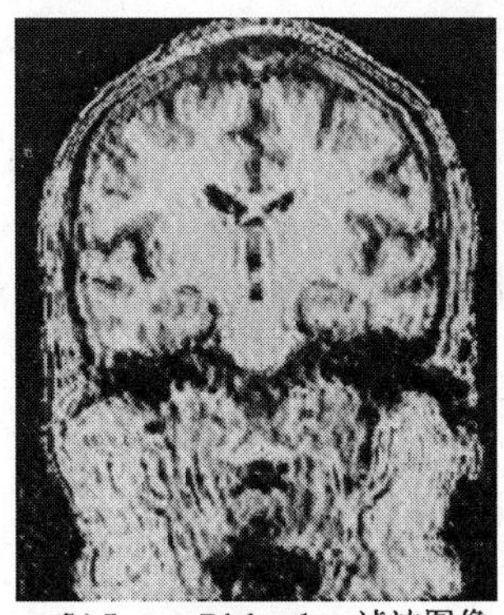

(b) Lucy-Richardson滤波图像

图 11 - 13　Lucy - Richardson 滤波

11.7　Non - Local Means 滤波

11.7.1　算法原理

局部平滑方法与频域滤波器看重的是如何去除噪声,保持图像基本的几何架构,但是无法很好地保留图像的细节以及纹理等重要信息。而在自然图像中,有很多图像细节部分与噪声一样是振荡的,也就是说,噪声也有低频与平滑分量。

近些年来，学者们开始意识到图像本身的自相似性可以应用到图像复原中。

1999年，Alexei Efros 与 Thomas Leung 使用非局部自相似性来合成纹理、填补图像中的小洞，该算法扫描图像的局部，寻找与待恢复像素相似的所有像素。通过计算所有相似像素的平均灰度来实现图像复原，从而减少噪声。而图像相似性的计算，可以通过比较一个窗口内的各个像素值来得到。该滤波器被称为非局部化（Non - Local Means）的图像去噪算法，简称 NL - Means。

NL - Means 算法公式如式(11.35)所示：

$$\mathrm{NLu}(\bar{x})=\frac{1}{C(\bar{x})}\int_{\Omega}\mathrm{e}^{-\frac{(G_a\times|u(\bar{x}+)-u(\bar{y}+)|^2)(0)}{h^2}}u(\bar{y})\mathrm{d}\bar{y} \tag{11.35}$$

其中，$(G_a\times|u(\bar{x}+)-u(\bar{y}+)|^2)(0)$表示窗口移动步长不等于0，即 $\mathrm{d}x\neq0,\mathrm{d}y\neq0$；$u(\bar{x}+)$、$u(\bar{y}+)$表示遍历带噪声图像所有像素点，即某一个像素点 $u(\bar{x}+)$与其余像素点 $u(\bar{y}+)$的像素相似性计算，$\bar{x}=\bar{x}+1$；G_a 是标准差为 a 的 Gaussian 核，$C(\bar{x})$为归一化因子，h 是滤波参数。式(11.35)表明像素点 $\bar{x}$ 去噪后的值为所有与 $\bar{x}$ 相似高斯邻域的像素点灰度值的平均。

在 NL - Means 算法中，用阈值代替加权函数，并去除 Gaussian 核，可得式(11.36)：

$$\mathrm{NL}_{h,n}u(i)=\frac{1}{|J(i)|}\sum_{j\in J(i)}u(j) \tag{11.36}$$

其中，$J(i)=\{j\in I\mid d_n(i,j)\leqslant h\}$，$d_n(i,j)$ 是两个窗口 $\tilde{N}_i$ 与 $\tilde{N}_j$ 之间的欧氏距离的平方，n 为窗口里的像素数目。参数 h 可以是大于两个窗口距离的均值的任意值。

为了分析 NL - Means 算法对白噪声的处理效果，首先研究两个大小为 $n\times n$ 的正方形窗口之间的平方欧氏距离。变量 n_i-n_j 服从均值为 0、方差为 $2\sigma^2$ 的高斯分布，则归一化后的距离公式为：

$$d_n=\frac{1}{n}\sum_i m_i{}^2=\frac{2\sigma^2}{n}\sum_i\left(\frac{m_i}{\sqrt{2}\sigma}\right)^2 \tag{11.37}$$

其中，$\frac{m_i}{\sqrt{2}\sigma}$ 从 $N(0,1)$ 分布，则 $\frac{nd}{\sqrt{2}\sigma^2}$ 服从自由度为 n 的平方 χ 分布。两个噪声窗口之间的距离是一个随机变量，其概率分布函数为 $\frac{n}{2\sigma^2}f_{\chi_n{}^2}\left(\frac{n}{2\sigma^2}x\right)$，均值为 $2\sigma^2$，方差为 $\frac{8\sigma^4}{n}$。

假设 $n(i)$ 为独立同分布变量，均值为 0，方差为 σ^2，则经过 NL - Means 算法 $\mathrm{NL}_{h,n}$后，滤波噪声满足：

$$\mathrm{VarNL}_{h,n}n(i)=\frac{1}{1-\beta_n\left(\frac{h}{2\sigma^2}\right)+\beta_n\left(\frac{h}{2\sigma^2}\right)|I|}\sigma^2 \tag{11.38}$$

其中，$\beta_n(x)=\int_{-\infty}^{\infty}f_{\chi_n^2}(v)\mathrm{d}v$，$f_{\chi_n^2}$ 表示 χ_n^2 的概率分布函数。

NL - Means 算法能够提供一个更实用、更合理的方法，自动滤除图像中的噪声。

若您对此书内容有任何疑问，可以凭在线交流卡登录MATLAB中文论坛与作者交流。

11.7.2 算法仿真与 MATLAB 实现

编写 Non - Local Means 滤波器函数程序如下：

```
ffunction DeNimg = Non_Local_Means(Nimg,PSH,WSH,Sigma)
% Non_Local_Means 滤波器
%函数输入：
%          Nimg:输入的图像矩阵 + 带噪声的
%          PSH:扩展窗尺寸大小
```

```
%          WSH:窗尺寸大小
%          Sigma:方差
%函数输出:
%          DeNimg:重构滤波图像

if ~isa(Nimg,'double')
    Nimg = double(Nimg)/255;
end

%图像维数
[Height,Width] = size(Nimg);
u = zeros(Height,Width); %初始化去噪图像矩阵
M = u; %初始化权值矩阵
Z = M; %初始化叠加权值 accumlated weights
%避免边界效应
PP = padarray(Nimg,[PSH,PSH],'symmetric','both');
PW = padarray(Nimg,[WSH,WSH],'symmetric','both');
% padarray 使用
% A =
%       1     3     4
%       2     3     4
%       3     4     5
% B = padarray(A, 2 * [1 1], 0, 'both')
%       0     0     0     0     0     0     0
%       0     0     0     0     0     0     0
%       0     0     1     3     4     0     0
%       0     0     2     3     4     0     0
%       0     0     3     4     5     0     0
%       0     0     0     0     0     0     0
%       0     0     0     0     0     0     0
%主循环
for dx = -WSH:WSH
    for dy = -WSH:WSH
        if dx ~= 0 || dy ~= 0
            Sd = integral_img(PP,dx,dy);   %插值图像
            %获取对应像素点的平方差矩阵
            SDist =
Sd(PSH+1:end-PSH,PSH+1:end-PSH)+Sd(1:end-2*PSH,1:end-2*PSH)-Sd(1:end-2*PSH,PSH+1:end-
PSH)-Sd(PSH+1:end-PSH,1:end-2*PSH);
            %计算每一个像素点的权值
            w = exp(-SDist/(2*Sigma^2));
            %得到相应的噪声点
            v = PW((WSH+1+dx):(WSH+dx+Height),(WSH+1+dy):(WSH+dy+Width));
            %更新去噪图像矩阵
            u = u+w.*v;
            %更新权值去噪图像矩阵
            M = max(M,w);
            %更新叠加权值 accumlated weights
            Z = Z+w;
        end
    end
end
%重构图像
f = 1;
```

```
u = u+f*M.*Nimg;
u = u./(Z+f*M);
DeNimg = u; %重构去噪图像

function Sd = integral_img(v,dx,dy)
%根据平方差,插值图像
%变换计算:tx = vx+dx; ty = vy+dy
t = img_Shift(v,dx,dy);
%平方差图像
diff = (v-t).^2;
%沿行插值
Sd = cumsum(diff,1);   %行叠加
%沿列插值
Sd = cumsum(Sd,2);     %列叠加

function t = img_Shift(v,dx,dy)
%在xy坐标系下,进行图像变换操作
t = zeros(size(v));
type = (dx>0)*2+(dy>0);
switch type
    case 0 % dx<0,dy<0:向右下方移动
        t(-dx+1:end,-dy+1:end) = v(1:end+dx,1:end+dy);
    case 1 % dx<0,dy>0:向左下方移动
        t(-dx+1:end,1:end-dy) = v(1:end+dx,dy+1:end);
    case 2 % dx>0,dy<0:向右上方移动
        t(1:end-dx,-dy+1:end) = v(dx+1:end,1:end+dy);
    case 3 % dx>0,dy>0:向左上方移动
        t(1:end-dx,1:end-dy) = v(dx+1:end,dy+1:end);
end
```

采用Non-Local Means滤波器进行图像滤波,主函数程序如下:

```
%% Non-Local Means滤波器
clc,clear,close all  %清理命令区、清理工作区、关闭显示图形
warning off          %消除警告
feature jit off      %加速代码运行
[filename ,pathname] = ...
    uigetfile({'*.bmp';'*.tif';'*.jpg';},'选择图片');  %选择图片路径
str = [pathname filename];      %合成路径+文件名
im = imread(str);               %读图
im = im(60:250,60:200);         %截取部分分析,考虑背景像素0(黑色)的影响
%转化为灰度图像
if size(im,3) = =1
    im = im;
else
    im = rgb2gray(im);
end
im = imnoise(im,'gaussian',0,1e-3);  % 原图像 + 白噪声

D = Non_Local_Means(im,3,3,0.15);    %应用Non-Local Means滤波图像
```

```
figure,
subplot(121),imshow(im);title('原始图像')
colormap(jet)      %颜色
shading interp     %消隐
subplot(122),imshow(D,[]);title('Non-Local Means 滤波图像')
colormap(jet)      %颜色
shading interp     %消隐
```

运行程序输出滤波图形如图 11-14 所示。

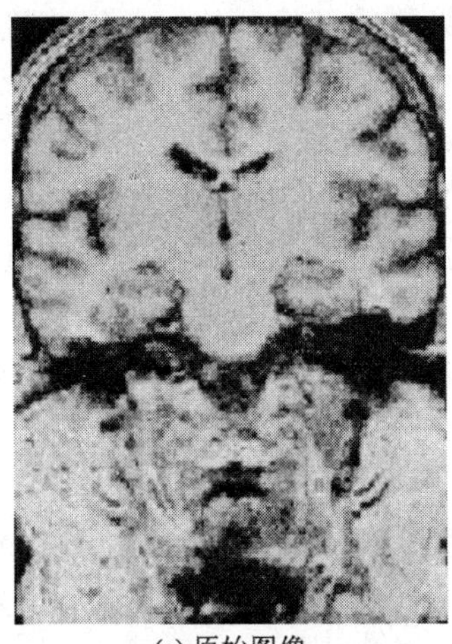

(a) 原始图像

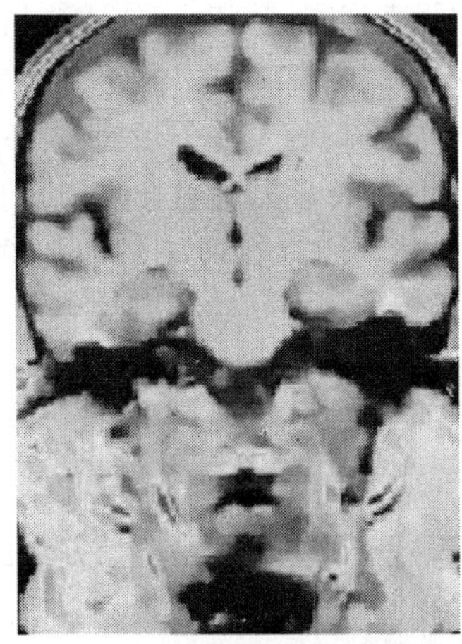

(b) Non−Local Means滤波图像

图 11-14　Non-Local Means 滤波

参考文献

[1] 王泽龙,朱炬波. Beltrami 流及其在图像去噪中的应用[J]. 国防科技大学学报,2012,34(5):137-138.

[2] 吴晓燕. 基于 Gabor 小波变换的人脸识别[D]. 南京:南京邮电大学,2011.

[3] 闫河,闫卫军,李唯唯. 基于 Lucy_Richardson 算法的图像复原[J]. 计算机工程,2010,36(5):204-205.

[4] 钟锦敏. 非局部平均的去噪方法研究[D]. 上海:上海交通大学,2007.

[5] 朱俊. 图像复原技术及其在数字相机成像品质改善中的应用[D]. 重庆:重庆大学,2004.

[6] 余胜威,曹中清. 基于人群搜索算法的 PID 控制器参数优化[J]. 计算机仿真,2014,31(9):347-350.

[7] 薛良峰. 图像复原的逆滤波器技术探讨[J]. 自动检测技术,2002,21(5):46-48.

[8] 焦竹青. 基于同态滤波的彩色图像光照补偿方法[J]. 光电子·激光,2010,21(4):602-605.

[9] 杜浩藩. 基于 MATLAB 小波去噪方法的研究[J]. 计算机仿真,2003,20(7):119-121.

[10] 施虹宇. TMS320DM642 上的代码优化研究[D]. 北京:北京邮电大学,2012.

[11] 陈明举,杨平先,唐玲. 一种自适应非线性复扩散图像去噪算法[J]. 光电工程,2012,39(12):91-94.

[12] 郭晓文. 基于曲率的类双线性插值图像滤波算法研究[D]. 石家庄:河北师范大学,2013.

[13] 高展宏,徐文波. 基于 MATLAB 的图像处理案例教程[M]. 北京:清华大学出版社,2011.

[14] 马晓路,刘倩,胡开云,等. MATLAB 图像处理从入门到精通[M]. 北京:中国铁道出版社,2013.